现代创意新思维 DESIGN 十三五高等院校 艺术设计规划教材

游戏概论

李瑞森 焦琨 编著

U0390253

人民邮电出版社

北京

图书在版编目（CIP）数据

游戏概论 / 李瑞森，焦琨编著. -- 北京：人民邮电出版社，2016.8（2022.7重印）
现代创意新思维·十三五高等院校艺术设计规划教材
ISBN 978-7-115-42749-6

Ⅰ.①游… Ⅱ.①李… ②焦… Ⅲ.①游戏—软件设计—高等学校—教材 Ⅳ.①TP311.5

中国版本图书馆CIP数据核字(2016)第134625号

内 容 提 要

本书作为游戏设计的理论教材，从结构上分为五大部分：游戏定义、游戏发展史、游戏分类、游戏研发制作流程、游戏产业及游戏市场的发展。游戏发展史包括电脑游戏、电子游戏、网络游戏、手机游戏等各种平台下虚拟游戏的诞生、演变和发展过程。游戏分类则分别将不同的游戏平台、载体、形式和内容作为标准，来讲解各种分类下的具体概念和所涵盖的游戏内容。书中还介绍了当今一线游戏公司的运作和具体的开发过程，从宏观视角介绍了游戏公司的部门和职能划分、游戏制作的基本流程、公司的运营模式以及游戏产品的营销与推广等，并从微观角度详细讲解了游戏策划、美术、程序和引擎等具体方面的内容。除此以外，书中还介绍了当今世界游戏产业及游戏市场的发展现状、中国游戏产业的发展情况和未来的就业前景等。

本书内容全面，结构清晰，通俗易懂，既可作为院校游戏设计等专业的教材，也可作为游戏开发爱好者入门的参考书。

◆ 编　著　李瑞森　焦　琨
　　责任编辑　桑　珊
　　执行编辑　左仲海
　　责任印制　焦志炜
◆ 人民邮电出版社出版发行　　北京市丰台区成寿寺路11号
　　邮编　100164　　电子邮件　315@ptpress.com.cn
　　网址　http://www.ptpress.com.cn
　　固安县铭成印刷有限公司印刷
◆ 开本：787×1092　1/16
　　印张：17　　　　　　　　　　2016年8月第1版
　　字数：344千字　　　　　　　2022年7月河北第5次印刷

定价：45.00元

读者服务热线：(010)81055256　印装质量热线：(010)81055316
反盗版热线：(010)81055315

前　言

　　动漫与游戏产业是 21 世纪最具潜力的朝阳产业之一，相应专业也是当今数字艺术领域中最热门的专业之一。经过短短几十年的时间，全球已经形成了一个巨大的消费娱乐市场，而且其市场仍然处于不饱和状态，未来发展潜力巨大。中国的动漫游戏领域相对于美国和日本起步较晚，但随着国家的大力倡导和支持，其发展势头十分迅猛，市场产值逐年翻倍提升。近几年中国的动漫游戏消费市场已经成为可以与美国和日本并驾齐驱的全球重要消费市场。动漫游戏行业如今已成为中国重要的文化发展产业，其未来前景十分广阔。

　　随着市场和企业用人需求的增加，大量民办动漫游戏培训机构如雨后春笋般出现，一些高等院校也陆续开设了游戏设计类专业。但由于诸多因素的限制，现在相关课程的培训主要以讲师言传身教为主，缺少真正具有系统性的专业教材，而基础理论性教材更是少之又少，这也正是本书创作的初衷。

　　对于每一个学科而言，专业的理论内容都是极其重要的部分，往往起到了基石的作用。同时，对于一个专业来说，往往其应用学科发展较快，而理论部分却在很长的时间内非常稳定。就拿美术专业来说，美术学院可能每几年就要更换素描、色彩、速写等专业绘画教材，每一套教材在内容上都会因为作者对于绘画的技巧和手法的不同而存在很大差别，但类似美术概论等基础理论性教材却十几年甚至几十年都不会有太大改变。所以，作为基础理论性的游戏概论教材在整个游戏设计专业中的地位举足轻重。

　　现在市面上的游戏设计教程图书多以讲解软件的使用和操作为主，缺乏理论基础和未来一线就业的实战导向。本书紧扣当今一线游戏领域，分别从游戏定义、游戏发展史、游戏分类、游戏研发制作流程、游戏产业及游戏市场的发展五个方面进行讲解，让读者了解和学习游戏行业发展的脉络。

　　由于本人水平有限，书中难免存在错误和不妥之处，敬请广大读者批评指正。

编　者

2016 年 4 月

目　　录

第 1 章

游戏起源

1.1 游戏的定义

在科技高度发达的今天，一说起游戏，人们会自然而然地联想起各种电子游戏、网络游戏及手机游戏等。随着时代的进步和发展，越来越多的高科技电子娱乐产品进入大众的视野，渗透到了人们的日常生活中（见图1-1）。但对于游戏这个词汇来说，它并不是在今天这个时代被创造出的新语——自从人类诞生以来，游戏就开始出现并一直伴随人类历史的发展，远古时期生物之间的追逐打闹，意识形态生物创造的规则活动，几百年前的象棋，近代的桥牌、扑克，甚至各种运动，这一切都可以看作人类的游戏行为。究竟什么是游戏？它该怎样去定义？游戏经历了怎样的发展与演变？游戏的本质又是什

图 1-1　电子游戏已经成为生活中一种重要的娱乐方式

么？本章就来解答这些疑问，带领大家了解游戏的本源。

究竟什么是游戏？如何为其下一个准确的定义？历史上有许多哲学家、思想家探讨过这个问题，他们对游戏有了一定的系统认识，并且为其进行过定义。例如，著名哲学家柏拉图对游戏的定义为：一切幼子生活和能力跳跃需要而产生的有意识的模拟活动。亚里士多德对游戏的定义是：劳作后的休息和消遣，本身不带有任何目的性的一种行为活动。而当代索尼娱乐公司的首席创意官拉夫·科斯特对游戏的定义则是：游戏就是在快乐中学会某种本领的活动。翻开《辞海》，我们看到游戏是这样被定义的：以直接获得快感为主要目的，且必须有主体参与互动的活动。这个定义说明了游戏的两个最基本的特性：一是，以直接获得快感（包括生理和心理）为主要目的；二是，主体参与互动（互动包括动作、语言、表情等）。

综合以上的观点，我们得出以下结论：首先，游戏是一种行为活动；其次，游戏是以获得快乐或自足为目的；再次，游戏必须以自愿和自由为前提；最后，伴随着游戏活动的展开，无论是有意识还是无意识，游戏本身都会被赋予某些规则。根据以上四种特性，我们来对游戏进行定义：游戏是以自愿和自由为前提、以获得快乐和自足为目的且具有一定规则的行为活动。

下面我们针对游戏的特征和定义展开论述，深入了解游戏的真正内涵。

1.1.1 游戏的特征

1. 游戏是自愿的活动

"自愿"属于动机的范畴，动机是推动生物活动的心理力量。从动机产生的来源看，可以

把活动动机分为内部动机与外部动机。内部动机来自于活动主体自身的主动需要，而外部动机则相反，是一种被动需要。游戏是一种自愿的行动，其动机是内部动机，是游戏者内在的一种需要。我们可以把生命体的所有活动分为两种：谋生和游戏。也就是说，生命体的所有活动，不是谋生，就是游戏。而谋生活动又可分为两种：劳动和消费。要解释生命活动的整体性质，必须兼顾目的与手段两个方面。因此，以内在的手段谋求外在的目的是劳动，以外在的手段谋求内在的目的是消费，而以内在的手段谋求内在的目的就是游戏。例如，做饭是以内在的手段谋求外在的目的，是劳动。吃饭是以外在的手段谋求内在的目的，是消费。把做饭和吃饭联系起来看，就是谋生。看电影是以内在的手段谋求内在的目的，是游戏。

2．游戏包含着丰富的快乐体验

乐趣是游戏必须具备的品质，是游戏的元功能，而快乐体验则是游戏真正的魅力所在。游戏的乐趣体验有以下几种成分。

（1）兴趣性体验。这是一种为外界刺激物所捕捉和占据的体验，是一种情不自禁地被卷入、被吸引的心理状态。

（2）自主性体验。这是一种由游戏活动能够自由选择、自主决定的性质引起的主观体验，即"我想玩就玩，不想玩就不玩"或"我想怎么玩就怎么玩"的体验，这同时也是游戏自由特性的体现。

（3）愉悦性体验。这是在轻松的活动过程中由嬉戏、玩笑引起的心理快感。

（4）活动性体验。这是游戏者在游戏中获得的生理快感，主要是由于身体活动的需要和中枢神经系统维持最佳唤醒水平的需要得到满足之后产生的。例如，外出活动可以有效地解除我们因长时间坐着不动而产生的精神困顿，获得来自本体的活动快感。

（5）成就感或胜任感体验。这是一种验证自己能力的乐趣体验，具有较强的影响力，可以增强游戏者的信心和继续挑战的意愿。任务与游戏者能力之间的合适差距是游戏者产生胜任感体验的关键所在。成就感体验往往伴随着紧张的心理，好的游戏总是把游戏者置于失败的危险中却不让他失败。

3．游戏是有规则的活动

游戏规则是游戏者在游戏中关于动作和语言的顺序，以及在游戏中被允许和被禁止的各种行为的规定。根据规则的性质，可以将游戏规则分为外显规则和内隐规则两种。外显规则是外在的游戏规则，主要是关于游戏方法的规定，外显规则一般是约定俗成的。游戏时，外显规则的建立或修改必须得到所有参加者的理解和同意，游戏才能正常进行。游戏的内隐规则与外显规则同样具有限制和约束作用。 规则是社会的产物，规则游戏是游戏的高级形式，必须建立在一定的社会化基础上。婴幼儿最初的感觉运动游戏，主要通过重复简单动作或运动获得快感，这种初级游戏阶段的游戏并无规则可言。幼儿游戏的规则性水平是伴随着其认知能力的发展逐步升高的，随着年龄的增长，幼儿对规则游戏的兴趣将逐渐增长，并稳定在较高水平上，规则游戏也将从此伴随他的一生。

其实不仅人类有游戏活动，其他的生物也有游戏活动。一种生命体只要在谋生之外还有多余的精力，就会被用来进行游戏。例如，小狗就经常拖着主人陪他们游戏，它们会把橡皮球硬塞到主人手里。主人将橡皮球扔出去后，它们会试图在空中接住它，然后交回主人手里。在一次又一次的游戏中，小狗探索着橡皮球运动的规律，并使自己的动作变得更加准确而符合自己的要求。小猫也是如此，他们不厌其烦地玩着绒线球之类的小物体，其实也是在探索这种小物体的运动规律。这和它们的生存本能是分不开的，在小猫眼里，绒线球和毛茸茸的老鼠一类的小动物非常相似，而且运动不规则。探索它们的运动规律并提高自己的抓捕能力是一种生存锻炼。

儿童也有游戏的天性，当他们无意中用铅笔在纸上画出线条的时候会非常兴奋，因为他们发现了一个大规律，这是视觉上的一大收获。当他们再次试验时又成功了，于是他们不断地重复，继而画出了圆，画出了三角，以及其他一些简单的几何图形。突然有一天他们发现一个圆里面有三个点，和父母的脸有些相像，这时他们就已经有了抽象思维。过了一段时间后，他们在这张脸的基础上又画出了身体和手脚。这就是儿童"绘画游戏"的整个过程（见图1-2）。

著名的人类学家、生物学家莫利斯在《裸猿》的"探索"一章中写过这样一段话：如果把这些活动的次要功能（挣钱、争取地位等）搁在一边，那么从生物功能的角度来说，它们

图 1-2　抽象的儿童绘画通常是反映内心的一种本能行为

在成人生活中就成为幼儿型的游戏模式，亦可能成为依附于成人信息交流系统之上的"游戏规则"。

这些游戏规则可以表达如下。

（1）研究不熟悉的东西使之变为熟悉的东西。

（2）将熟悉的东西做有规律的重复。

（3）在重复的过程中尽可能做些变异。

（4）选择最令人满意的变异进行发挥，将其他变异置之不顾。

（5）将令人满意的变异反复进行组合。

将莫利斯的观点综合起来，其实就是：游戏是以重复和变异的手段进行探索的活动。其实生物就是依靠不断的重复（繁殖）和变异（基因突变）得以生存的，重复和变异是生命赖以生存的本性。以重复和变异的手段进行探索活动，是生命的低级本性在高级活动中的体现。我们可以说，探索是生命的本性，因此游戏也是生命的本性。

1.1.2 游戏的本质

我们在了解了游戏的定义后，随之而来的问题就是：游戏的本质是什么？游戏究竟是一种什么性质的活动？这是认识游戏时必须解决的基本性问题，事实上这一问题早已引起了众多哲学家、心理学家和教育家的极大兴趣与思考，不同的游戏理论也都试图做出自己的经典阐释。尽管如此，想要揭开伴随人类几百万年的行为活动的本质也并非一件容易的事，但我们却可以用一些相互联系的意向因素来说明游戏的特性，然后进一步概括、提升，从而揭示游戏的自身特性，以此来进一步了解游戏的本质，我们可以将这些特性大致概括为以下几点。

1．体验性

从 形式上看，游戏是虚构的假象，但从实质上看，游戏者在游戏中获得的体验却是真实的。在游戏中，游戏者把自身完全交付给游戏，无所谓主体，也无所谓客体。游戏者与游戏世界直接"遭遇"，其身心与游戏世界不可分割地融合在一起，此时，游戏者心醉神迷、怡情忘怀，这是游戏者与人类经验进行内在的交流，直接引起心灵的震撼，激发对意义的追求与感悟，因此，这种体验也必然是本真的、存在的。幼儿游戏尤为突出地表现出了体验的特征，游戏的世界就是一个体验的世界，在这里他们尽情、忘我、不知疲倦，在游戏中充分地享乐。虽然游戏可以导致认知学习、规则的掌握，但就其目的而言，仅仅是为了这一刻的体验。因此，它本质上是享乐性的，这是学习发生的前提条件。也就是说，这种认知上的发展是体验和享乐所派生的附属产物。游戏的价值就在于体验带来的一种状态，这是一种完成的状态、一种生命的状态、一种最富动力性的状态，是人可以达到的最美好的状态，这种状态既是教育开始的最佳点，又是教育所要达到的目标。

2．规则性

游戏被赋予了一系列的规则，它设定了游戏者参与游戏活动的基本结构，在游戏活动中是强制执行的。规则设定了什么是对的和不对的、什么是公平的和不公平的，它强迫学习者采用特定的路径达到学习的目标，游戏规则都是事先规定好的。

爱因斯坦认为，我们生活的这个世界中的所有关系都可用数学公式来表达，游戏中各种要素之间的关系和行为都是相互关联的，可以用数学公式来表达它们之间的属性和行为的相互变化，要素所有存在状态是用一定的数值呈现出来的，规则就是利用游戏中的数学模型，限定各要素属性和行为变化的状态，控制游戏的发展和变化。

3．自主性

从儿童游戏的过程分析，儿童在游戏中可以根据自己的意愿来确定游戏内容、布置游戏场景、选择游戏伙伴与游戏材料、决定对待和使用活动材料的方式，也可以根据自己的想法或通过与伙伴的协商，改变原有游戏的操作程序，制定新的游戏规则，根据自己的兴趣和愿望控制游戏进程。也就是说，怎么玩？和谁玩？玩什么？都是由儿童自行决定的，儿童是游戏的真正主人。 由此我们可以看出，游戏实质上是游戏者能动地创造、驾驭活动对象，并在此过程中获得自主性、能动性、创造性体验的活动。进一步讲，游戏就是一种主体性活动。主体性活动是活动主体能动地驾驭活动对象的活动，是人的自主性、能动性、创造性得以充分表现的活动。

4. 虚幻性

从儿童游戏的内容分析，儿童的游戏是虚构性的，是充满想象的。在游戏中，一切都是"好像是""假装是"，儿童可以超越时空的限制，以诗一般的逻辑勾画自己的活动空间。在他们的世界里，一切都是可能的，一切都是允许的，似乎没有为什么这样的问题。从游戏情景的虚设、游戏角色的确定到游戏玩具的假想，再到日常活动和生活中对自己和周围事物的认定，儿童的幻想随时都可以发生。这就是游戏活动的虚幻性，虽然实际体验是真实的，但整体情景却又是虚幻的，虚幻性是游戏活动的另一大特性，而虚幻性与体验性也是游戏本质中一对辩证对立存在的本质特性。

由以上游戏的自身特性，我们进一步分析游戏的本质，得出以下几点。

（1）游戏是人类的本能行为活动。

（2）游戏是人类学习意识产生的雏形阶段。

（3）游戏是人类社会进步的体现。

（4）游戏是人类思维想象的扩展和延伸。

1.2 游戏的发展与演变

在传统意义上的游戏出现以前，人类就具有了"玩"的天性与本能，甚至早在没有人类的远古时代，就已经有了"玩"的雏形。最初的"玩"是无意识、无规则的本能表现，动物通过"玩"来训练自己的生存本能，如动物之间的追赶、打闹、撕咬等，这些原本都是它们祖先在野外生存需要的技能。所以，"玩"不仅是一种娱乐方式，早在远古就已经作为一种生存的本能训练而存在（见图1-3）。

图1-3　古代壁画中记录人们打闹嬉戏的场景

在人类出现以后，随着历史的发展与人类的进化，人类掌握了生产劳动的技能。当人们的基本生活需要得到满足后出现了剩余劳动力，人们不再需要为了生存付出自己所有的时间与精力，这时生产劳动开始向娱乐活动转变，从这个时期开始，传统意义上的游戏便应运而生。游戏的起源与生产劳动、军事、民俗传说及宗教信仰等都有密不可分的关系，由于历史渊源和文化背景的差异,世界各地的游戏内容有所不同,但究其根本都是人类的一种本能表现,是人类文化发展的必然产物。

人类历史上第一个有据可考的游戏是掷骰子猜大小。为了摆脱饥荒的困扰,3000多年前吕底亚人发明了这个游戏来分散精力,以此控制对食物的渴望,依靠这个游戏的帮助,他们熬过了漫长的18年饥荒。骰子游戏不仅让人在艰难时期获得了难得的快乐,还让社会团结一致、共同朝着既定的目标努力,它使吕底亚人在最艰苦的环境面前也保持了乐观的精神。掷骰子是简单古老的经典游戏,它有简单明确的目标和规则,用骰子点数和签数反馈信息,参与者都是自愿的,并且建立起了成熟的游戏规则。

而在古代西方国家,如古希腊、古罗马的游戏起源于宗教祭祀活动,人们通过游戏活动敬奉"神",与"神"进行交流以获得精神上的自由与快感体验。从游戏的内容来看,古希腊的游戏迎合了当时城邦之间战争的需要及城邦之间的文化、商业交流的需要。古罗马的游戏则反映了当时征服与享乐欲望的膨胀。中世纪的基督教精神是对古罗马的奢靡的社会风气的反叛,否定人的价值,摒弃一切游戏与游戏精神,骑士文化产生的首要目的是服务于上帝,以满足十字军东征的需要。文艺复兴时期,人们关注的中心回到人本身,重新发现人的价值,游戏与艺术的精神一样,注重形式的完美与人的欢乐的表现,这符合那个历史时期人重新发现自身的价值后、把自身置于世界的中心位置去寻求财富与欢乐的需求,也是社会生产发展的需求。

随着历史和人类文化的发展,真正意义上的传统游戏越来越多地出现在人们的日常生活中,成为人们劳动之外的娱乐消遣活动。从历史来看,传统游戏在形式上大体可以分为竞技类、思维斗智、猜谜、赌博等。肢体角力、竞技是指在游戏规则下的游戏行为,多为带有较强烈竞争性的肢体游戏。虽然,肢体游戏通常是以竞技作为目的,但在其原始属性中依然包含着主体的享受和快乐。例如,角抵是一种类似于现代摔跤、拳斗类的角力游戏(见图1-4),主要是通过肢体力量和技能较量,后来逐渐演变为一种带有表演成分的游戏活动,参与者在比拼体力与技能的同时体验情绪紧张和情绪释放的快感。

思维斗智、猜谜是指依靠脑力思考来完成的游戏行为。例如,西方的国际象棋、双陆棋都是有着悠久历史的战略游戏,如图1-5所示。我国传统的斗智类游戏包括九连环、鲁班锁、华容道、围棋、象棋等,如图1-6所示。思维游戏之所以能给参与者带

图1-4 出土的古代刻有角抵图案的青铜饰牌

来愉悦,往往不是由于游戏本身制造了快乐,而是人们通过游戏的方式进行思考的过程产生了愉悦。德国哲学家海德格尔曾经说过:"思维是世间最令人愉悦的游戏。"这是对游戏活动愉悦体验的生动描述。

图 1-5　国际象棋和双陆棋

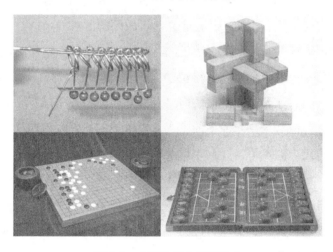

图 1-6　中国传统斗智类游戏

　　工业革命以后，规则意识、商业化使得游戏活动大规模地影响到了社会生活和个人生活。游戏休闲娱乐成为消费品，这符合工业社会的发展规律与特征。再到当今社会的信息时代，网络游戏的互动、虚拟等特征符合了新时代的发展要求。纵观游戏的历史与发展会发现，游戏精神及游戏目的始终是追求自由与快乐。然而，每个时代的游戏精神内核在不断变化，变化的基础是游戏需要符合社会文化需求和发展的需要。

1.3　虚拟游戏的定义

　　人类在 20 世纪发明了电子计算机，这标志着人类社会正式步入了计算机（俗称"电脑"）时代，随后电脑游戏在计算机平台上横空出世，从此人类的游戏行为由传统游戏发展过渡为电子游戏。随着科技的进步，越来越多的电子游戏硬件设备相继出现，而游戏软件的制作技术也取得了日新月异的发展。"游戏"这个伴随了人类几百万年的行为活动在当今时代发生了翻天覆地的变化，而游戏的定义也在这个时代被完全改写。

　　当今时代的游戏通常是指在电子硬件设备平台下运行的游戏应用程序，包括街机游戏、家用机游戏、掌机游戏、PC游戏、网络游戏、手机游戏等，统称为电子游戏。不同硬件平台下的游戏类型有所不同，游戏的玩法和方式也有所差别。游戏的类型主要包括角色扮演类、冒险类、动作类、策略类、体育类、竞速类、模拟类、射击类、益智类、音乐类、卡牌类等。

虽然如今的游戏与传统意义上的游戏看起来千差万别，但究其本质而言，游戏的核心意义并没有发生改变。电子游戏仍然是人们在工作、劳动之余，为了寻求快乐的一种主动行为活动，多种多样的游戏类型更加丰富了人们自由选择的空间。在网络游戏出现以后，游戏的互动方式仍然是人与人之间的互动，游戏的规则和机制变得更加严谨。所以，对传统游戏的定义和游戏自身的特性同样适用于当今的电子游戏。

随着全球产业化的发展，如今电子游戏已经风靡世界，就如同看电视、听音乐、读小说一样，玩游戏也成为了人们日常生活中必不可少的一部分，人们从不同类型的游戏中获得不同的精神需求，玩游戏的目的和动机也变得更加具体和明确，下面我们总结分析一下游戏中常见的乐趣元素。

1. 角色扮演

角色扮演是指在游戏中有一个特定的角色形象替代玩家在虚拟游戏世界中驰骋，这个形象有一个独有的身份象征并以此和游戏世界以外的操作者产生互联关系，游戏操作者可以利用各种命令对游戏角色进行控制，完成游戏中的各种任务。游戏角色从客观上来说仅仅是操作者手中的傀儡，游戏角色本身并没有任何主观思想及情感特征，但在实际游戏中，游戏角色与操作者其实是合为一体的，游戏角色本身就是操作者在游戏世界中的虚拟实体表现，操作者将自身的思维意识、主观情感全部投射到了游戏角色中。简单来说，游戏角色就是虚拟世界中的操作者本身。游戏操作者可以充分利用游戏角色享受游戏中的虚拟世界，在这个世界中游戏角色被赋予了各种天赋和使命，而这在现实生活中一般是不可能具备的，这种释放感驱动了玩游戏的人在游戏世界中投入精力，这种人机互动的关系也是电子游戏最大的乐趣之一。

2. 对操作感的追寻

在街机诞生后，大量动作类和格斗类的游戏出现在这个平台上，人们凭借街机设备上的摇杆和各种控制按钮来操作游戏中的角色，通过不同的按键组合可以释放出不同的游戏技能，特别是带有强烈打击感的格斗类游戏，对于游戏的操控技术直接决定了游戏竞争的输赢。其实在这个过程中，人们玩游戏的目的和动机不仅仅是因为竞技和竞争心理，这种游戏操控感本身就是游戏最大的乐趣。

3. 社交层面

在网络游戏出现以前，也就是单机游戏时代，游戏中的互动关系主要为人机交互，也就是游戏操作者与电子硬件设备之间的互动关系。游戏中的角色、剧情、任务、关卡流程都是由计算机程序事先设计好的，游戏操作者在游戏中的体验过程实际来说是被动的，即使随着大量人工智能（AI）技术的引入，这也只是增加了游戏中程序反应的变化性，这种变化仍然是被预先设计的。在网络游戏出现后，通过网络平台可以将不同的游戏操作者汇集到一起，游戏的互动关系由最初的人机互动发展为"人—机—人"的互动关系，游戏操作者可以与网络另一端的真人进行直接互动。这也直接促使游戏世界中出现了真实的社交层面，在这种社交层面下，人们之间的交流是真实的，与现实生活无异，虚拟世界与现实世界的距离被拉得更近，这也是当今时代虚拟游戏中最大的乐趣体验。

4. 挑战和成就意识

在大多数游戏中，通常提供了不同的难度等级划分，如分为 Easy（简单）、Normal（正常）、Hard（困难）、Very Hard（艰难）等（见图 1-7），游戏操作者可以自由选择游戏的难度等级。一般情况下，游戏的难度等级越高，游戏内容的复杂程度和挑战难度越大，而最终游戏所给予的奖励和报酬也越丰厚。这种难度等级设置延长了操作者对游戏的整体时间投入，游戏操作者可以逐渐增加游戏的难度，以获取更加丰厚的奖励报酬。同时，对于游戏操作者自身而言，在这种游戏挑战体验下获得了更多的成就感、荣誉感和满足感。从游戏心理学的角度来说，游戏操作者从游戏中获得了真实的自信感体验。

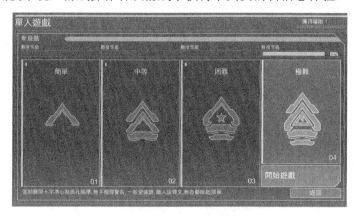

图 1-7　游戏中难度模式的选择界面

5. 收集嗜好

在现实生活中，收集就是许多人共有的兴趣爱好，类似集邮、古董收藏、各类艺术品收藏等，人们可以从喜爱物品的收集中获得极大的满足感和愉悦感。在虚拟游戏中存在大量的游戏物品，包括游戏装备、游戏道具、任务物品等（见图 1-8），虽然这些物品都是由程序代码生成的虚拟体，但在游戏世界中对其进行收集的体验和乐趣是真实的，这同样是游戏所具备的一大乐趣。

图 1-8　游戏中的各种装备和道具

6. 探索属性

在如今的很多游戏中，例如，许多网页游戏在游戏角色前面十几级熟悉游戏世界的过程中，玩家只需要跟着系统的提示和引导单击鼠标即可，系统的预先设置可以自动激活游戏设置的部分属性。但是在这一过程中，偶尔游戏操作者还是会很想知道，如果不单击"引导确认"

按钮，不让游戏角色跟着游戏的预设环节向前发展，而是按照自己的意愿去引导角色做一些特别的动作会发生什么样的状况，这就是游戏操作者对游戏的渴望探索心理。虽然游戏系统的设置对于每一位游戏操作者都是相似的，但如果能够因为暂时脱离系统而发现了游戏开发中没有预先设定的环节，这将对游戏操作者产生极大的精神振奋。现在越来越多的游戏开始引入这种思想，将游戏的固有自由度进行了大幅度的提升，在游戏中操作者可以最大自由化地对游戏世界进行探索，我们将这些游戏称之为沙盒游戏（Sandbox Games）。经典的沙盒类游戏包括《GTA》系列、《刺客信条》系列、《辐射》系列、《上古卷轴》系列等（为了醒目起见，本书中提到的游戏名称均加了书名号）。

7. 个性化自定义

如果一个屏幕上有 50 个角色在活动，他们的造型、装备外观完全一样，那我们就基本区分不出哪一个是属于自己的游戏角色了，所以现在大多数游戏都引入了个性化自定义角色的概念，让游戏角色在外观样貌、衣着打扮、装饰配件等方面都可以根据操作者的要求进行个人定制。目前，尽管自定义个性化造型在既定的素材库中可能还是非常有限的，但相比于更有限的固定选择来说，个性化自定义功能已经让游戏得到了极大的改善，一方面操作者的自有形象更符合个人的装扮意图，另一方面则提升了游戏角色形象的识别度，可以使操作者在角色众多的人群中迅速辨识出自己的游戏角色。随着游戏制作技术的发展，游戏中个性化自定义的功能也在飞速进化，例如，在韩国人气网络游戏《剑灵》中，全新的骨骼体型及相貌重塑系统通过细微的人体形态数据进行设置（见图1-9），使游戏操作者能够创建出独一无二的专属游戏角色，这个系统本身也已经成为了游戏的一大乐趣和卖点。

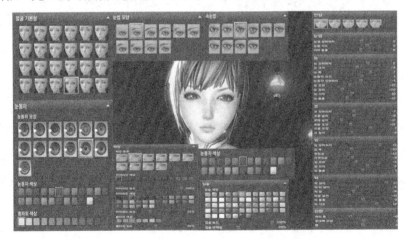

图 1-9 《剑灵》的体型相貌重塑系统拥有复杂的参数设置

8. 故事沉浸

几乎每一款游戏都有自己的剧本和故事，这既包括原创的剧本，也包括现有题材的改编剧本，例如，现在市面上有大量利用中国四大名著改编的题材游戏。游戏的剧本和故事情节可以让游戏操作者沉浸在游戏所描绘的虚拟世界中，就如同电影、小说一样，本来处于客观真实世界中的我们，却可以把自身的情感投入进虚幻的世界中。这种故事沉浸的体验感与角色扮演的乐趣是相辅相成的，一方面满足了人们想象力的扩展需求，另一方面也满足了许多人想要实现却无法实现的理想愿望需求。

1.4 游戏心理学

1.4.1 游戏心理学的概念

心理学是一门研究人类的心理现象、精神功能和行为的科学，既是一门理论学科，也是一门应用学科，包括基础心理学与应用心理学两大领域。以上是当今世界对于心理学的定义。游戏心理学是心理学的分支学科，属于应用心理学的范畴，其旨在利用心理学原理来研究和解释人类的游戏行为。

作为人类，我们在日常生活中有各种各样的诉求，其中包括一些最为基本的，如饿了吃饭、渴了喝水等，我们称之为基本的生理需求；也有一些高级的，如需要获得别人的尊重、获得荣誉感等，我们称之为高等的心理需求。其实在人类的大脑中存在一个奖励机制，当我们满足自身需求的同时，大脑会释放分泌"多巴胺"，使我们产生愉快感，以此作为奖励，使我们重复这种行为。对于生理需求来说比较容易满足，这种直接关系原理无需过多解释。而心理需求的满足就是一个比较复杂的过程了，它不像生理需求那样有明确的需要和满足条件，心理需求没有明确的答案，每个人心中的标准也不相同。

要想解答以上的这些疑问，那就需要运用心理学的知识与理论体系。游戏作为人类满足心理需求的一种活动行为，它同样可以用游戏心理学来进行解释。同时，游戏本身就是一个虚拟的仿真世界，真实世界中的各种理论在游戏中也同样存在，所以游戏设计不仅仅是单纯的故事策划、程序编写和美术制作，它还包括社会学、经济学、物理学、哲学、心理学等众多领域内容。而心理学恰恰是众多社会学科的交叉点，它像纽带一样可以将所有的学科理论进行串联，所以游戏心理学在游戏设计与研发中的地位十分重要。通过游戏心理学可以研究游戏玩家的心理诉求，探寻不同玩家的内心反应，从根本上指导游戏研发与设计的理念。

1.4.2 游戏心理学在游戏设计中的应用

游戏心理学是一个复杂的概念，它包含的范围很广，涉及游戏行为的方方面面。我们以一个世界著名的游戏《俄罗斯方块》为例，游戏中通过操纵5个按键（向左、向右、左转、右转和降落）让徐徐下落的方块与其他方块排成整齐序列进行消除（见图1-10）。在实际游戏中，面对随机出现的不同形状的方块，在下落过程中不同的操作者会对其进行不同的操作，虽然游戏的目标是一致的，但游戏的方式方法可能完全不同，这就是不同人之间的游戏心理。

《俄罗斯方块》的游戏初衷很简单，但自从它在1986年问世后，却让人们的娱乐生活发生了翻天覆地的变化，很多人为此投入了大量的时间和精力，甚至有人说自己连续玩了几小时俄罗斯方块后，连梦里都会出现降落的方块，甚至看到街上的大楼都在移动，这种名为"俄罗斯方块效应"的现象其实就是游戏产生的心理推动作用。

图1-10　经典的俄罗斯方块游戏

《俄罗斯方块》的游戏设计深深抓住了玩家的心理，让人沉浸其中，欲罢而不能，在心理学上将这种状态称为"心流体验（Flow）"。1985年米兰大学的马西米尼提出了著名的八区间心流体验模型，如图1-11所示。

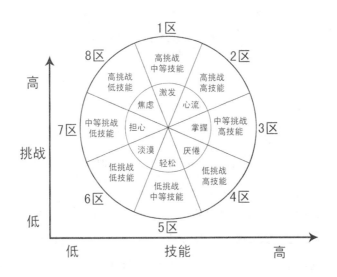

图1-11　马西米尼的心流体验模型示意图

当人们处于高挑战、高技能水平的时候，心流会产生，身心处于最积极的状态，意识也同时处于最享受的状态；当人们处于高挑战、中等技能水平的时候，好胜心将被激发，往往热衷于提高技能，以尽量接近心流；当人们处于中等挑战、高技能水平的时候，会充分享受掌控带来的愉悦体验；当人们处于低挑战、低技能水平的时候，无聊淡漠的心态会产生，进而放弃活动。

益智类游戏利用心理达标原理不断挫败我们直至我们满意，俄罗斯方块则更进一步在失败与成功之间创建了持续的链条，抓住了人们完成与重复进行的心理乐趣，即使我们的理性思维明白这基本上是个毫无意义的游戏，但我们仍然乐在其中。心流理论也是游戏乐趣设计的基本原理，这套理论同样适用于当今更加高级与复杂的游戏设计。

以上的内容都是针对游戏心理学在游戏设计中的宏观应用进行的介绍，其实在游戏的实际制作中，游戏的细节设计与游戏心理学之间也有巨大关联。例如，在游戏的美术设计中，美术元素的形状、体积、尺寸等都会对游戏玩家的心理产生不同的影响。

就拿形状来说，在心理学上，不同的形状图形出现在人们面前时，会对人的心理产生不同的反应变化，例如，圆形给人的感觉是单纯、年轻、女性化等；方形给人的感觉是成熟、稳定、平衡、顽强等；而三角形给人的感觉则是侵略、威胁、力量等。在游戏的美术设计制作中，尤其是利用 3ds Max 或者 Maya 等 3D 软件进行建模的时候，无论是游戏角色、场景还是道具都是从最基本的形状开始制作的，所以对于不同的设计对象和目标要选择合适的心理学图形模板，这样才能保证最终的设计符合大众的认知心理。图 1-12 中所示的游戏角色是基于不同的形状模板进行设计的，带给人的视觉效果也完全不同。

（a）圆形模板　　　（b）方形模板　　　（c）三角形模板

图 1-12　利用不同形状模板设计的游戏角色

我们用图 1-13 中所示的图形来表示游戏中的角色和所处的场景环境。如图 1-13（a）所示，圆形角色处在圆形场景中表现了一种和谐的氛围，因为角色形状与环境形状相呼应，这也暗示了这里是角色的归属地。如果角色和环境都是三角形，我们也会觉得和谐，但给人的视觉审美感受是完全不同的，如图 1-13（d）所示。当角色与环境形状形成反差时，我们就会产生不和谐的感觉，如图 1-13（b）和图 1-13（c）所示。当圆形角色在三角形的环境中，我们会觉得圆形角色似乎受到了威胁，而相反地，当三角形角色出现在圆形环境中，就显得角色对环境构成了威胁。

（a）圆形角色与圆形环境　　（b）圆形角色与　　　（c）三角形角色　　　（d）三角形角色与
　　　　　　　　　　　　　　　三角形环境　　　　　与圆形环境　　　　　三角形环境

图 1-13　游戏角色和环境的不同图形效果导致不同的心理反应

除了形状外，物体的尺寸视觉效果也会对人们造成不同的心理反应。在传统意义上人们会认为个头越大的生物力量也越强大，其实这并不仅仅是一种传统观点，而且也是自然界普遍存在的现象。对于许多动物来说，让自己看起来更大属于一种防御本能，例如，四足动物在搏斗时往往会直立起来，一些鸟儿会膨起身上的羽毛使自己的外形看起来比实际尺寸更大，所有这些都是为了让试图攻击它们的对手或捕食者相信，它们远比看起来的要危险。此外，巨大的犄角、獠牙或者庞大的体型，通常也有助于雄性树立自己在族群中的威信。

为了更加简单易懂地说明这一理念，我们以俄罗斯套娃作为例子（见图1-14），用大套小的表示方法来说明尺寸对于支配关系的意义。只要是个头大的，在力量上就会有优势，而个头相对小的，都可以被大个的套住。这一理论同时可以很形象地反映出食物链原则，也就是通常所说的"大鱼吃小鱼，小鱼吃虾米"。

俄罗斯套娃理论可以被延伸至许多游戏中去，以尺寸原则来表现实体，可以很方便地帮助玩家理解力量上的对比关系，这种方法不仅有效率而且也最常被使用。例如，在《战争机器》系列中，个头的大小也被用来提

图1-14 俄罗斯传统民俗工艺品套娃

示其所具备的攻击性或是危险程度。虽然绝大部分敌人所拥有的火力强弱大多取决于其所使用的武器种类，但也都与体型大小相符合：使用普通武器（步枪、霰弹枪或狙击步枪）的敌人，个头往往跟人类士兵差不多大小；而能够使用稍微强力一点的武器（如力矩弓）和技能的敌人，往往比人类和同类敌人大一号，或者戴着让他们看起来比较大的头盔，如蝗虫猎人；配备真正重型武器的，是那些被称作火箭兵的敌人，他们不仅个头更大而且看起来也更强壮，如图1-15所示。

（a）普通敌人　　（b）强力敌人　　（c）重型敌人

图1-15 《战争机器》中不同体型的敌对角色

再如许多网络游戏中，不同种族的游戏角色个体形态差异较大，以此来区别不同种族之间的职业模式和技能范围。图1-16所示为网络游戏《最终幻想14》中的不同种族的角色对比，体型最大的鲁加族拥有强壮的肢体，可选的游戏职业通常为拳击师和重锤锻冶师；精灵族身形修长，在游戏中通常为弓箭手；拉拉菲尔路族体型最为娇小，无法使用大型武器，通常为使用魔法的幻术职业。

继续以俄罗斯套娃理论为标准，我们再来看看《生化奇兵》系列当中，玩家与其他角色和敌人在体型上的对比。如图1-17所示，在《生化奇兵1》中我们不难看出，小萝莉的体型总是比玩家控制的角色小上许多，清晰地体现出了游戏的设计理念——这些可怜的生

15

物依存于玩家的怜悯之心。与之相对的，所有敌人形象都与玩家体型相当或者更大一些，以此来反映他们的危险性。

图 1-16 《最终幻想 14》中不同种族的游戏角色

图 1-17 《生化奇兵 1》中玩家角色与敌对角色体型对比

在《生化奇兵 2》中，玩家是俄罗斯套娃中最大的那只，这就让玩家在与敌人战斗时非常放心，敌人看起来似乎也很是不堪一击，如图 1-18 所示。如果只以俄罗斯套娃标准来衡量的话，那么二代中的玩家可以说是无敌的，而一代玩家则必然会因为各种威胁而提心吊胆。

图 1-18 《生化奇兵 2》中玩家角色与敌对角色体型对比

除了游戏中的角色，游戏中各种场景物品和装备道具（如柱子、武器、盔甲和工具等）同样受到了俄罗斯套娃理论的影响。前面已经提到过，巨大的犄角或是牙齿可以给人造成视觉上的强壮感觉。这同样适用于角色的装备和武器上，完全可以把武器或装备看作游戏角色身体的延伸。借助于使用的武器装备可以延伸角色的躯体和放大角色的体型，而武器装备本身的力量也被随之投射到了游戏角色的身上。

实际上，游戏心理学的广度和深度不仅仅局限于我们这里所讲的内容，它是一门丰富复杂的学科理论，我们这里只是做了些简单介绍让大家了解。在实际的游戏设计制作中，如果合理运用游戏心理学的理论，不仅会增加游戏的乐趣和可玩性，同时也会从根本上抓住玩家的心理，吸引更多的用户加入到游戏中来，让游戏产品的寿命变得更加长久持续。

第 2 章

电子游戏
发展史

世界上第一款电子游戏

从 20 世纪 60 年代第一款电脑游戏的诞生，到 80 年代游戏机平台的崛起，再到 21 世纪网络游戏和手机游戏的出现，虚拟的电子游戏在过去几十年的发展过程中不断地演变进化，由最初仅供人们消遣的娱乐活动发展为了如今覆盖全球的文化产业。虚拟游戏究竟经历了怎样的发展和变化？游戏究竟如何从娱乐产品变为文化产物？那些世界顶级的游戏公司又是怎样成长起来的？在本章中将一一解答这些疑问，为大家介绍世界虚拟电子游戏的发展历史。

2.1 虚拟游戏的诞生

1946 年 2 月，出于美国军方对弹道研究的计算需要，世界上第一台电子计算机在美国宾夕法尼亚大学诞生，它的全称是"Electronic Numerical Integrator and Calculator"，缩写为"ENIAC"（见图 2-1）。ENIAC 可以在 1 秒内完成 5000 次加法运算，也可以在 1 秒内完成 500 次的乘法运算。ENIAC 由 17840 支电子管组成，占地 170 平方米，重 28 吨，耗资 48 万美元，功耗也高达 170kW。虽然第一台电子计算机诞生的目的是军事方面的应用，但它也和其他军工产品一样，随着技术的成熟逐渐走向民用，人类开始步入以电子科技为主导的新纪元。

ENIAC 的问世是计算机发展史上的一个里程碑，不过它一直都作为政府专用的实验用设备存于办公室，真正被世人所认知的是 UNIVAC。ENIAC 的主要设计者莫奇利和埃科特成立了世界上第一个计算机公司 EMCC，并且在 ENIAC 的基础上设计了一部民用级计算机——"UNIVAC"（见图 2-2）。UNIVAC 是世界上第一台真正意义上的民用计算机，它的出现正式标志着计算机从实验室走向了大众社会。

图 2-1　世界上第一台电子计算机

图 2-2　世界上第一台民用电子计算机 UNIVAC

直到 1958 年，计算机依然是一个高级计算工具，和游戏没有任何关系。隶属于美国能源部的布鲁克海文国家实验室负责计算机工程的物理学家威利·海金博塞姆博士为了让前来参观的游客能够在实验室中对各种科研成果产生更多的兴趣，决定做一个有交互作用的东西以吸引游客的注意力，让游客在实验室中待得更久一些。

在同事的帮助下，威利·海金博塞姆博士总共花了两周就完成了这个创意，一个模拟计算机和一个示波器，一张简单的"网"和一个闪烁的"网球"，速度、引力、弹力都会影响"网球"的运动，参观的游客可以通过两个控制箱进行控制，这就是世界上第一款游戏的全部内容。这个装置获得了预想的效果，完全吸引住了游客的注意力，甚至让游客把所有的参观时间都花在了这里。这个吸引游客的东西叫《双人网球》，如图2-3所示。遗憾的是，《双人网球》在1959年的传统参观日后就被拆除了。

威利·海金博塞姆博士只是一名科研人员而不是一个商人，他没有想到这个不经意的小创意日后会发展成一个每年几百亿美元的文化产业。威利·海金博塞姆博士把这个游戏拆除以后就继续投入了工作，而1958年的参观者则成为了首批游戏玩家。

1962年，麻省理工学院的格拉茨、拉塞尔等7名大学生，在DEC公司PDP-1小型机上制作出了世界上第一个真正意义上的游戏程序——《空间大战》。游戏画面依然极其简陋，由4个键控制2艘太空船（两人各一艘），使用"A、S、D、F"键可以控制一艘太空船，而"K、L、；、'"键则可以控制另一艘。玩家在游戏时可以相互发射火箭，直至一个人用火箭击中另一人的飞船就算获胜（见图2-4）。《空间大战》的出现标志着数字化游戏形式的正式诞生，电脑游戏就这样走入了人们的生活。

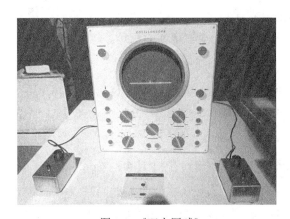

图2-3 《双人网球》

图2-4 世界上第一款电脑游戏《Space War》

《双人网球》是为了吸引游客的注意力，《空间大战》则是为了几个人的自娱自乐，这些不经意的小创意就是整个游戏产业的鼻祖，它们的出现拉开了虚拟游戏产业的序幕。

2.2 游戏机的兴起

当前的虚拟电子游戏领域存在两大分支——电脑游戏和游戏机游戏。电脑游戏是指在电子计算机硬件平台下运行的游戏程序，而在游戏机平台上运行的游戏则被称为游戏机游戏。虽然虚拟游戏最早是在计算机硬件平台上诞生的，但之后人们将虚拟游戏这种娱乐方式从计算机的附属产物中独立了出来，并为其搭建和制造出了专属的运行平台和载体，这就是电子游戏机。

我们今天所说的游戏机，主要是指专门运行虚拟游戏程序的硬件主机设备。它与同样可以运行游戏程序的普通 PC 之间最大的区别在于源代码和软件的封闭性，它只向获得许可的软件开发者开放设计源代码，同时游戏机只能运行专业授权的游戏软件，并不能提供除此以外的其他服务。

1888 年，德国人斯托威克根据自动售货机的投币机构原理，设计了一种叫作"自动产蛋机"的机器，只要往机器里投入一枚硬币，"自动产蛋鸡"便"产"下一只鸡蛋，并伴有叫声。人们把斯托威克发明的这台机器，看作投币游戏机的雏形。但是真正用于娱乐业的游戏机，当属 20 世纪初德国出现的"八音盒"游戏机，游戏者只要一投币，音盒内的转轮便自动旋转，带动一系列分布不均的孔齿敲击不同长度的钢片奏出音乐。后来，著名魔术师伯莱姆设计了投币影像游戏机——虽说是影像，但它却仍旧是机械式的，操作者投币后可以从观测孔看到里面的木偶和背景移动表演。

在经济萧条的年代，世界各地博彩业却异常兴旺，因而许多投币式游戏机，如扑克牌机、跑马机、高尔夫弹珠机等，曾一度取代了传统的娱乐业。直到 20 世纪 30 年代，美国兴起了对抗竞技的模拟游戏，其中模拟枪战的《独臂强盗》游戏机大受欢迎。此后，模拟各种体育运动 (如打靶、篮球、捕鱼达人) 的游戏机也相继出现在娱乐场。

从 19 世纪末到 20 世纪 50—60 年代，投币游戏机大都属于机械或简易电路结构，游戏者也是青年、成年人居多，场合仅限于游乐场，节目趣味性较差，而且内容单一。但与此同时，随着全球电子技术的飞速发展，其技术成就渗透到了各个领域，也为以后电子游戏机的出现奠定了基础。

世界上第一台街机游戏机的名字叫 Computer Space，出现在 1971 年。Computer Space 的游戏内容和《空间大战》如出一辙，两个玩家在控制自己的太空飞船的同时，可以用导弹攻击对方的太空飞船；除了对方射过来的导弹外，玩家还要注意星球的引力，未能摆脱引力的结果和被导弹击中的结果是一样的。Computer Space 的硬件设备类似于我们今天的街机游戏机（见图 2-5），其显示设备就是一台黑白电视机，但在设置方面考虑到商用的需要，区分了单打和双打模式，同时设置了投币系统来启动游戏。这些必要的实用设计全部保留了下来，并成为了后世街机的标准设置。

由于受时代的限制，Computer Space 上市后并未获得成功，也没有引起广泛的关注，但它的出现开辟了游戏专用机的先河，对后来家用游戏机的诞生起到了重要作用。作为 Computer Space 的开发者，诺兰·布什内尔并没有因为这一次的失败而放弃商业游戏机的想法，在 1972 年 6 月，他和朋友泰迪·达布尼用 500 美元注册成立了自己的游戏公司。这个公司就是世界上第一个电子游戏公司 Atari，也就是我们熟知的"雅达利"（见图2-6）。

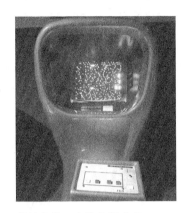

图 2-5　世界上第一台街机游戏机 Computer Space

图 2-6　雅达利 LOGO

　　1967 年，市场上虽然还没有电子游戏的概念，但一位名叫拉尔夫·贝尔的电子工程师已经有了类似的想法。拉尔夫·贝尔当时在一家叫 Loral 的电视制造工厂工作，负责打造当时世界上最好的电视，虽然任务还没有完成，但贝尔的脑子里已经开始出现了另外一个新颖的想法，这个想法后来改变了整个娱乐行业，那就是"电视游戏"。拉尔夫·贝尔提交了一份电视改革的计划，内容包括让电视用户可以在电视上进行交互式视频游戏。随后，他和他的设计小组经制作了样机，并且改装了一把玩具枪，使其能够辨别屏幕上的光点。经过不断的努力，在 1972 年，这个想法变为了现实，起名为"Odyssey（奥德赛）"的家庭游戏主机正式上市，这就是世界上最早的家用游戏机（见图2-7），而拉尔夫·贝尔也成为了家用游戏机之父。

家用游戏机之父拉尔夫·贝尔

　　当时为奥德赛制作游戏的是雅达利公司，一款名为《Pong》的乒乓球游戏成为了世界上第一款电子游戏。随后雅达利还把《Pong》做成了一款街机游戏，也使得《Pong》成为了第一款被公众接受的街机游戏（见图2-8）。

图 2-7　奥德赛游戏机

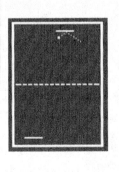

图 2-8　世界上第一款电子游戏《Pong》

作为世界上第一款电子游戏，《Pong》一上市便大获成功，随后风靡全美，其研发厂商雅达利便是最大的受益者。作为时代的先驱者，雅达利这个仅用500美元注册的游戏公司占据着当时电子游戏市场上的绝对主导地位。

1974年，雅达利公司推出了自主研发的Pong家庭版游戏机，其体积比奥德赛更小，功能比奥德赛强，而且雅达利公司在一开始就采用了盒式磁带设计，这对丰富游戏内容提供了条件。与之前奥德赛版的最大不同是：早期的Pong游戏机只有黑白画面，而此时的家用游戏机已经有了彩色图像；奥德赛版没有声音，而雅达利版的Pong游戏机在每次击球时可以用内置扬声器发出特殊的"哔"声；奥德赛可以用控制器上的按钮发旋转球，但雅达利版不仅能发旋转球，还可以根据击拍球的位置自动调整八个等级的旋转。

1975年，雅达利公司已售出了15万台自主研发的家用游戏机，销售额猛增至1500万美元。正是凭借此举，雅达利一举成为了当时世界上最大的游戏机厂商，也带动了全球游戏机市场的蓬勃兴起。

1976年10月，雅达利还发行过一个名字叫《夜晚驾驶者》的街机游戏（见图2-9），这个游戏如今被认为是游戏史上的第一款3D概念的主视角游戏。并简陋粗糙的画面放到如今简直不值一提，但这是40年前的一款游戏，而那时连PC兼容机都还没有。

1977年10月，雅达利自主研发的2600型家用游戏机正式上市（见图2-10），并获得了前所未有的成功。雅达利2600的基本架构类似于那个时代的大部分操作平台和家用计算机，CPU采用MOS 6502的进阶版MOS 6507，频率为1.19MHz。雅达利2600还支持包括手柄、摇杆、键盘等当时主流的基本输入设备和第三方扩展设备。

图2-9 《夜晚驾驶者》的游戏画面　　　　图2-10 雅达利2600型游戏机

雅达利2600是家用游戏机平台上取得成功的第一台卡带式家用游戏机，在这款主机上可以运行上百种游戏，包括《夜袭机场》《坦克过险关》《警察捉小偷》《海底救人》等经典游戏。真正的第一代奥德赛游戏机在中国几乎没有人见到过，而雅达利2600才是国内玩家开始认识并接触的第一代家用游戏机。

1979～1982年的3年间，雅达利2600在全美畅销，机占据了44%的市场份额，几乎成为家庭游戏机的代名词。在此期间，雅达利公司的资产也得到了大幅度增长。1981年，雅达利公司创下10亿美元收入的纪录，其年度收入竟超过好莱坞电影业2倍，是棒球、篮球和足球门票收入总和的 3 倍，带动了整个游戏产业的迅猛发展。1982 年，在公司成立 10 周年之际，雅达利公司年销售额突破 20 亿美元，成为美国历史上成长最快的公司，所占游戏市场的份额高达 80%，其产品进入了美国 17% 的家庭。

1982 年末，一些微妙的迹象表明，人们最初的热情开始消退，游戏业出现了滞销现象，有很多评论认为这种情况是市场上流传的大量的劣质游戏所导致的。因为雅达利公司对游戏品质并没有明确的要求，而且由于雅达利公司实行了"数量压倒质量"的游戏政策，市场上涌现出了大量包装华丽、内容同质化的垃圾游戏，并由此导致了恶性竞争，让美国玩家对游戏彻底失去信心，终于在 1982 年的圣诞节出现了大崩溃，从而导致了整个美国游戏市场的大衰退。

与此同时，雅达利公司做出的另一个决策，也将自身推向了灭亡的边缘。1982 年，雅达利公司斥巨资 2500 万美元，购买大型科幻动画片《E.T.》的版权，试图让红极一时的《E.T.》来扳回局势，遗憾的是《E.T.》游戏不仅没有获得预期的成功，反而成为了压死雅达利公司的最后一根稻草。1982 年冬季，雅达利制作完成的 400 万份《E.T.》游戏卡带仅卖出了 150 万份，而最终剩余的 250 万份游戏卡带，最终同其他一些卖不出的存货一起被当作垃圾埋进了新墨西哥州的阿拉莫戈多镇（见图 2-11）。同年，雅达利公司还推出了 5200 型家用游戏机，其最

图 2-11 被销毁掩埋的雅达利游戏

大的弱点是不兼容 2600 型的游戏，价格又极为昂贵，因此最终也没能挽回失败的局面。

1983 年初，雅达利公司停止了股票交易，并且开始了前所未有的大裁员，从此一蹶不振。一年之前还是收入数十亿美元的公司，然而一年之后却面临倒闭，这就是后来人们所说的"雅达利事件（也叫雅达利冲击）"。"雅达利事件"是游戏业和经济界的一个著名商业案例，它对美国游戏业造成了无法弥补的毁灭性打击。虽然之后雅达利也还推出过 7800 和"猛虎"家用游戏机，但始终无法摆脱破产的命运。在经历了无数的收购和重组后，雅达利公司于 2013 年 1 月 21 日正式申请破产。

雅达利公司用 10 年创造了一个奇迹，又用 1 年毁灭了这个奇迹，从始至终都充满着传奇色彩。虽然雅达利公司已经成为了历史，但是由其开创的游戏机市场方兴未艾，并且为后来者提供了宝贵的行业经验和研究案例。其实，除了雅达利公司自身存在的问题外，最终给雅达利一击重锤的却是另外一家传奇游戏公司——任天堂（Nintendo）。

20 世纪 70 年代，美国雅达利公司开创了一个电子游戏的新时代，但由于种种原因却没能延续这份辉煌，最终被时代的浪潮所淹没。80 年代，一家默默无闻的日本公司迎着时代的步伐登上了历史的舞台，凭借着对于家用游戏机的准确定位和独具匠心的游戏设计

理念，迅速发展成为世界一流的电子游戏公司。时至今日，其品牌在日本人心中的地位并不亚于丰田汽车，这就是我们接下来要介绍的日本任天堂株式会社。

任天堂的前身成立于 1889 年 9 月 23 日，最初名为"任天堂呼卖"，是专门制造一种名为"花札"（见图 2-12）的日本手制纸牌的小作坊。他的创办者山内房次郎将"任天堂"这个名字的含义解释为"谋事在人，成事在天"，这种哲学理念也深深贯彻在了任天堂公司发展的整个历史进程中。任天堂制作的花札图案十分精致，并且是全手工制作，所以当时在京都地区十分流行，很快成了热销的抢手商品。1902 年，房次郎扩大经营规模，开始涉足扑克牌生产，任天堂也成为了日本第一家生产西方扑克牌的厂商。1949 年，年仅 22 岁的山内溥作为家族继承人接管了任天堂企业。之后山内溥将任天堂改名为任天堂骨牌（NintendoKoppai）株式会社，并对任天堂内部进行了大规模改革，开始了企业的多元化发展，尝试过开办旅馆，也收购过出租车公司，还涉足过餐饮行业，但最终这些试验性经营都惨淡收场，只是依靠花札和扑克牌等传统行业，任天堂才幸免于破产。

1965 年，任天堂开始进军电子产业，招收了大量理工专业的大学毕业生，这其中就包括日后成为任天堂核心骨干的横井军平。横井军平对于游戏娱乐有着很大的兴趣，他发明的一种连着弹簧的木质机械手被山内博看中，改良后的成品"超级怪手"玩具（见图 2-13）在 1969 年开始发售，半年内就卖出去了 120 万套。横井军平设计的玩具中还有另一件比较知名的，就是大家在游乐场经常能玩到的光线枪。凭借电视广告的宣传，光线枪和超级怪手让任天堂大获成功，实现收入约 3000 万美元。

图 2-12 日本的传统牌类游戏"花札"

图 2-13 "超级怪手"玩具

1973 年，任天堂将光线枪的标靶安到了特制的作战服上，推出了"躯体镭射射击系统"，并将一家废弃的保龄球馆改造成了射击场，虽然后来因为运营费用过于高昂而失败，但却为之后的光线枪类电子游戏（如 FC 上著名的《打鸭子》和《荒野枪手》）积累了很好的经验。其实，从光线枪到躯体镭射射击系统，这并不是由横井军平一人研发的，而是当时怀有同样兴趣的上村雅之（见图 2-14）找到了横井军平，两人经过努力共同研发成功的。之后，上村雅之在横井军平的介绍下进入了任天堂公司，这位在当时名不见经传的小人物就是日后大名鼎鼎的 FC 之父。

1975 年，山内溥看到美国雅达利公司的家用游戏机设备后，决定进军电子游戏业。同年，任天堂公司和美国 Magnavox 公司通过谈判达成协议，任天堂公司被授权出产和销售 Magnavox 公司的电视游戏平台 Magnavox Odyssey。但因为当时任天堂没有需要的设备和工厂制造这些机器，他们与三菱进行了合作，希望三菱能够协助制造机器。

图 2-14 一代经典游戏主机 FC 之父上村雅之

1977 年，任天堂与三菱合作，联合推出了自己的电视游戏平台 Color TV Game 6（见图 2-15），这是一个收藏着 6 个简单版本的网球游戏机，在当时一共卖出了数百万台。之后，任天堂还推出了扩展版的 Color TV Game 15，可以运行 15 个内置电子游戏。Color TV Game 系列是任天堂公司的第一代家用游戏机平台，由于主机整体设计还非常原始，并不是卡带设计，所以性能与同时期的雅达利 2600 相差甚远，这时的任天堂还只是处于简单的模仿阶段。即便如此，任天堂仍然从这部机器上获得了丰厚的回报，也坚定了任天堂进入游戏机市场的决心。宫本茂也于当年加入任天堂，负责街机的美术设计。

图 2-15 Color TV Game 6 和 Color TV Game 15

1978 年，任天堂公司开始将目光投向了街机市场。此间，数款街机游戏面市，包括模仿 Taito 公司《太空侵略者》的《太空狂热》及《雷达显示器》等。其中，《雷达显示器》是根据 Namco 公司的经典游戏《小蜜蜂》（见图 2-16）的"位图对象"技术研发而来的。以往的街机游戏，由于每屏画面均需要重新绘制，当同屏显示较多内容时，游戏速度会明显降低，而位图对象技术很好地解决了这个问题，保证了游戏的流畅运行。这项技术的应用也为日后《大金刚》游戏的制作打下了基础。

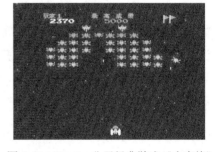

图 2-16 Namco 公司经典游戏《小蜜蜂》

1979 年，任天堂开始设计便携式电子游戏平台 Game&Watch（见图 2-17），这个概念来自于横井军平。该平台于 1980 年正式上市。Game&Watch 的游戏依然是固化在主机上的，不过携带方便，这是任天堂的第一款掌上游戏机。同年，任天堂于美国纽约开设了子公司。

1980 年，任天堂开始生产街机游戏。这些街机游戏大多数配备了光线枪，都是些原始的射击类游戏，但都没有获得很大的反响。在一部叫作《雷达显示器》的射击游戏失败后，宫本茂决定改变这种思路，开始向完全不同的另一个方向发展。在横井军平的协助下，1981年，《大金刚》在街机平台上发布。当时任天堂内部并不是都很看好这款游戏，但结果其自推出后便获得了空前的欢迎，大家都为这款卡通风格的英雄救美游戏所深深吸引，当年就售出了6.5万台。这个游戏的主角就是日后著名的虚拟游戏角色马里奥（Mario）的前身，这也是马里奥的第一次亮相。任天堂趁热打铁，于1982年推出了续作《大金刚Jr》，借助前作的市场旺势，《大金刚Jr》也卖出了3.5万台的好成绩。这是任天堂自1959年后第一次尝到虚拟角色的品牌价值，也促使了任天堂开始关注对游戏虚拟角色的培养。

图 2-17　任天堂第一代掌机 Game&Watch

1983年7月15日，任天堂公司发布了历史上最经典的一款游戏主机 Family Computer，缩写为 FC（见图 2-18）。FC 的主色是红色和白色，因此也被称为红白机。FC 使用的是 MOS 6502 处理器，这款 8bit 处理器并不是当时最好的处理器，不过足够便宜，有助于控制成本，并且完全能够处理所需的游戏代码，当时售价 14800 日元。FC 对于手柄的设计进行了重大的改进和革新，其手柄左侧十字控制方向键、右侧游戏控制

图 2-18　FC 游戏机及其游戏卡带

按钮、中间系统操作控制按钮的经典布局成为了日后无数家用游戏机效仿的典范。

FC 是任天堂首次推出的卡带式家用游戏机平台，上市之后获得了巨大的成功，短短两个月里就销售了 50 万台。当时市场上的游戏机种类也非常多，1983 年仅在日本推出的游戏机就有十几部，其中 SEGA 公司推出了 SG3000 和 SG-1000 两部主机，不过在主机性能、软件支持和销售策略上完全不敌任天堂。

与 FC 同期发售的游戏有数十款，包括《大金刚》《马里奥兄弟》等。1983 年随 FC 一起发售的《大金刚》FC 版，这款从街机移植的游戏成为了 FC 首发游戏之一。《马里奥兄弟》FC 版也是 1983 年随 FC 一起发售的，这对水管工兄弟的首次亮相也是在街机平台，也是随 FC 一同发售的街机移植游戏（见图 2-19）。也是从《马里奥兄弟》开始，任天堂开始了品牌游戏角色的培养计划，马里奥作为任天堂的招牌明星，在之后所有的任天堂游戏机

上都有其身影，马里奥的系列作品达到了将近 100 种。

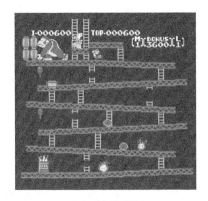
（a）《大金刚》

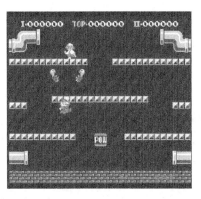
（b）《马里奥兄弟》

图 2-19 《大金刚》和《马里奥兄弟》FC 版游戏画面

1980 年出现在街机上的著名游戏《吃豆人》的制作公司是 Namco，当时一经推出就引起了轰动，那个贪吃的大豆子也被《时代周刊》登在封面，成为了最早的游戏明星。当时如日中天的 FC 自然是 Namco 积极争取的平台，《吃豆人》FC 版（见图 2-20）于 1984 年被 Namco 作为打开市场的杀手锏推出。

1985 年推出的《坦克大战》（见图 2-21），是比较紧张的双人配合游戏，制作公司也是 Namco，这款游戏是当时中国最流行的 FC 游戏之一。

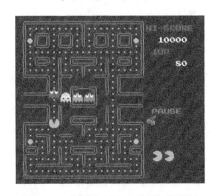

图 2-20 《吃豆人》FC 版游戏画面

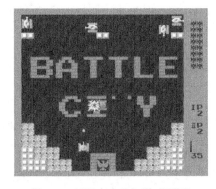

图 2-21 《坦克大战》游戏画面

任天堂公司在借鉴了雅达利公司的经验后准备得非常充分，在一开始就确定了严格的销售策略和产品定位。雅达利的衰落给任天堂留下了深刻的印象，因此任天堂对游戏质量的控制非常严格，而且在最初的计划中并不打算依靠第三方厂商的游戏软件支持。任天堂在 1984 年把自己的开发团队分成了 3 个小组：第一开发部（R&D1）、第二开发部（R&D2）和第三开发部（R&D3）。R&D1 由横井军平领导，R&D2 由上村雅之领导，而 R&D3 则由竹田玄洋领导，每个小组负责不同的系列游戏，任天堂希望利用这些精英小组来生产低成本、高质量的游戏。

1985 年，任天堂宣布他们将会在全球推出 FC 游戏机，这包括笼罩在"雅达利冲击"下的美国电子游戏市场。FC 在美国上市后改名为 NES（Nintendo Entertainment System）。

由于任天堂对游戏品质的严格把控，NES 在美国发售后不仅没有受到冷落，反而引起了空前的反响，这一举动更是给了处在毁灭边缘的雅达利最后一击重拳。由于市场供不应求，任天堂决定对第三方游戏开发商开放 FC 平台，但同时限制第三方开发商每年只可推出 5 个游戏。首个第三方开发商是日本 Konami 公司，它被允许制造于 FC 游戏机上使用的卡带游戏。同年，《超级马里奥》这款经典 FC 游戏在日本市场推出，获得了空前的成功，其主角马里奥也成为了任天堂的首位明星虚拟角色，也是最早风靡全球的游戏角色。

FC 作为一代经典的家用游戏机平台，是继奥德赛和雅达利 2600 后最为成功的家用游戏机，而任天堂正是凭借 FC 的成功而迅速崛起，一举发展成为全球最大的电子游戏公司

任天堂经典游戏

的。之后，SFC、N64、GameCube、Wii 等家用游戏主机的问世，更加巩固了任天堂在全球电子游戏领域的地位。时至今日，任天堂已经在全球销售超过 20 亿份电子游戏软件，缔造了多名游戏史上经典的虚拟明星角色，如马里奥、大金刚、星之卡比、比卡丘等，同时也创造了游戏史上被奉为经典的众多电子游戏，如《塞尔达传说》《超级马里奥兄弟》《口袋妖怪》等。作为一个拥有 120 多年历史的企业，它本身就已经是一个传奇，而传奇并没有结束，它仍在继续，未来或许将带给我们更多的惊喜和奇迹。

2.3　2D游戏时代

在电脑游戏发展之初，由于受计算机硬件的限制，计算机图像技术只能用像素显示图形画面。所谓的"像素（Pixel）"是用来计算数码影像的一种单位。如同摄影的相片一样，数码影像也具有连续性的浓淡阶调，我们若把影像放大数倍，会发现这些连续色调其实是由许多色彩相近的小方点所组成的，这些小方点就是构成影像的最小单位"像素"。而"Pixel"这个英文单词就是由 Picture（图像）和 Element（元素）这两个单词的字母所组成的。

因为计算机分辨率的限制，最初的像素画面在今天看来或许更像一种意向图形，因为以如今的审美视觉来看，这些画面实在很难分辨出它们的外观，更多地只是用这些像素图形来象征一种事物。然而电脑游戏就是这样一种神奇的艺术，尽管画面如此简陋，但从电脑游戏诞生以来，各种计算机硬件平台上却从来不乏优秀的作品，甚至在每个时代都不断有伟大的作品产生。虽然视觉画面是电脑游戏技术的核心内容之一，但这却不是决定一款游戏好坏的唯一因素。游戏毕竟是用来玩的，游戏是"玩出来"的艺术而不是"看上去"的艺术。

1976 年，一位叫乔布斯的年轻美国人用他自己发明的"苹果 I 型"计算机告诉了全世界什么是"PC"，一年之后"苹果 II 型"（见图 2-22）计算机诞生并正式开始商业化销售，正是从这时开始"PC"这个名词出现并永久载入人类文明的历史之中。尽管乔布斯已经

离开了我们，但他为世界电子计算机数码领域发展所做出的贡献将铭记人心，而他构筑的苹果帝国也仍然在引领当今个人数码领域的最新潮流。

　　第一款 PC 游戏出现在 1978 年，它是由斯考特·亚当斯为廉价微型机 TRS-80 开发的一款文字冒险游戏《冒险岛》。这款游戏是纯文字游戏，因此也没留下什么画面截图，但这却是有史可考的最早的一款 PC 游戏。当时还没有 IBM 兼容机，Apple 公司的产品虽然优秀，但是并不对外开放授权，因此各个厂商的 PC 兼容性都不是很好。斯考特·亚当斯在 1978 ～ 1984 年的这 6 年里为 TRS-80 和 Apple Ⅱ 等 PC 开发了数十款文字冒险游戏，虽然这些游戏在内容上有些大同小异，但却说明了一件事情，那就是 PC 可以拥有属于自己的娱乐方式。

图 2-22　苹果 Ⅱ 型计算机

　　1979 年，一款名为《巫术》的 PC 游戏诞生（见图 2-23），这是 PC 游戏史上第一个 RPG（角色扮演）游戏，也是一代经典的开始。1980 年，运行在 Apple Ⅱ 平台上的《创世纪》开始发售（见图 2-24）。这两款游戏的魅力空前，几乎全美国的人都为之疯狂了。

图 2-23　早期《巫术》的游戏画面

图 2-24　《创世纪》的游戏登录界面

　　要说当时《创世纪》系列游戏对玩家们的影响有多么大，远不是现在的玩家们所能想到的。在当时的游戏玩家眼中，《创世纪》系列就是游戏史上的圣经。当时还是个孩子，未来却成为 3D 游戏技术教父的约翰·卡马克说："我甚至想用纸笔把屏幕上的画面临摹下来。我对这些游戏简直爱不释手，正是它们激发了我对编程的兴趣。我刚开始制作的几个 Apple Ⅱ 小游戏都是在模仿《创世纪》，那真是一段令人难忘的日子。"可见《创世纪》系列的影响有多么深远。20 多年后，正是这些当年《创世纪》的玩家们怀着他们年少时的梦想为我们创作出了一系列经典的作品。20 年里，《创世纪》系列（不算前传和《网络创世纪》）一共出了 10 部，其中 5 部是在 Apple Ⅱ 的平台下完成的，另外 5 部则是在 PC 平台上完成的，所有的《创世纪》最后都被移植到了 PC 平台。

　　1986 年的圣诞节，第一代《魔法门》问世，运行的平台是 Apple Ⅱ。第一代《魔法门》

已经完全具备了后期《魔法门》系列的一切元素，包括最多 6 人的组队探险模式、第一人称视角、不同种族、阵营、第二技能、94 种魔法、近 100 种怪物等，同时游戏中有繁荣的城镇、地下城、高山、海洋，以及大量谜题和完全开放、可以自由探索的区域等。

《巫术》系列、《创世纪》系列和《魔法门》系列是欧美最重要的三大 RPG，美式 RPG 的超高自由度的特点从一开始就被这三大游戏所确立，如今日式 RPG 也开始效仿，分支剧情已经是现代 RPG 的一大要素。在这一时期，一系列经典的游戏作品在苹果机上诞生，有国内第一批电脑游戏玩家的启蒙经典《警察捉小偷》《掘金块》《吃豆子》等，也有经典动作游戏《波斯王子》的前身《决战富士山》。大宇公司著名游戏制作人蔡明宏（大宇轩辕剑系列的创始人）也于 1987 年在苹果机平台上制作了自己的第一个游戏——《屠龙战记》，这是最早一批的中文 RPG 游戏之一。

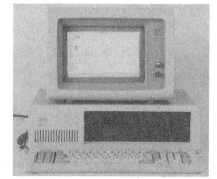

图 2-25　IBM 5150 PC

1981 年，IBM 公司推出了首款 PC——IBM 5150 PC（见图 2-25），IBM 5150 采用的是 Intel 8088 处理器，8088 处理器内含 29000 个晶体管，时钟频率是 4.77MHz，另配有 64KB 内存和 5.25 英寸软盘驱动器，操作系统是微软的 DOS 1.0。尽管这台计算机刚推出时性能甚至比不上苹果公司已经推出的 "Apple Ⅲ型" 计算机，但是它完全符合计算机发展潮流的开放性架构，使它获得了比 Apple Ⅲ更多的青睐，历史的天平最终还是选择了 IBM PC 及其兼容机。随之而来的，是 IBM 取得了自其加入计算机行业以来的最大成功，人类计算机史也正是从这时跨入了我们真正意义上的 PC 平台时代。

从此以后，286、386、486 这些 IBM 经典机型相继诞生，而微软公司发明的 MS-DOS 操作系统更让 IBM PC 的辉煌时代延续下去。在 DOS 时代，无数经典的游戏得以陆续诞生，大多数中国玩家也正是在这个时候开始接触电脑游戏，也可以说 MS-DOS 是中国玩家游戏梦想的起航者。

随着计算机硬件的发展和图像分辨率的提升，这时的游戏图像画面相对于之前有了显著的提高，像素图形再也不是大面积色块的意向图形，这时的像素有了更加精细的表现，尽管用当今的眼光我们仍然很难去接受这样的图形画面，但在当时看来，一个电脑游戏的辉煌时代正在悄然而来。硬件和图像的提升带来的是创意的更好呈现，游戏研发者可以把更多的精力放在游戏规则和游戏内容的实现上面去，也正是在这个时代不同类型的电脑游戏纷纷出现，并确立了电脑游戏的基本类型，如 ACT(动作游戏)、RPG(角色扮演游戏)、AVG(冒险游戏)、SLG（策略游戏）、RTS（即时战略）等，这些概念和类型直到今天也仍在使用。

1984 年，Sierra 公司在 PC 上推出了一款名为《国王秘使》的游戏。《国王秘使》是世界上第一款 PC 图形冒险类游戏，虽然只是静态的图片，但这个系列打破了此前纯文字冒险游戏的枷锁，以第三人称的方式赋予游戏主人公一个可视的形象来探索游戏世界。《国王密使》一代的情节过于简单，逻辑性也不是很强，但对于 PC 游戏和 AVG 类游戏来说是一个里程碑。作为一代经典游戏，《国王秘使》系列在之后不断推出续作，目前最新的游戏为《国王秘使 8：永恒的面具》。

1989 年，根据《一千零一夜》的故事改编的 PC 游戏《波斯王子》推出，这是 PC 平台上第一款原生的 ACT 类游戏。和当时 PC 上的"主流"游戏相比，《波斯王子》通俗易懂，让很多非专业人士也对 PC 产生了浓厚的兴趣，也因此《波斯王子》被奉为 PC 上的经典游戏之一。1993 年，《波斯王子 2》推出，也获得了同样的成功。

除了 ACT 类游戏以外，在 1989 年，PC 平台上专有的游戏种类"模拟类"游戏诞生，它就是《模拟城市》系列（见图 2-26）。《模拟城市》自推出后在市场上大受欢迎。《模拟城市》的最大特色是建设，从传统的战争破坏改为"规划""建设""扩展"和"管理"4 个要素，玩家要在一个固定范围里建设一个城市，要考虑到经济、商业、政治、治安、污染等社会因素，没有固定的路线，有的只是无限创意的发挥空间。《模拟城市》告诉人们：创造比毁灭可以获得更多的成就感。从此，模拟类游戏开始在 PC 上蓬勃发展并成为了 PC 游戏的主要类型之一。

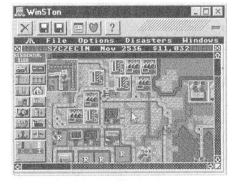

图 2-26　第一代的《模拟城市》游戏

另外在这一时期，还有许多经典的游戏系列得以诞生。例如，AVG 的典型代表作《猴岛小英雄》，以及《鬼屋魔影》系列、《神秘岛》系列；ACT 的经典作品《决战富士山》《雷曼》；SLG 类著名游戏《三国志》系列、席德梅尔的《文明》系列；RTS 游戏的开山之作 Blizzard（暴雪）公司的《魔兽争霸》系列及后来的 Westwood 公司的《C&C》系列等。

RPG 游戏在这时更是呈现出了前所未有的百家争鸣，欧美三大 RPG（《创世纪》系列、《巫术》系列和《魔法门》系列）给当时的人们带来了在计算机上体味《龙与地下城》的乐趣，并因此大受玩家的好评。而这一系列经典 RPG 从 Apple II 上抽身而出、转战 PC 平台后，更是受到各大游戏媒体和全世界玩家们的一致称赞。广阔而自由的世界，传说中的英雄，丰富多彩的冒险旅程，忠心耿耿的伙伴，邪恶的敌人和残忍的怪物，还适时地加上了一段令人神往的英雄救美的情节，正是这些元素和极强的带入感把大批玩家拉入了 RPG 那引人入胜的情节中，伴随着故事的主人公一起冒险。

MS-DOS 系统下的中文 RPG 一向都是中文游戏开发者的自豪，从早先"蔡魔头"的《屠龙战记》开始，到 1995 年的《轩辕剑——枫之舞》和《仙剑奇侠传》，国产中文 RPG 历经了一个前所未有的发展高峰。从早先对《龙与地下城》规则的生硬模仿，到后来以中国传统武侠文化为依托，创造出一个个只属于中国人的绚丽神话世界，吸引了大量中文地区的玩家投入其中。而其中的佼佼者《仙剑奇侠传》更是通过动听的音乐、中国传统文化的深厚内涵、极富个性的人物和琼瑶式的剧情在玩家们心中留下了一个极其完美的中文RPG的印象，达到了中文RPG历史上一个至今也没有被超越的高峰，成为了中文RPG里的一个神话（见图2-27）。

图2-27　国产RPG游戏的神话《仙剑奇侠传》

MS-DOS操作系统诞生之后，在其垄断PC平台的20年里，电脑游戏的发展达到了一个新的高度，新类型的游戏层出不穷，游戏获得了比以往更加出色的声光效果。但在获得更绚丽的游戏效果的同时，硬件技术也在这种需求当中不断更新换代，IBM PC也从286升级到386，再到后来的486，CPU从16位升级到了32位，内存方面经过了"FP DRAM → EDO DRAM → SDRAM → RDRAM/DDR-SDRAM"的进化过程，储存介质也从最初的软盘变为了如今还在继续使用的光盘，图像的分辨率也在不断提高。

随着种种的升级与变化，这时的电脑游戏制作流程和技术要求也有了进一步的发展，电脑游戏不再是最初仅仅遵循一个简单的规则去控制像素色块的单纯游戏。随着技术的整体提升，电脑游戏制作要求更为复杂的内容设定，在规则与对象之外甚至需要剧本，这也要求整个游戏需要更多的图像内容来完善其完整性，在程序员不堪重负的同时，衍生出了一个全新的职业角色——游戏美术师。对于游戏美术师的定义，通俗地说，凡是电脑游戏中所能看到的一切图像元素都属于游戏美术师的工作范畴，其中包括地形、建筑、植物、人物、动物、动画、特效、界面等的制作。随着游戏美术工作量的不断增大，游戏美术又逐渐细分为原画设定、场景制作、角色制作、动画制作、特效制作等不同的工作岗位。

对于图形化操作系统来说，图形用户接口（Graphical User Interface，GUI）是最重要的组成部分。历史上最早的图形化操作系统诞生于施乐公司，而苹果公司早期的Apple Lisa和Apple Macintosh则把便捷的图形化享受带进了普通用户的家中。1995年，微软公司代号为"Chicago"的Windows 95问世（见图2-28），这是PC操作系统发展史上一个里程碑式的作品。在此之前的Windows操作系统作为DOS的功能扩展和延伸，更像是和DOS Shell一样的外壳程序。但到了Windows 95，系统发生了巨大的改变，Windows 95使用自带的DOS启动，图像显得更华丽，操

图2-28　经典的Windows 95开机界面

作界面更加人性化，其内置了大量常用的多媒体和上网工具，带来了高性能32位多线程、多任务的革命性硬件即插即用（Plug & Play）技术……这些崭新的特性创造了一个前所未有的操作系统，所有的用户很快陷入了微软所营造的极其舒适的计算机操作环境。Windows 95 击败 IBM 的 OS/2 操作系统后，微软完全摆脱了 IBM 对自己和对整个 IT 产业的控制，并通过与 Intel 的结盟，成立了 IT 产业的领头羊"Wintel"联盟，实现了对 PC 世界的完全掌控。

在 Windows 95 诞生之后，越来越多的 DOS 游戏陆续推出了 Windows 版本，越来越多的主流电脑游戏公司也相继停止了 DOS 平台下的游戏研发，转而大张旗鼓地全力投入了 Windows 平台下的图像技术和游戏开发。在这个转折时期的代表游戏就是 Blizzard（暴雪）公司的《暗黑破坏神》系列，精细的图像、绝美的场景、华丽的游戏特效，这都归功于 Blizzard 对于微软公司 DirectX 应用程序接口（Application Programming Interface，API）技术的应用。

早在 Windows 3.1 的时代，微软的 DirectX 1.0 即开始显露雏形，但由于本身功能的不完善和各厂商支持力度不够，DirectX 1.0 迅速淡出了人们的视野。随着 Windows 95 的诞生，其本身集成的 DirectX 2.0 开始逐渐受到大家的关注。由于其对多媒体声音、影像的高度支持和直接写屏功能的实现，DirectX 得到了众多游戏和硬件厂商的广泛支持，当时最著名的显卡厂商 S3 和 Trident 几乎同时开始了对 DirectX 的支持，各种新游戏也都同时推出了 Windows 平台下基于 DirectX 的版本。DirectX 的出现，为电脑游戏的制作提供了良好的开发环境和完善的功能，同时也方便了用户和玩家，用户不再需要各种专业知识和进行各种有关硬件的专业设定，装好游戏后即可以正常执行。只要玩家的硬件配置不是过于怪异，运行游戏时很少会出现 DOS 下常有的兼容性的毛病。从另一个方面看，DirectX 的的确确为 PC 特别是多媒体应用和游戏的发展进程起到了极大的推动作用，结束了游戏软件制作开发中混乱无序的局面（见图 2-29）。

就在这样一场计算机图像继续迅猛发展的大背景中，像素图像技术也在日益进化升级。随着计算机图像分辨率的提升，电脑游戏从最初 DOS 时期极限的 480×320 分辨率，到后来 Windows 时期标准化的 640×480，再到后来的 800×600、1024×768 等高精细图像，游戏画面日趋华丽丰富，同时更多的图像特效技术被加入到游戏当中，

图 2-29　如今 DirectX 已经发展到了第 12 代

这时的像素图像已经精细到用肉眼很难分辨其图像边缘的像素化细节，最初的大面积像素色块的游戏图像被华丽精细的 2D 游戏图像所取代，从这时开始像素图像进入了精细 2D 图像时代。

在这个时期有三种游戏类型被创造出来，并最终成为 PC 游戏的三个主要类型：模拟类、第一人称射击类（FPS）和即时战略类（RTS），其代表作分别为席德梅尔的《文明》系列、id Software 公司的《德军总部 3D》和 Westwood 公司的《命令与征服》系列。

1991 年，席德梅尔按照自己的设想推出了一个涵盖了地理、文化、科技、经济、种族、政治、外交、战争等要素的人类文明发展史游戏《文明》（见图 2-30）。《文明》的主题是人类文明的发展史，因此不需要创建一个虚拟的世界观，《文明》的世界观就是现实的世界观，只是更加理论化和系统化。把科技、文化、经济、政治等复杂因素统统整合在一起，然后在相互影响中共同发展，玩家在这个过程中充分地体会了人类文明发展的历史。在《文明》中，玩家可以努力把那些充满神秘的古老文明延续到现代，在现代文明的变革中焕发出新的活力。《文明》的主题就是历史和文化，因此《文明》具备了无与伦比的历史内涵和文化底蕴。如果说当时的主流社会对游戏还有什么偏见的话，那么《文明》的出现则改变了这一切，《文明》把游戏的价值和形象带到了新的高度，甚至有些美国学校把《文明》当作学习资料，以游戏来辅助教学。

除了模拟人类文明以外，还有模拟汽车、模拟坦克、模拟飞机、模拟舰船、模拟经营管理等类型的游戏，这些模拟类游戏最大的特点就是在尽可能还原真实的同时让我们拥有了现实中无法实现的体验，这也是虚拟游戏带给人类的最大乐趣之一。

FPS（First Person Shooter），直译为第一人称射击类游戏，自 1992 年第一次出现以来已经成为 PC 游戏的主要类型之一。对 FPS 游戏的发展影响最大的公司是成立于 1990 年的 id Software 公司，这家公司在 1992 年推出了历史上第一部 FPS 游戏——《德军总部 3D》（见图 2-31）。这部 FPS 游戏并不是真正的 3D 游戏，而是用 2D 贴图、缩放和旋转营造了一个 3D 环境。这只是限于当时的 PC 技术而只能如此，虽然站在今天的角度来看这款游戏还是很粗糙，但就是这个粗糙的游戏带动了 PC 显卡技术的革新和发展。

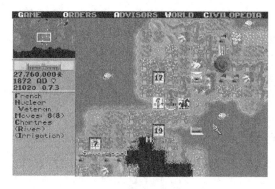

图 2-30 《文明》的游戏画面

图 2-31 《德军总部 3D》利用 2D 技术虚拟的 3D 游戏环境

真实时间的战略（Real Time Strategy，RTS）游戏是 SLG 游戏的进化版，即加入了真实时间的 SLG 游戏。成立于 1985 年的 Westwood 公司在 1993 年推出了一个富有创意的、新颖的游戏《沙丘2》，他们把真实时间加入到了游戏当中，从此，RTS游戏类型诞生了。《沙丘2》是历史上第一款RTS游戏，RTS的游戏要素和SLG很像：发展、探索、扩张和征服，唯一不同的是真实的时间制。时间要素是RTS游戏最重要的特点，玩家需要决定建造何种建筑及建造地点，决定生产何种单位及生产数量，还需要探索其他区域、找到敌人并决定何时攻击——仅仅加入了时间要素，RTS游戏就和原有回合制的SLG游戏划开了界限。

1995年，Westwood公司推出了拥有联网功能的《命令与征服》。游戏描写的是两个组织的对抗，双方要做的就是尽可能多的获取资源，生产尽可能多的作战单位，最终消灭对方。作为单机游戏来说，《命令与征服》制作得非常精致，和游戏搭配得当的剧情和精美的过场动画都达到了当时的最高水平。《命令与征服》是Westwood公司的巅峰之作，也为后来的RTS游戏奠定了基础，之后《命令与征服》还推出了众多的资料篇，在国内最为著名的资料篇就是《红色警戒》系列（见图2-32）。

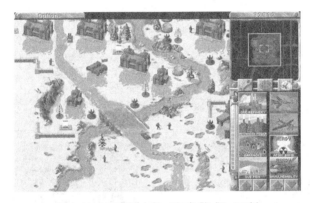

图2-32　风靡国内的《红色警戒》95版

在这一时期游戏的制作不再是仅靠程序员就能完成的工作了，游戏美术工作量日益庞大，工作分工日益细化，原画设定、场景制作、角色制作、动画制作、特效制作等专业游戏美术岗位相继出现并成为游戏图像开发必不可缺的重要职业。游戏图像从先前的程序绘图时代进入到了软件绘图时代，游戏美术师需要借助专业的2D图像绘制软件，同时利用自己深厚的艺术修养和美术功底来完成游戏图像的绘制工作。以Coreldraw为代表的像素图像绘制软件和后来发展成为主流的综合型绘图软件Photoshop逐渐成为主流的游戏图像制作软件。由于游戏美术师的出现，游戏图像等方面的工作变得更加独立，程序员也有了更多的时间来处理和研究游戏图像跟计算机硬件之间的复杂问题。在DOS时代，程序员们最为头疼的就是和底层的硬件设备打交道，简单说来，程序员们写程序时不仅要告诉计算机做什么，还要告诉计算机怎么做。而针对不同的硬件设备，做法还各有不同。在Windows时代，对于程序员们来说，最大的好处就是API的广泛应用，使得Windows下的编程相对于

游戏硬件发展史

35

DOS 变得更为简单。

2.4 3D游戏时代

1995 年，Windows 95 诞生并在之后短短的时间里大放异彩，它并没有太多的独创功能，但却把当时流行的功能全部完美地结合在一起，让用户对 PC 的学习和使用变得非常直观和便捷。PC 功能的扩充伴随的就是 PC 的普及，而普及所面临的最大的障碍就是通俗易懂的学习方式和使用方式。Windows 的出现改变了枯燥、单调的形象，为用户提供了好像画图板一样的图形操作界面，这是 Windows 最大的功劳。正当人们还沉浸在图形操作系统给计算机操作带来的方便快捷的时候，或许谁都没有想到，在短短的一年之后另一家公司的一款产品将彻底改变计算机图形图像的历史，而它对于电脑游戏发展史而言更具有里程碑式的意义。

1996 年，全世界的电脑游戏玩家目睹了一个奇迹的诞生，一家名不见经传的美国小公司一夜之间成了全世界狂热游戏爱好者顶礼膜拜的偶像。这个图形硬件的生产商和 id Software 公司携手，在业界掀起了一场前所未有的技术革命风暴，把计算机世界拉入了疯狂的 3D 时代，这就是令很多老玩家至今难以忘怀的 3dfx。3dfx 创造的 Voodoo，作为 PC 历史上最经典的一款 3D 加速显卡（见图 2-33），从它诞生伊始就吸引了全世界的目光。

拥有 6MB EDO RAM 显存的 Voodoo 尽管只是一块 3D 图形子卡，但它所创造出来的美丽却掠走了不可思议的 85% 的市场份额，吸引了无数的电脑游戏玩家和游戏生产商死心塌地的为它服务。Voodoo 的独特之处在于它对 3D 游戏的加速并没有阻碍 2D 性能。当一个相匹

图 2-33　世界上第一块 3D 加速显卡 Voodoo1

配的程序运行的时候，就从第二个显卡中进行简单的转换输出。在业界，许多人（包括微软在内）都怀疑人们是否愿意额外花费 500 美元去改善他们在游戏中的体验。但是，在 1996 年的春天，计算机内存价格大跌并且第一块 Voodoo 芯片以 300 美元的价格引爆市场。Voodoo 芯片组交货的那天对 PC 游戏产生了前所未有的影响。当天晚上游戏世界从 8bit、15fps 提升到了有 Z- bufferd（z 缓冲）、16bit 颜色及材质过滤。在 1996 年 2 月，3dfx 和 ALLinace 半导体公司联合宣布，在应用程序接口方面开始支持微软的 DirectX。这意味着 3dfx 不仅能够使用自己的 GLIDE，同时将可以很好地运行 Direct 3D 编写的游戏。

第一款正式支持 Voodoo 显卡的游戏作品就是如今大名鼎鼎的《古墓丽影》，从 1996 年美国 E3 展会上劳拉·克拉馥（见图 2-34）的迷人曲线吸引了所有玩家的目光开始，绘

制这个美丽背影的 Voodoo 3D 图形卡和 3dfx 公司也开始了其传奇的旅途。在相继推出 Voodoo2、Banshee 和 Voodoo3 等几个极为经典的产品后，3dfx 站在了 3D 游戏世界的顶峰，所有的 3D 游戏，不管是《极品飞车》《古墓丽影》，还是高傲的《雷神之锤》，无一采用 Voodoo 系列显卡进行优化，全世界都被 Voodoo 的魅力所深深吸引。

在 Voodoo 最辉煌的时期，却有一个美籍华人野心勃勃地妄图推翻庞大的 Voodoo 王朝，建立属于自己的帝国，他就是 NVIDIA 的创始人黄仁勋。尽管有着极其失败的 NV1、NV2，但 NVIDIA 没有放弃它在图形技术和发展上的追求，于 1997 年年底推出的 NV3（即 Riva128）给它带来了第一个甜头。而 NVIDIA 更是聪明地抓住了 3D API 之争的机会，全力支持泛用图形 API OpenGL 和业界老大微软的 Direct3D，而 3dfx 还顽固地坚持着自己独特的 Glide3D。随后，NVIDIA 推出了经典的 TNT 系列，一步一步地蚕食了 3dfx 的领地，3dfx 的市场份额不断萎缩。同时，由于新产品的研制不力，3dfx 被 NVIDIA 在技术和市场上迎头赶上，NVIDIA 划时代的产品 GeForce256 显卡的推出也直接加速了 3dfx 的倒掉，最终 3dfx 被 NVIDIA 收购，Voodoo 变成了历史书上的一个名字，NVIDIA 成为了当时显卡市场上的唯一霸主。

除了硬件显示技术的发展外，硬件处理器的提升也是 3D 游戏时代发展必不可少的关键要素。1996 年 10 月，Intel 公司在 Pentium（奔腾）处理器的基础上增加了 57 条 MMX 多媒体指令集，并且将 L1 缓存从 16KB 扩充到了 32KB，因此 Pentium MMX 的多媒体处理能力大为提高，至少提高了 60% 左右。正是从 Pentium MMX 开始，CPU 内部集成了越来越多的指令集，这成了 CPU 除频率外最重要的性能参数，而 Pentium MMX 也成了当时市场占有率最高的 CPU。

1997 年 5 月，Intel 推出 Pentium II 处理器（见图 2-35）。Pentium II 内含 750 万个晶体管，并且内部集成了 MMX 指令集，内含 16KB 的 L1 缓存和 512KB 的 L2 缓存。Pentium II 在性能飞跃的基础上，多媒体处理的效率上更为提高，影片、图片、声音的处理达到了前所未有的流畅速度。Pentium II 是 Pentium 系列中相当成功的一个系列，Intel 在 Pentium II 时代拥有让竞争对手无法企及的技术优势。

图 2-34　《古墓丽影》中所塑造的经典角色劳拉

图 2-35　Intel Pentium II 处理器

1999 年 2 月，Intel 发布了 Pentium III 处理器。Pentium III 增加了 70 个新指令——SSE 指令集，内含 950 万个晶体管。Pentium III 一共有 4 个核心版本：Katmai、Coppermine、Coppermine-T 和 Tualatin，它们都拥有 32KB 的 L1 缓存，也都集成了 MMX 和 SSE 指令集，全部支持 133MHz 前端总线，Katmai 核心和 Coppermine 核心还支持 100MHz 的前端总线。Pentium III 大幅提高了影像、3D、串流音乐、影片、语音辨识等应用性能，并针对网络功能进行了优化。

2000 年 11 月，Intel 发布了 Pentium 系列的下一代产品 Pentium 4 处理器，这也是 Pentium 系列的最后一代产品，第一版的速度就达到了 1.5GHz。Pentium 4 的系统总线虽然仅为 100MHz，同样是 64 位数据带宽，但由于采用了四倍速技术，因此前端总线达到了 400MHz，可达到 3200MB/s 的数据传输速度。Intel 公司的 Pentium 系列是计算机硬件发展史上不可忽略的重要篇章，它为 3D 游戏时代的到来提供了基础和先决条件，正是由于它的出现才推动了后来飞速发展的 3D 技术。

图 2-36 《雷神之锤》的游戏画面

1996 年 6 月，真正意义上的 3D 游戏诞生了，id Software 公司制作的《雷神之锤》（见图 2-36）是 PC 游戏进入 3D 时代的一个重要标志。在《雷神之锤》里，所有的背景、人物、物品等图形都是由数量不等的多边形构成的，这是一个真正的 3D 虚拟世界。《雷神之锤》拥有出色的 3D 图形，在很大程度上是得益于 3dfx 公司的 Voodoo 加速子卡，这让游戏的速度更为流畅，画面也更加绚丽，同时也让 Voodoo 加速子卡成为了《雷神之锤》梦寐以求的升级目标。除了 3D 的画面外，《雷神之锤》在联网功能方面也得到了很大加强，由过去的 4 人对战增加到了 16 人对战。添加的 TCP/IP 等网络协议让玩家有机会和世界各地的玩家一起在 Intelnet 上共同对战。与此同时，id Software 公司还组织了各种奖金丰厚的比赛，也正是 id 公司和《雷神之锤》开创了当今电子竞技运动的先河。

除了《雷神之锤》以外，1996 年还有另一个重要的游戏问世，那就是经典的《古墓丽影》系列。《古墓丽影》是一个包含着解谜要素的动作类游戏，出身英国贵族的女主角劳拉独特的魅力再加上全 3D 的游戏画面和操作方式给玩家带来了巨大的惊喜。

1997 年 1 月，一部前无古人的跨时代游戏作品在美国开始发售，它就是 Blizzard（暴雪）公司研发的全新动作 RPG 游戏《暗黑破坏神》（见图 2-37）。作为一部 RPG 游戏，《暗黑破坏神》颠覆了以往欧美传统 RPG 游戏的规则。

（1）游戏的重点不再是一味的完成任务，对剧情的简化是《暗黑破坏神》的一大特点。

（2）玩家自始至终只需要操作一位游戏角色即可，这让操作界面变得简洁明了。

（3）所有的按键都在键盘上有相应的快捷键，操作方式由传统回合制演化为动作类。

（4）有更为复杂的角色能力系统和技能系统及相应的升级系统。

（5）建立了一套完善、庞大的物品装备系统，物品装备更强调随机性变化。

（6）游戏冒险的地图是随机生成的，这让玩家游戏体验乐趣大大提高。

（7）拥有网络对战功能，可以和其他玩家一起探险，也可以进行对战较量。

《暗黑破坏神》的出现给欧美RPG带来了空前的推动效应，也由此确立了一个新的游戏类型——ARPG（动作类角色扮演游戏）。虽然《暗黑破坏神》并不是真正意义上的全3D游戏，但《暗黑破坏神》引入的斜视45°的第三人称视角模式让原本平面的2D图像变得立体起来，也由此出现了一个新的名词"2.5D"，这种2.5D的视图是2D游戏向3D转型的重要标志，被之后的许多游戏所借鉴和采用。除了《暗黑破坏神》以外，还有另一部对RPG游戏产生重要影响的游戏作品也在1997年问世，这就是《辐射》系列（见图2-38）。

图2-37 《暗黑破坏神》的游戏画面

图2-38 《辐射》的游戏画面

《辐射》最著名的特色就是超高的游戏自由度，玩家在《辐射》的游戏世界里可以做任何自己想做的事，当然玩家也要为此负责，也就是说玩家在游戏中做的任何事都会影响游戏的进程和角色的成长。除超高的自由度以外，《辐射》还为每个角色都设置了极为复杂的属性和相互之间错综复杂的关系，让这款游戏极难上手，只有狂热的RPG玩家才会沉迷其中。即使如此，《辐射》还是被评为了1997年度最佳RPG。如果以今天的眼光来看，或许《辐射》系列才是沙盘类游戏最早的开创者。

1998年，暴雪公司另一款重量级游戏《星际争霸》正式发售（见图2-39）。《星际争霸》和过去的RTS游戏不同，它的3个种族不但拥有各自独特的外形，而且拥有迥然不同的建筑、科技、单位，甚至作战模式也相差甚远。虽然如此，但从游戏整体来看各个种族之间又保持着一种平衡性，任何一个种族都没有明显的优势。这种游戏平衡性恰恰是《星际争

图2-39 《星际争霸》的游戏画面

霸》最大的特点，《星际争霸》本身就是为了联网对战而开发的，之后 Blizzard 不断通过调整个别单位的数值来维护其平衡性。

除了 RTS 对战游戏的兴起，自《毁灭战士》开始的 FPS 对战游戏也发生了一些变化，不仅游戏画面全面 3D 化，并且产生了 3 个分支：一是像《毁灭战士》一类强调动作的 FPS 游戏，入手较难；二是像《荣誉勋章》一样强调剧情的 FPS 游戏，受到"二战"迷的广泛欢迎；最后一种就是像《反恐精英》一样的强调射击的 FPS 游戏，入手简单。

1999 年 6 月 19 日，《反恐精英》发布。《反恐精英》并没有任务模式，就像《雷神之锤 3》一样，只是为了对战而存在。《反恐精英》中所有的武器都是当今世界的现役装备（见图 2-40），这让玩家入手非常简单，而且很容易投入，其对战的节奏也较快，而且对动作的操作要求大为降低，这让这款游戏更加注重射击和配合，不同的地图也让对战有着不同的乐趣。

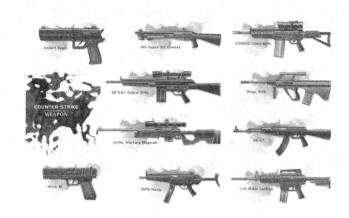

图 2-40 《反恐精英》中写实的游戏武器

《反恐精英》在全世界如此受欢迎绝非偶然，像《雷神之锤》那样拿着超现实武器作战缺乏真实感，而《反恐精英》则全部是真实存在的现代化武器，让人感觉很真实。而《荣誉勋章》则稍显陈旧，其中大量上时代的武器很难让大众玩家产生共鸣。无论是《雷神之锤》还是《荣誉勋章》，都属于狂热玩家热衷的游戏，而《反恐精英》则吸引了大量的休闲玩家，事实再次证明，休闲的大众玩家才是游戏市场的主流用户群体。

游戏画面进化史

《星际争霸》和《反恐精英》的出现共同推进了一项世界运动的诞生，那就是"电子竞技"运动。电子竞技运动是以竞技类电子游戏为基础、信息技术为核心、器械为软硬件设备、在信息技术营造的虚拟环境中，在统一的竞赛规则保障下公平进行的对抗性电子游戏比赛。它们让对战游戏成为了整个世界的主流，而各公司的有奖竞赛更是为电子竞技的兴起提供了契机，如今电子竞技正在成为一种全新的全球性体育运动，而韩国政府更将电子竞技发展为一种国民运动。

在 3D 游戏时代，有无数经典的游戏出现，在这里无法一一提及，只介绍 3D 时代初期具有典型代表意义的游戏。另外，这一时期越来越多的游戏开始研发和应用游戏引擎，我们会在后面的章节中具体讲解。

2.5　网络游戏时代

电脑游戏诞生之初，游戏只是定位于人机交互的一种娱乐方式。所谓人机交互，即游戏操作者与计算机之间的互动关系。作为一种新型事物，早期的电脑游戏仅仅依靠人机互动的模式就足以让人们深深沉浸于其中，享受电子虚拟世界带来的乐趣。但随着科技的发展和时代的进步，这种单一的游戏模式逐渐让人感到厌倦，无论是什么类型的游戏，无论 AI（人工智能）系统设计得多么高级，即使像沙盘游戏那样极高自由度的设定，在进行若干次的游戏后，人们总会有固定程序模式带来的一种束缚感。由于硬件操作设备的限制，电脑游戏无法像游戏机游戏那样，通过一台主机和显示器进行多人对战，因此，要想解决这个问题唯一的出路就是通过网络化来实现，让不同的计算机主机通过联网进行游戏对战，在这种思路的引领下，网络游戏开始出现，游戏也从此进入了一个全新的时代。

电脑游戏要想实现网络化必须要依赖于操作系统的支持，作为当时全球 PC 操作系统的绝对引领者——微软公司率先打开了这扇大门。2000 年 2 月，微软公司推出了一款服务器级操作系统——Windows 2000，版本号是 Windows NT 5.0。Windows 2000 属于完全的 32 位操作系统，共分四个版本：Windows 2000 Professional 版、Windows 2000 Server 版、Windows 2000 Advanced Server 版和 Windows 2000 Datacenter Server 版。Windows 2000 在界面和窗口功能上都有了很大的改进，易用性更强，提供了相当数量的硬件驱动程序，使各种硬件设备的安装更加方便，操作系统的稳定性也有了极大提高，另外，对网络的支持也大幅提升，网络连接的操作过程有所简化。

2001 年 10 月，微软公司紧接着推出了具有划时代意义的操作系统——Windows XP（见图 2-41），XP 的含义为 "Experience（体验）"。作为 Windows 系统的全面换代产品，Windows XP 在易用性和人性化方面都表现极佳，集成的庞大驱动程序库让家庭用户在安装新硬件的时候变得轻松简单，而全新设计的操作界面也获得了用户的赞赏，可以说 Windows XP 是当时最为成功的一款操作系统。 Windows XP 操作系统在个人家庭市场完全替代了之前的 Windows ME 和

图 2-41　Windows XP LOGO

Windows 2000 专业版，至今仍是使用率最高的 PC 操作系统。

2.5.1 联机对战网游时代

其实，在 Windows 95 和 Windows 98 时代就已经出现了网络游戏，当时的网络游戏是通过局域网连接来进行对战，而且联机人数十分有限，并非真正意义上的网络游戏。随着 Windows 2000 和 Windows XP 的出现及对于网络技术的进一步支持，这一时期网络游戏开始全面发展，大量的对战类网络游戏纷纷出现，主要以 RTS 和 FPS 游戏为主。下面我们首先来介绍这一时期的代表 RTS 游戏。

1999 年，微软公司推出了精心制作的《帝国时代 2》（见图 2-42）。作为一代版本的续作，《帝国时代 2》基本保留了《帝国时代》的绝大部分游戏要素，如时代背景依然是中世纪，依然是现实中众多的文明和民族，并且依然会随着"时代"的变迁而进化。同时，《帝国时代 2》还新加入了一些新的要素，如"驻防""阵型""贸易"等。《帝国时代 2》最大的变动是对游戏节奏进行了调整，游戏节奏明显加快，对战的趣味性自然也大大提高，各民族的民族特色更为实用，而且在一定程度上反映了这个民族的历史背景。和市场上其他 RTS 游戏的最大不同是，《帝国时代 2》中设置了说明详细的"新手任务"，可以让玩家逐步熟悉整个游戏的操作，《帝国时代 2》是最早引入这种人性化设计的游戏。

图 2-42 欧洲中世纪风格的《帝国时代 2》

2001 年，微软继续推出了《帝国时代 2》的资料片——《征服者》，新加入了 5 个文明和 4 个战役，并且修正了部分设置，使其更合理、更平衡。《帝国时代 2》最终拥有 18 个民族，这 18 个民族都有各自不同的民族特色，也都有着各自不同的缺失，难能可贵的是，游戏总体保持了较好的平衡性，并没有让某个民族拥有突出的优势。在《帝国时代 2》中，玩家可以通过官方提供的联机平台进行对战，并非仅限于局域网，全球的游戏玩家都可以通过互联网参与进来，最多支持 8 人同时对战，人们可以充分感受到网络游戏带来的无限乐趣。

1999 年，由 Relic 公司制作、Sierra 公司发行的 TRS 游戏《家园》面市。《家园》属于最早的全 3D 化 RTS 游戏（见图 2-43），它是全 3D 的太空背景和太空战，《家园》融合了射击类、模拟类游戏的要素，在全 3D 的太空中搜集资源、建造、研究及作战。《家园》

最引人注目的就是其全 3D 的游戏模式所带来的无与伦比的空间感和空战画面，在当时没有哪一款游戏能够达到《家园》所带来的这种空间感。即使用今天的眼光来看，《家园》无论从游戏的策划、程序引擎的设计还是游戏的整体制作都体现了制作团队绝对顶级的水准。但这款游戏也存在很多问题，如游戏操作极为繁复，玩家确定一个 3D 坐标需要 3 ～ 4 个操作，这让《家园》的游戏节奏略显迟缓。复杂的操作把休闲玩家拒之门外，这对于任何一款游戏来说都不算是个好现象，尤其是对于一款对战型的 RTS 游戏。

2002 年 7 月，暴雪娱乐正式推出了历经 3 年开发的 RTS 游戏《魔兽争霸 3：混乱之治》（见图 2-44）。《魔兽争霸 3》是一款全 3D 的 RTS 游戏，虽然并非是第一款 3D 化的 RTS 游戏，但却是当时最为成熟的 3D TRS 游戏，也正是《魔兽争霸 3》的面世才标志着 RTS 已经顺利过渡到了 3D 阶段。

图 2-43 《家园》的游戏画面

图 2-44 《魔兽争霸 3》的游戏画面

暴雪公司对 3D 化的把握非常准确，而且在 3D 化的同时并没有放松音乐、剧情、界面和平衡性等部分的设计与制作。游戏中的 4 个种族都被设置了风格迥异的建筑、兵种和配乐，在剧情方面的制作也很流畅，让玩家熟悉每一个兵种的同时也融入了精彩的故事情节中。《魔兽争霸 3》中还增加了"英雄"和"昼夜交替"系统，这是 RTS 游戏的一大变革，在即时战略操作的基础上增加了一定程度的 RPG 成分。

《魔兽争霸 3》的另一个设计特点就是引入了功能强大的地图编辑器，玩家可以随心所欲地设计出自己的游戏地图，操作也十分简便。地图编辑器其实就是一个简化版的游戏引擎设计工具，对于不擅长游戏对战操作的休闲玩家也可以在地图制作中找到乐趣，这种游戏设计理念被日后的众多游戏所借鉴和采用。《魔兽争霸 3》左右兼顾的设计理念令其在全世界大放异彩，至今仍是最热门的 RTS 对战游戏，而其中 RPG 成分的对战游戏理念也在日后逐渐发扬光大，如今全球在线玩家人数最多的网络游戏《英雄联盟》就是源于此设计。

除了 RTS 游戏外，FPS 游戏也开始了网络化的演变和发展。1999 年 12 月，id Software 公司的《雷神之锤 3》（见图 2-45）正式在北美上市，《雷神之锤 3》相对于以往的版本来说有很大的不同，不仅在 3D 化显示技术方面取得了更大的进步，最重要的是完全取消了游戏的剧情——《雷神之锤 3》是一款纯粹为了网络对战而生的 FPS 游戏。《雷神之锤》系列的核心一直是"快速""移动"和"射击",在《雷神之锤 3》中又加入了"跳跃"的要素。《雷神之锤》系列正是从《雷神之锤 3》开始向动作 FPS 游戏方向发展的。

2004 年 11 月,美国 Valve 公司制作的《半条命 2》正式发售。《半条命》跟《雷神之锤》系列的最大区别就是剧情,《半条命》把剧情作为重点。之后根据《半条命》改编的 FPS 对战网络游戏《反恐精英》(见图 2-46)不但在全世界大肆流行,更成为电子竞技的比赛项目。《反恐精英》也是当时中国最为流行的 FPS 游戏,这与其写实的武器、团队作战模式及较低的硬件要求都有很大关系。

图 2-45 《雷神之锤 3》游戏画面

图 2-46 《反恐精英》游戏画面

作为电子游戏这种娱乐形式来说,"人人互动"是其从诞生以来就一直伴随的一种需求,世界上第一款电脑游戏《空间大战》就是以双人对战的形式来实现的,之后游戏机的出现更加强调了这种互动方式,双游戏手柄作为其最基本的配置,双人协同作战或对战一直是最经典的玩法。在 PC 游戏发展初期由于技术水平和硬件的限制,"人人互动"被暂时放弃,取而代之的是人工智能,也就是"人机互动"。随着游戏领域的发展,联机对战游戏开始大范围出现,这标志着 PC 游戏"人人互动"的形式再度回归,也正式拉开了网络游戏时代的序幕。

2.5.2 MMO 网游启蒙时代

游戏在进入网络时代后,开始分支出了两条发展线路,一是诸如 RTS、FPS 这类以对战为主的竞技类网络游戏,这类游戏强调操作的熟练度和快速反应度,要求游戏操作者有较高的操作能力,并不适合普通的大众休闲玩家,这类游戏大多发展成了日后的电子竞技项目。还有一类网络游戏,强调参与感、体验感和社交互动性,这就是当今网络游戏的主流——MMORPG(Massive Multiplayer Online Role-Playing Game,大型多人在线角色扮演游戏)。

MMORPG 是在 RPG 的基础上发展而来的,将传统的 RPG 模式通过网络互联让更多的人参与进来,MMORPG 的主要特点就是为玩家创造了一个逼真的虚拟世界,玩家可以在 MMO RPG 的世界中自由地进行游戏，没有强制性和固定的游戏方式，适合所有类型的游戏玩家。MMORPG 从诞生之初到今天已经历了无数的发展演变，下面我们来了解一下 MMORPG 的发展历程。

如果按照 MMORPG 的定义来进行追溯，最早的 MMO 游戏应该出现在 20 世纪 80 年代，当时有一种流行的文字类游戏，叫作多用户对话（Multiple User Dialogue，MUD）游戏（见图 2-47）。MUD 游戏是基于文本的虚拟世界，界面主要都是以 ASCII 字符为主的文本和由 ASCII 字符组成的简单图形，它们没有浮华的图形和声音，只有文本在屏幕上滚动。在 MUD 世界中的一切活动，都是通过键盘输入的方式进行的，包括用文本引发对象的动作、用文本交谈、用文本表达感情、表示情绪及用文本交流思想等。用户在 MUD 世界中是以虚拟角色的身份存在的，角色是 MUD 世界中最重要的构成之一，也是 MUD 世界的对象之一，大多数 MUD 游戏的角色都有等级设定，不同等级的用户具有不同的控制权限，但是，所有用户都可以进行交流，彼此交换思想并进行合作。用户以其角色的身份在虚拟世界中相互学习、相互交流，逐渐认识所在的 MUD 虚拟世界，这正是 MUD 最有价值的方面。

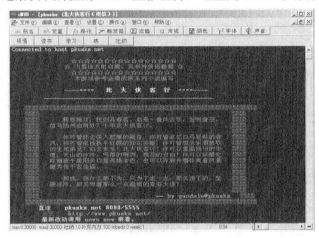

图 2-47　《侠客行》MUD 游戏界面

尽管这种非视觉效果的 MUD 游戏不能称为真正意义上的 MMORPG，但 MUD 所传达的诸如虚拟世界、角色扮演和社交互动等理念已经为日后 MMORPG 的出现奠定了基础。同时，在世界范围内 MUD 作为 MMO 的启蒙之作已经吸引了大量的玩家，为日后的 MMORPG 积累了大量的游戏用户群体。

世界上第一款图形化的 MMORPG 出现在 1997 年，由美国 Origin 公司制作，全称《Ultima Online》（见图 2-48），中文译名为《网络创世纪》，简称 UO，这款游戏源自欧美经典的 RPG《创世纪》系列。在 UO 的世界里，可以让数千人同时在线互

图 2-48　《Ultima Online》的游戏画面

动，提供了一个广大的世界供玩家探索，包括各大城镇、森林及地下城等地区。在游戏中并无明确的目标，最主要的是看玩家自己想做什么，就去做什么。在游戏中还提供了丰富的职业让玩家选择，包括木匠、铁匠、裁缝、剑士、弓手、魔法师、巫师和医生等。有别于其他很多网络游戏的战争主题，在 UO 的世界里，设计者精心策划了基于基督教义和骑士精神的八大美德，分别为谦卑（Humility）、诚实（Honesty）、怜悯（Compassion）、英勇（Valor）、公正（Justice）、牺牲（Sacrifice）、荣誉（Honor）和灵魂（Spirituality），游戏提倡和平的生活及玩家间的互助互爱。自 1997 年以来，UO 在北美、欧洲、大洋洲、东亚和拉美等地区都架设有服务器，这在游戏史上是从来没有过的，因此可以说，UO 是第一个"全球化"的游戏。

作为一款由 MUD 内核发展而来的网络游戏，其图形化界面让游戏变得更加形象具体，这种在当时让人惊艳的发展与变革标志着 MMO 游戏从文字想象变成了视觉艺术，《UO》的出现让人们看到了未来网络游戏发展的曙光。

2.5.3 旧 MMO 网游时代

2000 年 6 月，暴雪公司发售了一部重量级作品《暗黑破坏神 2》，虽然还是采用了 2.5D 的视图模式，但基于微软 DX7.0 制作的画面效果在当时无与伦比，发售的当天就销售了 20 万份左右，盛况空前。与一代的侧重点一样，游戏依然是升级的同时获取更加强大的装备，但相比一代游戏而言，其整体内容得到了大幅度提升（见图 2-49）。

游戏中的七大角色职业各自拥有不同的特色。例如，亚马逊战士兼具远程物理和魔法攻击；女巫拥有冰、火、电三种不同的魔法能力；死灵法师可以召唤战斗随从；德鲁伊能够召唤和变身为大自然生物等。角色属性方面，《暗黑破坏神 2》将一代中基本的三项属性——Strength（力量值）、Dexterity（敏捷度）和 Vitality（活力值）依然保留，而 Mana（魔法值）被 Energy（能量值）所代替，同时又引入了 Stamina（耐力值）的设定。耐力值是《暗黑破坏神 2》中全新的一种属性，它直接关系着角色行动耐力的持续时间，每个角色的耐力值都是不同的，而耐力值的多少又和活力有很大的关系，人物装备盔甲的重量和耐力值消耗的速度也成正比，这与现实中的情况是一样的，盔甲越重，耐力值也就消耗得越快。

在《暗黑破坏神》中可以把一个职业的所有技能升到满级，但是在《暗黑破坏神 2》中就有了限制，玩家需要有所取舍，也就是说同样的职业开始有了不同的系统划分，这就是《暗黑破坏神 2》首创的"技能树（Skill Tree）"系统，这个系统对之后的 MMORPG 影响巨大（见图 2-50）。

《暗黑破坏神 2》的物品系统也更加丰富了，不仅保持了一贯的随机性，并且开创了"套装系统"和"嵌入系统"的先河，这两大系统也是现在 MMORPG 中的主流系统。在《暗黑破坏神2》中的主线剧情贯穿始终，虽然剧情依然不是游戏的核心目的，但玩家无法选择避开。在剧情方面的加强是《暗黑破坏神2》与一代的最大区别之一，暴雪公司将这种设计理念延续了到日后的很多作品当中，如当今风靡世界的MMORPG《魔兽世界》。《暗黑破坏神2》另外一个重大的改进是加强了网络支持，玩家可以登录官方的BN战网平台进行联机游戏。在《暗黑破坏神2》中，一个人几乎不可能完成最高难度的游戏，想要打通最高难度必须要在网络中与其他玩家共同配合，同时这一代中的很多游戏内容也都是围绕网络化来开发设计的。

 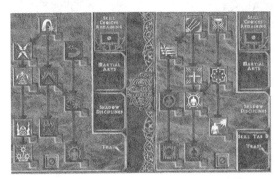

图 2-49　《暗黑破坏神 2》的游戏画面　　　图 2-50　《暗黑破坏神 2》的角色技能树系统

　　《暗黑破坏神2》对于世界MMORPG的发展起到了巨大的推动作用，其首创的诸如"技能树"系统、装备系统、镶嵌系统、佣兵系统、双武器系统、法术系统及ARPG的战斗理念等都成为日后众多MMORPG学习和效仿的典范，也正是《暗黑破坏神2》的出现带动了日后2.5D网络游戏的盛行。

　　从《暗黑破坏神2》以后，MMORPG类的网游开始迅速崛起，全球开始逐渐划分为三大游戏阵营：已经成熟的欧美游戏、迅速发展的日韩游戏和慢慢崛起的中国游戏。而这其中，作为拥有游戏用户和网民数量最多的中国，日益发展为全球最大的网游输入国家，各国制作的网络游戏纷纷在中国寻求代理合作并架设服务器。所以，从另一个角度来说，中国网络游戏市场也是全球网游发展最好的见证者。

　　中国第一款真正意义上的图形MMORPG是由雷爵制作的《万王之王》（见图2-51），游戏在1999年制作完成。由于《UO》并没有在国内开设官方服务器，所以《万王之王》才应该算是国内玩家第一次接触的图形化MMO网络游戏，游戏的视觉画面和网络化形式都给玩家带来了巨大的惊喜和震撼。随后，由智冠科技公司开发的在线游戏《网络三国》也于2000年9月上市，同样激起了强烈的市场反响。

　　经历了2000年的预热之后，2001年的中国网络游戏业进入了快速发展时期。2001年1月，由华义国际集团投资创办的北京华义联合软件公司推出了一款名为《石器时代》的MMORPG（见图2-52）。这款游戏一改此前网络游戏产品清一色的奇幻神话路线，以Q版卡通人物造型、丰富多彩的游戏环境和轻松幽默的情节设计，营造出了一个妙趣横生的史前世界，自开通运营伊始，便受到众多玩家的喜爱。《石器时代》成为了当时的一个传奇，开创了中国回合制 MMORPG 的先河，也是国产网游发展史上的一座里程碑。

图 2-51　《万王之王》的游戏画面　　　　　图 2-52　《石器时代》Q 版风格的游戏画面

2001 年是中国网络游戏井喷的一年，网络游戏的发展规模已经赶上了单机游戏的市场规模。从《万王之王》开始，网络游戏商业化备受关注，而且不断有资深的单机厂商加入，他们有在单机游戏市场运作方面的心得，再加上之前已经上市网络游戏的运营经验，中国网络游戏开始步入稳定成熟的发展阶段。

2001 年，韩国网络游戏开始大量引入中国，《龙族》《红月》和《千年》三款韩国网游同时进入中国市场，这三款游戏作为最早的韩系网游，游戏在整体结构上大同小异，都是 2.5D 的 MMORPG。它们之间最大的区别就是，《龙族》以西方魔幻为主题，《千年》以东方武侠为主题，而《红月》则以科幻为主题。这三款网游在当时一起分割了韩国网游在国内的大部分市场。

2001 年 7 月，上海盛大游戏与韩国 Actoz Soft 公司签约，正式引进《传奇》（见图 2-53）；同年 10 月游戏开设服务器进入公测阶段，在线用户数量突破万人；到 2002 年下半年，在线用户数量突破 50 万人，成为当时国内商业运营最为成功的网络游戏。《传奇》从画面效果、游戏形式到游戏界面的设计都模仿和参考了《暗黑破坏神 2》，它与《暗黑破坏神 2》唯一不同的就是完全网络化的游戏架构，游戏不再是几个人的联机娱乐，它已经发展成为了可以同时容纳成千上万人的虚拟世界，这也是 MMORPG 真正的意义所在。

2002 年 1 月，由日本 ENIX 公司制作、国内网星公司代理的《魔力宝贝》上市，这款日式风格的网络游戏迅速地取代了《石器时代》在 Q 版网络游戏市场的地位。2002 年下半年，3D 化游戏开始出现在中国网游市场，作为中国的第一款 3D 网络游戏，由网易公司代理的韩国网游《精灵》进入中国，在不到 2 个月的时间开设了 20 多组服务器，但由于该游戏本身程序上的不完善，游戏出现了大量漏洞，再加上外挂的泛滥很快便走向没落。

在《精灵》迅速衰落的时间，上海第九城市公司将另一款 3D 化 MMORPG 带到了中国玩家面前——由韩国 Webzen 公司制作的《奇迹 MU》（见图 2-54）。毫不夸张地说，《奇迹》的画面在当时震撼了所有中国玩家，谁都没有想到网游的画面可以达到如此精美的程度，地面的草丛居然可以随风飘舞，武器和技能的特效居然可以做到如此炫目。《奇迹》几乎是一夜之间覆盖了中国中等配置及以上的网吧，并且促进了一批低配置网吧机器的更新换代。

图2-53　《传奇》的游戏画面　　　　图2-54　《奇迹》当时堪称华丽的3D画面效果

　　在大量韩国网游攻占国内游戏市场的同时，国内游戏公司对网络游戏市场并非熟视无睹，以网易的《大话西游Online》为首的一批国产网络游戏纷纷加入了市场争夺战。《大话西游Online》这款游戏更多地借鉴了日本游戏的特点，再加上本土化的故事背景，在市场上也取得了很不错的成绩。2003年7月，金山公司的《剑侠情缘Online》开始内测，由于《剑侠情缘》单机版游戏拥有比较广的知名度，其游戏背景和游戏设计玩家都比较熟悉，因此《剑侠情缘Online》在市场上的反响相当优秀，是国产网络游戏的代表作之一。

　　韩系网络游戏在韩国政府的支持下依然保持着旺盛的活力，在数量上也保持了极大优势，而中国市场正好大量缺乏现成的网络游戏。一方有商品，一方有市场，双方一拍即合，代理公司如雨后春笋般出现了，而网络游戏市场也由最初的探索阶段进入了竞争阶段。韩系网游一般以效仿欧美风格的游戏为主，如《奇迹》《决战》《凯旋》《骑士》《A3》和《天堂》等，但在《石器时代》和《魔力宝贝》的影响下，韩国也推出了《仙境传说》这类的Q版MMO网游，在画面风格上非常贴近日式风格。韩系网游更加侧重游戏画面的表现，也最先开始了3D化的演变，和日式的256色像素画面相比反差极大，但韩国的3D化网游和同时代已经成熟的欧美网游相比仍然有一定差距。

　　2002年10月，《无尽的任务》在中国开始测试；2002年11月，《魔剑》开始全球同步测试。《无尽的任务》和《魔剑》是进入中国的第一批欧美网络游戏，并且全部是3D化的网络游戏，这两款游戏在欧美受到了一致好评，其复杂的设定让喜爱传统RPG的玩家大呼过瘾，这可以说是传统西方RPG最忠实的网络化作品。但同时这两款网游也都暴露出了许多问题，例如，欧美RPG复杂的设定对于新玩家来说很难上手；另外，在硬件配置要求方面，欧美游戏从来不会考虑到如中国这样的以中低端配置为主流的市场。所以，事实证明了欧美MMORPG并不是很适合中国的游戏市场，两款游戏之后相继停止运营，逐渐退出了中国市场。

　　中国网络的普及化让中国成为了世界上最受关注的网络游戏市场，全世界所有的游戏制作公司都希望能够在中国网络游戏市场站稳脚跟。市场爆发的同时也是竞争的激烈，虽然游戏数量众多，但主要可划分为五个派系：中国台湾系、日系、韩系、欧美和中国大陆系。欧美网络游戏在中国并未获得预想中的成功，游戏模式和硬件配置都让中国玩家难以接受。中国台湾系网络游戏在数量上依然较少，唯一的特色就是武侠题材，但是已经被韩系和中国大陆游戏所效仿。日系的网络游戏在题材上偏向于低龄化，界面友好，难易适中，但其游戏模式也不能满足中国绝大多数玩家的游戏需要。韩系网络游戏在内容、模式及游戏数量上有很大的优势，这正是中国市场所需要的。中国网络游戏代理公司和韩国游戏厂商的利益纠纷越来越多，这也催生了中国的国产网络游戏。国产网络游戏在初期主要以模仿为主，模仿对象比较广泛。

所以，在初期的网络游戏市场竞争中，韩系网游在中国市场获利最多，是最大的赢家。但随着游戏市场的发展和中国玩家整体素质的提升，韩国网游开始逐渐被人们厌倦——形式、画面和主题千篇一律，游戏系统相互抄袭、模仿，再加上一直以来始终无法根除的外挂问题，韩式 MMORPG 逐渐成为了人们眼中的"泡菜"。之前在中国"水土不服"的欧美网游再次进入人们视野，中国玩家也越来越多地开始关注游戏的文化和内涵。恰在此时，一款游戏的出现彻底打破了僵局，成功打开了欧美网游通往中国市场的大门，那便是风靡全球的网游巨作《魔兽世界》。从此，旧 MMO 网游时代结束，新 MMO 网游时代来临。

2.5.4 新 MMO 网游时代

美国暴雪娱乐公司在 2003 年《魔兽争霸 3：冰封王座》正式发售之后，对外公布了一款正在研发的 MMORPG，这也是暴雪公司进行研发制作的首款 MMO 网络游戏，此款游戏基于经典 RTS 游戏《魔兽争霸》的世界观和人文背景，定名为《魔兽世界》（见图 2-55）。

《魔兽世界》于 2004 年在北美开始公开测试，同年 11 月正式运营。到 2008 年年底，全球的魔兽世界付费用户已超过 1150 万人，并成功打进吉尼斯世界纪录大全。2008 年 4 月，魔兽世界在全球 MMORPG 市场的占有率高达 62%。即使在其开始运营以后 10 多年的今天，魔兽世界全球付费用户数量也还保持在 760 万。以历史的眼光来看，《魔兽世界》绝对可以称得上是一款史诗级的、具有里程碑意义的游戏作品。

图 2-55 《魔兽世界》最早的宣传海报

　　《魔兽世界》作为正统的欧美奇幻类角色扮演游戏，仍然是建立在"龙与地下城"的游戏规则上的。"龙与地下城"这个词汇第一次与游戏关联出现应该是在1974年，美国威斯康星州的一位保险公司推销员加里·吉盖克斯发明了一款桌面游戏，起名叫《龙与地下城》，这是世界上第一个商业化的桌面角色扮演游戏。

　　其实，最早的"龙与地下城"就是一种游戏规则，是以骰子为核心结合各种各样的游戏设定所构成一种游戏玩法，由于其严谨性和复杂性加上庞大的游戏背景设定，使得"龙与地下城"在诞生后迅速风靡全球。在随后的几十年中，"龙与地下城"的游戏规则也在不断加强和完善。随着计算机技术的发展，越来越多的电脑游戏开始加入到"龙与地下城"的阵营当中，比较著名的有20世纪80年代SSI和TSR签约之后所制作的《金盒子》系列，90年代日本Capcom公司发行的街机电子游戏《毁灭之塔》与《地狱神龙》，美国Interplay公司旗下BioWare工作室和Black Isle工作室制作的《柏德之门》系列、《无冬之夜》系列、《异域镇魂曲》及《冰风之谷》系列等。"龙与地下城"是欧美传统RPG一直所参考和遵守的既定游戏核心规则。

　　《魔兽世界》在设计理念上秉承旧统，但同时在游戏的各个方面又进行了大幅度的革新。《魔兽世界》中有众多的种族，每个种族又分为不同职业的游戏角色，大量的职业技能与不同的种族天赋的复杂组合，使得游戏重复可玩性非常高（见图2-56）。游戏中的组队功能培养了玩家的团队协作能力和组织协调能力，相对于个人英雄主义，游戏更鼓励玩家的合作精神。技能与物品存在的冷却时间改变了之前的游戏中谁血瓶多谁就强的简单模式，使得玩家在游戏中更讲究策略和方法，而不是比谁点鼠标更快。友好的用户界面和良好的第三方插件支持度能够给玩家以广阔的创造力，以打造与众不同的游戏界面视觉效果。另外，游戏中"公会"系统的设计，更加突出了MMO游戏中的社交层面，将游戏中独立的玩家紧紧联系在了一起，这也是《魔兽世界》对于MMO交互模式的一个重大改进。

图2-56　《魔兽世界》中的不同种族

　　《魔兽世界》的任务系统也是游戏的一大特色，同样作为MMORPG，《魔兽世界》不像韩国"快餐式"网游只注重一味的打怪练级，游戏中通过大量的主线和支线任务将玩家的升级过程进行了很好的连接和延续，同时为玩家勾勒出了虚拟世界背景下一幕幕的经典剧情，玩家在单纯体验游戏操作快感的同时，深深被游戏情节所吸引、感动，这种除了感官刺激以外的情感互动才是 MMORPG 真正的魅力所在，也是高等游戏形式和行为的体现。

《魔兽世界》利用先进的引擎技术，首次引入了地图无缝连接技术，游戏中所有的场景都是串联在一起的，没有读盘和切换场景的界面，不仅大大减少了玩家在屏幕前等待读条的次数，也给予了玩家一个近乎真实的巨大游戏世界，改变了先前人们对游戏的认知，重新定义了全 3D 游戏的概念。第一版的《魔兽世界》包括卡利姆多和东部王国两块大陆（见图 2-57），不同大陆中有不同王国和地理地域的划分，这就与我们生活的真实世界很类似了。游戏中根据真实世界时间存在昼夜的变化，游戏中的山川、河流、沙

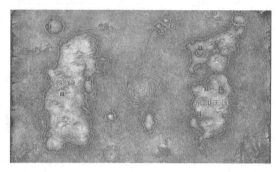

图 2-57 《魔兽世界》中的大陆板块

漠、湖泊海洋等不再只是游戏的背景设计，都可以让玩家亲身涉足。曾有专业玩家根据游戏地图的比例，利用专业的测绘学知识和技术对《魔兽世界》的游戏大陆进行过测量，结果令人惊讶，初代的卡利姆多和东部王国两块大陆换算为实际面积竟达 1.4 亿多平方公里，与实际地球陆地面积几乎相等。

除此以外，《魔兽世界》在游戏系统上的最大革新就是加入了"副本系统"的概念。所谓的游戏副本，就是指游戏服务器为玩家所开设的独立游戏场景，只有副本创建者和被邀请的游戏玩家才允许出现在这个独立的游戏场景中，副本中的所有怪物、BOSS、道具等游戏内容不与副本以外的玩家共享。这项前无古人的游戏设定，解决了大型多人在线游戏中游戏资源分配紧张的问题，所有玩家都可以通过创建游戏副本平等地享受到游戏中内容，使游戏从根本上解除了对玩家人数的限制。自从"魔兽世界"提出了游戏副本的概念后，现在世界上大多数的 MMORPG 也都引入了这项设定。副本系统开创了世界多人在线角色扮演游戏的先河，也是用来区别新 MMO 时代游戏和旧 MMO 时代游戏的重要标志。

在《魔兽世界》大获成功后，暴雪公司在 2007 ～ 2015 年间先后发布了《燃烧的远征》《巫妖王之怒》《大地的裂变》《熊猫人之谜》《德拉诺之王》五部游戏资料片，每一次资料片的发布都会加入大量全新的游戏内容，以延续和扩充游戏的可玩性。到今天为止，《魔兽世界》已经运营了 10 年以上，如此长盛不衰的经典再次向人们证明了欧美游戏的魅力。《魔兽世界》作为新旧游戏时代的分水岭，它为全世界游戏玩家带来了全新的游戏模式和理念，为我们打开了一扇通往新时代的大门，从此网络游戏进入了新 MMO 时代。

在《魔兽世界》的刺激下，全世界的游戏厂商都开始转变思路，从 2005 年开始全世界出现了大量模仿它的 MMORPG，这其中主要还是对于游戏视觉效果和技术的模仿。如果说当年的《精灵》《奇迹》《无尽的任务》《魔剑》等游戏还只是对 3D 化 MMORPG 的试水，那么从《魔兽世界》之后，MMO 网游开始了全面 3D 化的转变，传统 2.5D 网游开始逐渐

淡出历史舞台。

2004年，韩国游戏公司 NCSOFT 研发制作的 MMORPG《天堂2》正式上线。该游戏研发耗时3年，耗资3亿多韩元，并于2003年12月获得韩国"2003 大韩民国游戏大赏"的"总统奖"及"最佳美术"二项大奖。游戏采用了当时最为先进的"虚幻2"全3D 游戏引擎，这也是虚幻2引擎首次应用在 MMORPG 当中。事实证明了合理利用技术力量，MMO 游戏完全可以拥有跟 FPS 游戏同等质量的视觉画面效果。随着游戏研发的开展，《天堂2》的研发团队从最早的8人小组逐渐扩充到了120多人的大型项目团队。

《天堂2》的世界观背景及游戏核心机制是建立在"龙与地下城"规则的基础上的，但在视觉画面和美术风格上，NCSOFT 却采用了完全本土化的日韩游戏风格（见图2-58），这让《天堂2》呈现出一种前所未有的效果，不仅在韩国本土产生了极大共鸣，而且在世界范围内都获得了热烈反响，这也是日韩与欧美游戏结

图2-58 带有浓郁日韩风格的游戏角色

合最成功的典范作品。《天堂2》为韩国游戏找到了新的突破口，"画面至上"的游戏制作风潮由此在韩国展开。《天堂2》可以说是韩国新 MMO 网游时代的开创者和奠基者。

《天堂2》与《魔兽世界》几乎同时上市，但两者在风格上截然不同，即便如此，NCSOFT 在《天堂2》的研发过程中仍然参考和借鉴了《魔兽世界》的许多要素，如全3D 无缝大地图技术、公会系统（游戏中称为血盟）、PVP 对抗系统、副本系统等。与《魔兽世界》一样，《天堂2》的后续版本采取了资料片的形式，但游戏的整体框架结构采用了"编年史"的形式，每一部资料片作为一个游戏章节，每一章节都有相对应的命名和含义，共同讲述了一个伟大而漫长的魔幻史诗。从2004年公测至今，《天堂2》仍然在成功的商业运营当中，虽然在这10年期间游戏代理商、游戏的收费模式及游戏内容都发生了很大的改变，但与《魔兽世界》一样，作为一代成功的经典游戏，无论未来怎样，它们曾经对世界游戏发展起到的作用无可替代。

2006年，一款画面精美的全3D MMO 网游在韩国上线——《Soul Ultimate Nation》。这是韩国 Webzen 公司继《奇迹 MU》大获成功之后研发的第二款 MMORPG，游戏延续了传统韩式 MMORPG 的特色，如镶嵌系统、装备升级等，同时借鉴了《天堂2》的游戏视觉画面效果，另外还参考了《魔兽世界》的游戏设定，如副本系统、任务剧情、PVP 系统等。除此之外，游戏还加入了独创的 AC（区域征服）系统，这是一个对游戏内各区域探索的完成率计算系统。通过对各区域地图的探索，完成对各区域特定物品的收集、区域首领和幸运怪的猎杀、区域副本的通关等条件，然后根据对各区域探索的完成度，玩家将

获得不同的奖励。如果该区域的探索率全部达成，将获得召唤该区域首领作为宠物的奖励。借着《奇迹MU》在国内的势头，《Soul Ultimate Nation》顺利登陆国内，同时为了增加游戏的知名度，《Soul Ultimate Nation》的中文游戏名也被译作《奇迹世界》。

NCSOFT公司在《天堂2》之后基本确立了其在韩国甚至世界的一线研发厂商地位，《天堂2》也为NCSOFT奠定了日后游戏研发的路线和方向。2009年，一款由NCSOFT研发制作的大型MMO游戏《永恒之塔》开放内测，同年进入公测阶段。"画面至上"仍然是《永恒之塔》奉行的原则，游戏采用了当时的次世代引擎Cry Engine，游戏角色模型的面数在当时堪比"高模"（见图2-59），同时它还采用了最为先进的"法线贴图"技术，加上巨幅的场景地图，游戏的整体容量已经超过《魔兽世界》，堪称当时容量最大的MMORPG。

图2-59　超精细的游戏角色模型

除了"画面至上"，《永恒之塔》在游戏系统的研发设计上也有了许多突破，在游戏中加入了许多新颖独创的高级游戏系统，如天气季节系统、飞行系统、DP值系统、住所系统、要塞战争等。《永恒之塔》强调玩家与游戏的互动，其世界由纷争不断的三个种族组成，分别是"天界、魔界、龙界"，玩家可以对这个世界产生影响，之后世界发生的变化会反作用于玩家身上。通过这种互动，玩家可以感觉到自己的命运掌握在自己手中，这种玩家与游戏虚拟世界的互动关系也是《永恒之塔》所强调的核心卖点。同时游戏为不同的种族角色及世界观都设定了详尽、复杂的关系结构和剧本情节，这也是NCSOFT在游戏研发中向《魔兽世界》学习的方面。另外在游戏音乐方面，《永恒之塔》的音乐摒弃了传统的MMO网游采用的中世纪风格的背景音乐，通过与日本音乐家Kunihiko Ryu合作，《永恒之塔》为玩家呈现的是原创的、带有异国情调的New-Age音乐，与游戏情节完美结合在一起，更渲染了游戏的奇幻氛围。

《永恒之塔》是NCSOFT继《天堂2》之后的延续之作，从《永恒之塔》开始NCSOFT公司大量应用了次世代游戏视觉技术，同时加强了游戏系统和游戏内涵的挖掘，为日后全新次世代游戏《剑灵》的开发奠定了基础。从2009年到2010年，韩国先后有两款革新游戏面市，分别为NHN公司的《第九大陆》和Eyedentity公司的《龙之谷》，这两款游戏与传统MMORPG最大的不同之处在于改进了游戏战斗机制。

最早的RPG战斗模式为"回合制"模式，即战斗双方在当前时间下只能一方活动，另一方要在对方活动结束后才能发动指令控制，两方来回交替实现对战。在《暗黑破坏神》之后，"回合制"逐渐被"即时制"所取代，"即时制"就是在时间范围内所有游戏角色都可以进行指令操控，游戏的攻击判定根据指定输入的时间先后来决定。虽然"即时制"比"回合制"更加合理，但仍然缺乏真实感，因为攻击的判定属于固定操作定位，例如，玩家角色攻击敌人，只要触发攻击的操作，在命中率范围内这次攻击100%会击中，玩家只是控制攻击的时机而已。《第九大陆》和《龙之谷》引入了动作RPG的概念，将RPG的战斗方式改为类似于动作游戏的模式，也就是说游戏的操控完全为真实的即时控制，游戏角色触发技能的时机、方向、距离等要素都会决定最终的命中概率，这种革新的操作方式让人们眼前一亮，传统RPG长时间的乏味战斗变得刺激起来。这两款游戏的出现也为日后韩式MMORPG制定了新的标准，其动作RPG的理念被日后的众多次世代MMO网游所沿用（见图2-60）。

在2010年前后，先后有3款大型MMORPG在韩国发布，分别为NEXON公司制作的《洛奇英雄传》、Bluehole Studio公司制作的《TERA》和NCSOFT公司的《剑灵》。这3款游戏一经发布就引起了全世界的广泛关注，尤其是NCSOFT公司利用当时最新的虚幻3引擎制作的《剑灵》（见图2-61）更被称为跨时代的MMO网游。

图2-60 《龙之谷》中极具视觉效果的战斗

图2-61 《剑灵》的"次世代"画面效果

这3款游戏中最先上市的《洛奇英雄传》于2010年开始公测，《TERA》和《剑灵》分别于2011年和2012年在韩国公测。这3款游戏共同的特点是，都利用了当时最为先进的引擎技术，在画面视觉效果上大幅度超越了以往的MMO网游，韩国游戏使"画面至上"的风潮再次席卷全球，以当时的眼光来看，这3款网游都被称为"次世代"网游。

这3款网游中最受关注的要数NCSOFT公司的《剑灵》。《剑灵》是NCSOFT公司继《天堂2》和《永恒之塔》后的第三部重磅MMO网游产品，它集中了当时韩国最为顶尖的游戏制作团队和技术力量，耗时6年研发制作而成。游戏由韩国顶级制作人，《天堂2》的开发总监裴宰贤领衔开发，亚洲知名插画师金亨泰担纲美术设计，日本著名音乐制作人岩代太郎进行音乐监制。游戏以虚幻3引擎为基础，运用了全3D法线贴图技术和即时动作的战斗模式还增加了众多独创的游戏系统（如地图无缝衔接技术、即时演算的过场动画、轻功系统、"八卦牌"系统、QTE系统、骨骼体型及相貌重塑系统等）。其中，骨骼体型及相貌重塑系统沿用了《永恒之塔》中的角色个性化设置系统，并进行了全面加强，通过这个系统可以对人体形态数据进行细致的设置（见图2-62），可以让游戏操作者创建出独一无二的专属游戏角色，这个系统本身也已经成为了游戏的一大乐趣和卖点。

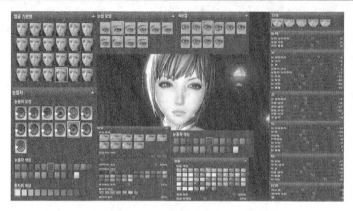

图 2-62 《剑灵》中的骨骼体型及相貌重塑系统

除了在技术上大步革新以外，在游戏剧情的设置上《剑灵》也下足了工夫。游戏从角色创建开始就进入了游戏铺设的主线剧情之中，剧情跌宕起伏，让玩家有了强烈的代入感，引领着玩家一步一步地发现隐藏在故事幕后的巨大秘密。大魄力的电影级分镜头表现手法，带给玩家震撼的视听效果，累计超过 2 小时剧情即时演算动画，让游戏整体富有电影般的感官冲击。另外，《剑灵》摆脱了韩式游戏一贯以欧美"龙与地下城"为主题的传统，采用了完全东方风格的世界观设定，让游戏散发出了独特的艺术魅力，也因此获得了2012 年韩国网络游戏最高奖项"总统奖"的荣誉。

以《剑灵》为代表的韩国网络游戏将 MMO 网游带入了一个全新的时代，顶级的游戏制作水准也让韩国网游首次全面超越了欧美网游，韩国游戏再次成为了全世界瞩目的焦点。在韩国网游在新 MMO 网游时代大放异彩的同时，国内的游戏制作公司并没有放松脚步，从 2004 年开始有不少公司转入了全 3D MMO 网游的研发制作，下面针对一些国内有代表性的游戏公司及网游进行简单介绍。

2005 年，北京完美世界游戏公司推出了一款与自己公司同名的 MMORPG《完美世界》，游戏一上线就受到了中国玩家的广泛关注。《完美世界》采用了全 3D 的游戏视觉画面，同时借鉴了《魔兽世界》中的许多先进技术和理念，如无缝大地图、多职业设定、飞行系统、帮会系统，等等。虽然《完美世界》作为当时国内少有的真 3D MMO 网游，在技术上有着绝对领先的实力，但由于游戏的主体世界观设定采用了西方魔幻背景，与同时代的《魔兽世界》和《天堂 2》相比并没有太多的竞争力，所以在此之后完美世界公司改变思路，开始着力于东方仙侠背景的 MMORPG 的研发制作。

2007 年，完美世界公司推出了由同名仙侠小说改编的 MMO 网游《诛仙》（见图2-63），以内容庞大复杂的小说作为游戏的世界观背景和剧情基础，加上《完美世界》的研发技术积累，这让《诛仙》一经上市就立刻受到国内玩家的青睐，游戏的内容和画面都让玩家产生了极大的共鸣。《诛仙》的大获成功让国内游戏研发公司看到了商机，于是大批游戏公司开始了仙侠游戏的研发，可以说《诛仙》拉开了国内仙侠 MMO 网游的大幕。

　　自《诛仙》出现以后，在国内网络游戏市场上出现了大量仙侠题材的 MMORPG，经过了一段时间的沉淀，玩家逐渐厌倦了这种概念模糊的魔幻题材，大多数游戏只是加入了一些中国元素，其中的魔法、怪物等仍然借鉴了西方魔幻风格，另外加上大量"跟风之作"导致国内网游整体水平参差不齐，所以在当时来看，国内主流的游戏市场仍然是被欧美和日韩网游所占领的。

　　2009 年，国内著名游戏公司金山西山居工作室制作的 MMORPG《剑侠情缘网络版3》（简称《剑网 3》）正式公测（见图 2-64）。《剑网 3》定位于全 3D 的武侠角色扮演网游，作为"剑侠情缘网络版"系列三部曲的最后一部，凭借自主研发的强大游戏引擎技术，如大规模的地形植被渲染技术、优秀的场景光影特效、法线贴图和 Speed Tree 等先进运算绘制技术等，使中国传统武侠世界第一次以全 3D 的面貌出现在了人们面前，将诗词、歌舞、丝绸、古琴、饮酒文化、茶艺、音乐等多种具有中国传统文化特色的元素融入到游戏中，展现给了玩家一个气势恢弘、壮丽华美的大唐世界。

图 2-63　《诛仙》的游戏画面

图 2-64　《剑网 3》的游戏画面

　　《剑侠情缘》系列一直以来都是中国武侠 RPG 的正统之作，所以对于西山居来说，其在武侠文化和游戏内涵的把握上一直是强项，另外在强大 3D 技术的支持下，游戏中加入了许多前无古人的独创设计，如轻功系统。在游戏中的各个门派都有自己独特的轻功武艺，施展轻功后玩家可以飞檐走壁，甚至水上行走（见图 2-65）。

　　西山居在自主研发的基础上，又借鉴了《魔兽世界》中的部分设计理念。这种借鉴并不是一味的抄袭，而是真正的学习和吸收，例如，将《魔兽世界》中的职业转变为门派概念；将公会系统转变为帮派系统；社交层面上除了好友外还分为敌人、仇人和师徒关系；将任务剧情主线方式改变为更符合

图 2-65　《剑网 3》中利用轻功实现水上行走

中国武侠的章回式体验方式；将天赋系统改为中国武侠独有的经脉系统；另外更有科举系统、牢狱系统、押镖系统等一系列独创系统的加入。这一切的改变让《剑网 3》从本质上

有别于之前仙侠风的 MMO 网游，实现了真正中国式的 MMORPG。到目前为止，《剑网 3》已经经历了若干次的改版。由于其出色的品质，《剑网 3》是商业运营最为成功的国产网游之一，也是仅有的月卡和点卡计时收费的国产网游。在《剑网 3》的带动下，中国游戏进入了武侠 MMO 时代，之后无数的国产 MMO 游戏都以武侠作为题材，也是从《剑网 3》以后国内游戏市场实现了国产网游与欧美网游、日韩网游三分天下的局面。

在本章中，着重介绍了 RTS 游戏、FPS 游戏和 MMORPG 在网络游戏时代的发展历程。其实在游戏进入网络时代以后，更多呈现出的是多元化的发展模式，除了 MMORPG 这种主流游戏类型以外，像音乐类网游、竞速类网游、休闲类网游等游戏类型也都广受玩家青睐。网络游戏现在已经成为人们尤其是年强人的主要休闲娱乐方式，人们在放松身心的同时还能通过网游的社交层面进行更多的人际交往，从这个意义来说，网络游戏世界不再是虚假的幻境，它已经变为人们之间实实在在地进行沟通和交流的一种空间和环境。从 2D 到 3D，从 3D 到网络化，电脑游戏从一种模糊的状态变得越来越清晰、越来越真实，我们可以想象在不久的将来，当游戏突破虚拟与真实的界限的那一刻，必将再次给人类的生活带来无法估量的巨大改变，或许这就是游戏对于人类的真正意义。

2.6 电子游戏的"三国时代"

在前面已经讲过，随着美国雅达利公司的没落，欧美游戏市场内逐渐放弃了游戏机产业的发展，转而投向了 PC 游戏市场。此时，以任天堂为代表的日本电子游戏产业迅速崛起，并逐渐发展为电子游戏机领域的主力军，在日本电子游戏产业发展初期涌现出了许多著名的游戏公司和品牌，如世嘉、索尼、卡普空、南梦宫、史克威尔等。有的公司能一直保持良好的发展，而有的公司虽然曾名噪一时却最终倾覆在了变幻莫测的商业浪潮中，也有的公司虽为后起之秀却加入了主力军的阵营，这就是残酷的游戏市场竞争。

曾经不可一世的世嘉公司因为 DC 游戏机的失利而逐渐退出了日本家用游戏机市场，同期任天堂的 N64 游戏机也由于游戏软件支持的缺乏而陷入低潮，这一切使得索尼公司凭借 PS 游戏机成为了时代变革的胜利者。世嘉在主机市场的溃败和任天堂的固执己见让索尼公司后来居上并取得了市场的主动权，PS 一度成为了当时家用机市场占有率最高的游戏主机。

然而面对世嘉公司最后发布的 128 位的 DC 游戏机，索尼公司也感受到了"次世代"主机变革的必然性。1999 年 3 月，索尼公司在东京举行了盛大的"PLAYSTATION MEETING 1999"产品发布会，在会上正式公布了 PS 的下一代游戏主机 PS2。在发布会上包括 SQUARE、Namco 等 5 个索尼最重要的第三方游戏软件制作商放出了各自的 DEMO（游戏试玩版），华丽的游戏画面给与会者留下了深刻的印象，自此 PS2 出世的消息迅速传播到了全世界。虽然世嘉 DC 开创了 128 位家用游戏机的新时代，但 PS2 凭借强悍的机能和庞大的软件阵容完全扭转了局势，仅仅是一个发布会，就给了当时踌躇满志的 DC 重重的一击。

　　绚丽的 3D CG 动画和大量游戏软件的支持，索尼将这种发展策略顺理成章地延续到了 PS2 上，因此 PS2 在软件策略上依然坚持了开放的原则。另外，PS2 软件策略中最突出的一点就是 PS2 向下完全兼容 PS 的游戏软件，这是之前自 FC 始就从未有过的市场策略，当初 SFC 也是打算向下兼容 FC 的软件，但考虑到成本问题最后放弃了。PS2 继 PS 之后引领了第二次革命——家用游戏机的兼容性，虽然只是针对自家的旧型号，但依然意义重大。

　　距离"PLAYSTATION MEETING 1999"发布会整整一年后，2000 年 3 月，索尼开始正式开始发售其新一代的家用游戏机 PlayStation 2（缩写为 PS2）（见图 2-66）。PS2 采用的是 128 位的 EE 处理器，运行频率为 295MHz；另有一显示核心 GS，运行频率是 147MHz；多边形处理能力达到了 7500 万次／秒，是 PS 的 200 倍；内置 32MB 内存和 4MB 显存，另配有 4 倍速的 DVD-ROM 光盘驱动器。另外，PS 虽然拥有一些简单的网络功能（如上网、收发 E-mail 等），也有一些网络游戏，但 PS2 的设计核心依然是 3D 单机游戏。

图 2-66　索尼 PS2 家用游戏机

　　拥有着突出的 3D 处理能力的强劲机能，采用了新兴的 DVD-ROM 作为软件载体，同时完全兼容上一代 PS 的游戏软件，并获得了众多第三方软件厂商的支持，这些都是 PS2 成功的法宝。两个硬件优势和两个软件优势对于 PS2 来说都是不可或缺的，最终使 PS2 成为了世界上最畅销的家用游戏主机，其销售量早已超过了 1 亿台，成为了世界上最成功的游戏主机。

　　当索尼对外发布 PS2 的时候，任天堂明白"次世代"主机市场争夺战已经打响了，如果对其无动于衷的话只能是坐以待毙，因此任天堂在 1999 年 3 月 3 日，也就是

图 2-67　任天堂 GameCube 家用游戏机

"PLAYSTATION MEETING 1999"发布会的第二天，也在东京召开了大型媒体招待会，发布了任天堂的下一代家用游戏主机开发计划"Dolphin（海豚）"，在同年 5 月的美国 E3 游戏展会上公布了"Dolphin"的部分规格信息。其实"Dolphin"计划早在 1998 年就已经启动了，而且主机的雏形已经完成，但由于索尼发布 PS2 后任天堂发现 Dolphin 无法在性能上胜过 PS2，因此决定重新设计研发。

　　2001 年 9 月，任天堂的新一代家用游戏主机正式发售，定名为任天堂 GameCube，简称 NGC（见图 2-67）。

NGC 采用的处理器是 IBM 的 PowerPC 750Cxe，运行频率为 485MHz；搭配的显示核心是 ATI 的 Flipper，运行频率为 162MHz；多边形处理能力是 1200 万次 / 秒，比 PS2 要逊色不少。NGC 的内存为 24MB，软件载体是特制的 8cm DVD，单碟最高容量为 1.8GB。

任天堂的 NGC 上市计划的启动非常仓促，准备工作做得很不到位，以至于在 NGC 发售时基本上没有什么像样的游戏软件，就连马里奥这个招牌形象的系列游戏都没能按时完成。由于 NGC 的首发游戏阵容过于单薄，NGC 的首批出货量只有 45 万台，第一周只卖出了 30 万台，与 PS2 供不应求的现象形成了鲜明对比。

任天堂软件开发部门在游戏软件制作品质方面也大幅下滑，这主要是由于时间紧迫，几乎所有游戏的开发进度都没有完成，因此任天堂的招牌型系列游戏在 NGC 上并没有获得多少好评，反而成了众矢之的。马里奥和塞尔达是任天堂的两大招牌游戏系列，但这次的《超级马里奥·阳光》和《塞尔达传说·风之杖》却都成了任天堂饱受指责的根源——《超级马里奥·阳光》基本上就是个未完成的游戏，而《塞尔达传说·风之杖》在宣传上虚假造势，与游戏中的实际风格存在巨大差异。这两款游戏成了 NGC 失败的典型代表，也让任天堂这块金字招牌的影响力降到了最低点。另外，游戏软件的支持依然严重不足，软件困境从 N64 开始就困扰着任天堂，这是继 N64 之后犯的第二次同样的错误，NGC 最终依然没有逃脱失败的命运。

在世嘉公司退出家用游戏机市场以后，主流的家用机市场就只剩下了任天堂和索尼两家公司，任天堂将索尼视为自己的死敌进行殊死抵抗，然而谁都没有想到，一匹"黑马"正在崛起，并即将要加入家用游戏机的竞争战局。

微软公司凭借对 MS-DOS 系统的开发起家，最终成为了通用 PC 最大的操作系统供应商，并为整个 PC 奠定了富有深远影响的业界标准，对 PC 的发展做出了不可磨灭的贡献。微软公司作为世界上最强大的软件制作公司拥有无与伦比的资金优势，其制作的 IE 浏览器对网络的发展也有着不可替代的作用，在一切都在顺利发展的时候微软也一直在寻找新的业务和项目。在 1995 年，微软成立了游戏事业部，凭借《帝国时代》《微软模拟飞行》等系列游戏为其赢得了广泛的好评，此时的微软已经成为了世界一流的游戏软件制作商，但微软并不甘止步于此，他希望在电子游戏领域获得更大、更长远的发展，于是微软曾经在世嘉开发 DC 的时候与其进行过合作，但 DC 的失败让微软只能另寻他人。

之后，微软找到了任天堂，并提出了一个大胆的意向——微软公司希望以 250 亿美元的价格完全收购任天堂公司。这个价格和当时任天堂的价值基本相符，于是山内溥同意让微软收购，但以保留便携式游戏机事业部作为条件。众所周知，任天堂在当时的主要盈利项目就是便携式掌机，而没有了便携式游戏机的任天堂也就失去了收购的价值，所以微软断然拒绝了这个提议（见图 2-68）。

　　微软收购任天堂失败以后就开始自己独立研发家用游戏机，2000 年 4 月，微软成立了 Xbox 事业部。微软在战略目标上和索尼很像，都是以家用游戏机为起点，最终成为业界主流的综合家用娱乐平台，他们希望将电子娱乐作为一份长远的战略规划，但起初微软进军家用游戏机市场的行为并不被大多数人所看好。

任天堂掌机发展图

　　2001 年 11 月，微软公司第一部自主研发的家用游戏机 Xbox（见图 2-69）正式发售，并于发售当日在纽约和旧金山举办了盛大的 Xbox 午夜首卖活动，微软总裁比尔·盖茨也到达纽约时代广场，亲自参与首发活动。Xbox 的基本架构就是一台通用型 PC，但这台通用 PC 拥有着当时来说强悍无比的硬件组合：采用的处理器是 Intel P3，主频为 733MHz；采用的显示核心是 NVIDIA 的特制图形芯片，运行频率是 233MHz；多边形处理能力达到了前所未有的 1.165 亿次 / 秒，这比 PS2 的 7500 万次 / 秒要强大 50%；机器还内置一个 8GB 的硬盘和 64MB 的内存；软件载体是 5 倍速 DVD-ROM，并配备有 10/100Mbit/s 以太网接口。然而，如此高配置的游戏主机售价却仅为 299 美元，比 PS2 还低了近 100 美元，这无疑为 Xbox 的销售奠定了巨大的成功基础。

图 2-68　任天堂经典的 GameBoy 掌机

图 2-69　微软 Xbox 家用游戏机

　　Xbox 的设计重点之一就是提供优秀的网络游戏，网络对战游戏是 Xbox 的主要游戏类型，这和 PS2 和 NGC 的经营重点有所不同。在《光晕》推出之前，Xbox 的销量只是平平，但在《光晕》推出之后，立刻全面带动了 Xbox 的热销，也把 Xbox 的潜力完全发挥了出来。之后微软在《光晕 2》的制作和宣传方面投入了大量的资源，《光晕 2》推出的当天就吸引了众多的狂热玩家抢购，《光晕 2》（见图 2-70）发售的第一天，微软就获得了 1.24 亿美元的销售额。Xbox 最终以 2200 万台的总销量超过了任天堂的 NGC，一跃成为世界第二的家用游戏机供应商，《光晕》系列游戏居功至伟，而 Xbox 也正是从《光晕》开始停止亏损的。Xbox 虽然在最终销量上低于 PS2，但是 Xbox 却是当时家用游戏机中最佳的联网对战游戏平台，也由此揭开了家用游戏机的网络时代。

　　在 XOBX 发售之后，微软公司正式成为了世界主流家用游戏机生产商，同时也加入了世界电子游戏机的竞争战局。此时的世界家用游戏机市场迎来了任天堂、索尼、微软三足鼎立的局面，电子游戏领域的"三国时代"就此到来。

世界家用游戏机市场的竞争总是一波未平一波又起，各大厂商对于"次世代"追求的脚步从来没有停止。2005 年 11 月，微软公司新一代家用游戏主机 Xbox 360（见图 2-71）正式发售，Xbox 360 采用的处理器是 IBM 专门设计的三核 PowerPC，频率为 3.2GHz；显示核心是 ATI 的 R500 显示核心，运行频率是 500MHz；内置 10MB 显存；多边形处理能力是 5 亿次 / 秒；机器还内置有 512MB 内存和 20GB 硬盘；主机支持 720p 和 1080p 的高清图像画面。

图 2-70　《光晕 2》游戏角色

图 2-71　微软 Xbox 360 游戏机

新一代主机争夺战争的帷幕由 Xbox 360 率先掀起，在其领先其他次世代游戏机发行的一年中，Xbox 360 成功地占有了家用游戏机市场的较大份额，但这并不只是因为发行较早的原因，高性能、高质量的游戏画面才是吸引玩家购买的主要原因。另外，从第一代 Xbox 就开始的 Xbox Live 在线服务也是 Xbox 360 的最大卖点，玩家除了可以跟第一代 Xbox 一样通过互联网与其他玩家进行在线对战外，还可以在线下载游戏试玩版、小游戏、电影或电视影片来欣赏，这些因素使得 Xbox 360 比第一代 Xbox 更受用户的欢迎。

在 Xbox 360 发售的同时，一共有 18 款游戏同步发售，在软件的支持方面优势十足。而且 Xbox 360 的独占游戏阵容也有所增强，除了《光晕 3》以外，还有日系的《死或生》《沙滩排球 2》，另外还有《樱桃小丸子》《胜利时刻》《霸王》《子弹魔女》《天诛 360》《僵尸围城》《黑街圣徒》《战争机器》《失落星球》等，这些大量的独占游戏显示了第三方游戏厂商对 Xbox 360 的积极态度。先手和营销让 Xbox 360 获得了极大的优势，庞大的软件阵容令其拥有长久的生命力，这时的 Xbox 360 已经拥有了庞大的用户群，在 2006 年被评为了"最受欢迎的游戏主机"。

在 Xbox 360 发售之初，无可否认，PS2 依然是当时世界上最成功的游戏主机，索尼自然会希望能够尽可能地延长其寿命，让 PS2 的优势地位能够保持得更久，所以当时索尼并没有急于开始下一代游戏主机的研发，但微软突如其来的 Xbox 360 让索尼有些措手不及。为了不让自己落后太多，索尼匆匆推出了新一代 PS 主机——Play Station3（见图 2-72）。

图 2-72　索尼 PS3 游戏机

比 Xbox 晚了 1 年的 PS3 在 2006 年 11 月正式发售，PS3 的处理器是 IBM、东芝和 SCEI 共同研发的一款名为 Cell 的多核心平行架构处理器，最初宣称有 9 个核心，后来更正为 8 个核心，最后只有 7 个核心能够正常运行；同样，其最初宣称主频为 4.7GHz，后来又修正为 3.2GHz。从 9 核心 4.7GHz 到 7 核心 3.2GHz，再加上索尼对 Cell 性能的不当描述，都给人造成了虚假宣传的印象，这让不少人对 PS3 产生了怀疑。

PS 游戏机

为了应对 Xbox 360，PS3 在网络功能方面也有了很大的改进，不但支持 10/100/1000M 的以太网，还支持无线 Wi-Fi 和蓝牙 2.0，蓝牙最多可以连接 7 个游戏手柄，无线 Wi-Fi 则可以和索尼的便携式掌机 PSP 连接，这可以说是吸取了任天堂和微软双方的优点。

PS3 的软件载体是争议最大的部分。PS3 搭配的是蓝光 DVD，下一代 DVD 的标准之争还未结束，索尼希望凭借 PS3 来增加蓝光 DVD 的筹码。虽然高容量是蓝光 DVD 的优势所在，但在当时的环境下，蓝光 DVD 在市场上十分罕见，价格更是高出普通 DVD 许多，这主要是蓝光 DVD 的产能不足所导致的。而 PS3 的软件策略更是加剧了这种状况，这使得索尼在与 Xbox 360 的竞争中一直处于弱势。

PS3 在前有 Xbox 360 的压力下，又意想不到的遭遇了任天堂的追击。这次任天堂吸取了以往 NGC 和 N64 所犯的错误，并没有急于发售主机和进行过度夸大的市场宣传——任天堂刚开始对这台发售后引发全球轰动的体感式游戏机持有非常低调的态度。

2005 年在美国 E3 游戏展会上，任天堂首次公布了代号为"Revolution"的次世代主机计划，并展示了创新的体感操作方式，惊艳全场。2006 年 4 月，任天堂宣布新主机将定名为"Wii"，并在当年的 E3 展上完整展示了 Wii 的主机及操作，同时开放试玩，引起了全世界的玩家及媒体的高度瞩目。2006 年 11 月，在索尼的 PS3 刚发售几天后，任天堂就在美国首先推出了它的新一代家用游戏机 Wii（见图 2-73），选在美国首发是因为考虑到美国玩家接受新鲜事物的能力比较强。

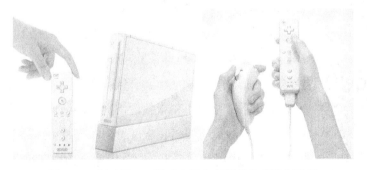

图 2-73　任天堂 Wii 游戏主机和创新的体感控制手柄

Wii 采用的处理器是 IBM 的 PowerPC Broadway，频率为 729MHz；采用的图形

芯片是 ATI 的 Hollywood，频率是 243MHz；内置 512MB 闪存和无线网络；每台 Wii 最高支持 4 个动作感应手柄，动作感应手柄采用的是无线蓝牙技术；另外，Wii 完全兼容 NGC 的游戏，支持 NGC 的 8cm 游戏软件和 NGC 手柄，并且支持 NGC 的部分配套组件。

Wii 不支持 CD 唱片和 DVD 电影，也基本上不支持高清格式，任天堂对游戏机的定位为纯粹的"电子娱乐产品"，而非"影音娱乐产品"。任天堂为 Wii 配套开发了网络服务功能，并且在 Wii 关机的情况下也能自动下载游戏更新部分和各种游戏 DEMO。Wii 玩家还可以通过网络下载模拟器游戏（包括 FC、PC-E、MD、SFC 和 N64 模拟器游戏），玩家可以通过购买外部存储配件 SD 卡来存储这些模拟器游戏。

Wii 在开始发售的头两周里就在全球销售了 100 万台，截至目前已经达到了全球 500 万台以上的销量，超过了 PS3 的销量。Wii 在性能、规格、影音功能和网络功能上都处于劣势，甚至在游戏数量上也不占优，但是却取得了相当不错的成绩，这一切都归功于那革命性的动作感应手柄。这种革命性的手柄带来了全新的游戏模式，用肢体动作来操作，和街机的体感类游戏非常相像，不过 Wii 的操作要更加多样和新奇。Wii 利用这项新颖的设计非常轻松地吸引了大批的休闲玩家，甚至是那些曾经对电子游戏不是很感兴趣的人，这是 PS3 和 Xbox 360 所达不到的优势，而且 Wii 在规格方面的劣势反而可以降低供货方面的压力，还能保持价格上的优势，这也是 Wii 畅销的原因之一。

任天堂公司一直在试图突破现有的游戏方式，尽管前几次都失败了，但在 Wii 上获得了极大的成功。也正是从 Wii 开始，任天堂更加专注于游戏创意和理念的设计研发，这与索尼侧重于画面视觉效果及微软注重网络对战形成了鲜明的风格对比，世界三大家用游戏机生产商各自以其独有的风格及理念巩固住了各自的用户群体，家用游戏机领域的"三国时代"全面到来。

在如今这个飞速发展的时代，任何硬件生产商都不能保证自己的产品经久不衰，科技和创新是企业发展的前提和基础，固步自封和停滞不前都必将走向灭亡。但从另一个方面来说，电子游戏领域中产品的技术实力并不能保证企业在竞争中一定占据绝对的优势，若干年前的雅达利和世嘉就是最好的例子。所以，在保证硬件技术的前提下，善于把握玩家心理，研发和制作优秀的游戏软件产品才是取胜的关键所在。

任天堂游戏机

家用游戏机市场的竞争不会就此止步，2013 年年底，索尼新一代家用游戏机 PS4 和微软的 Xbox One 同步上市，此外还有在 2014 年加入战局的 Valve 公司的 Steam Machine 家用游戏机，这必将在未来的时代拉开新一轮的主机竞争浪潮，这种浪潮将一波接着一波，永不停止，这也是人类实现自我追求和理想价值的直接体现。

2.7 手机游戏的发展

从 20 世纪 80 年代手机跃入人们视野，到如今智能手机风靡全球，仅仅只用了 30 多年的时间。现在人们手中的智能手机不仅可以打电话、发短信，还具备了浏览网站、播放视频、文字处理、游戏娱乐等功能，移动电话已经从原来单纯的通信工具发展成为了综合性便携式智能娱乐平台。当手机平台上出现第一款电子游戏时，手机便与虚拟游戏产生了交集，虽然不像便携式掌机那样作为专门的游戏平台，但手机游戏如今也已经成为我们生活中必不可少的一种娱乐方式。在发展过程中，手机游戏逐渐发展成为了独立的游戏门类，在本节中我们将详细了解一下手机游戏的发展历程。

最早的手机游戏属于嵌入式游戏（嵌入是一种将游戏程序预先固化在手机芯片中的技术），由于这种游戏的所有数据都是预先固化在手机芯片中的，因此这种游戏无法进行任何修改，也不能更换其他的游戏，只能玩手机中已经存在的游戏，同时也不能将它们删除。早期的诺基亚手机中的《贪吃蛇》就是嵌入式游戏的典型例子。

1998 年 10 月，芬兰著名移动通信生产商诺基亚公司推出了一款专门为年轻人群体而设计的手机"变色龙 6110"（简称 6110），相对于早期的大哥大来说，它在当时已算是十分轻巧的手机了。6110 最大的贡献，是开创了内置手机游戏的先河，其内置的《贪吃蛇》游戏迅速风靡全球（见图 2-74）。如果用今天人们对手机游戏的眼光来衡量《贪吃蛇》，那它恐怕连简陋都算不上，在 6110 那块小小的屏幕内，用一条黑色像素组成的黑线来表示"小蛇"，玩家可以控制"小蛇"进行 90 度转向，通过吃屏幕中用亮点表示的"食物"来不断变长，长度越长游戏得分越高，如果"小蛇"头尾相撞或撞到屏幕边缘，游戏就结束，这就是《贪吃蛇》的游戏方式和全部内容。

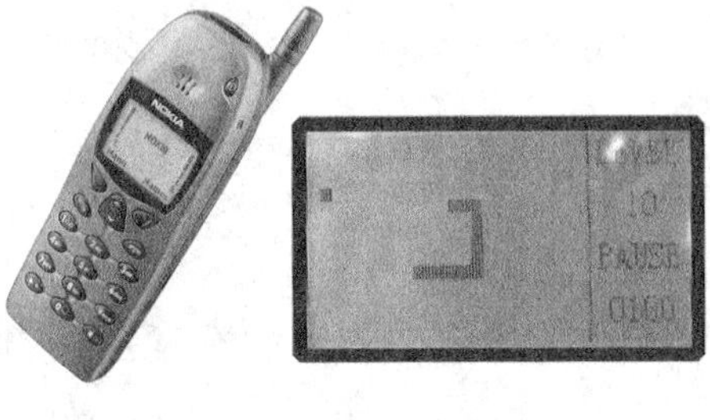

图 2-74 　诺基亚 6110 手机和内置的《贪吃蛇》游戏

当时 6110 手机使用的是一块单色的、只有 1 英寸左右的黑白液晶屏幕，其内置的 PCD8544 显示芯片控制着屏幕的显示内容，贪吃蛇就是通过这个芯片以小方格的方式显示出来的。尽管因受到软硬件的制约，当时的手机游戏形式单一、画面简陋，但因《贪吃蛇》而引起的"拇指游戏"风潮却引起了手机厂商的重视，在这之后手机内置游戏便成为各品牌手机的重要卖点之一。

随着手机在人们生活中所发挥的作用越来越重要，其在软件功能和硬件配置上也得到了不断升级。2000 年以后彩色液晶屏幕开始兴起，手机有了彩屏后，内置游戏就不再只是简单的屏幕闪烁和图形变换，而是开始注重游戏的趣味性、故事性和可玩性。与此同时，由于手机对 JAVA 语言程序的支持，也让第三方软件厂商开始尝试开发手机游戏。

JAVA 是由由 Sun 公司于 1995 年 5 月推出的 JAVA 程序设计语言和 JAVA 平台（即 Java SE、Java EE、Java ME）的总称。从 2002 年开始，越来越多的手机游戏开始利用 JAVA 语言进行设计和研发。JAVA 手机游戏属 Java ME，又称 J2ME 或者 KJAVA，它依靠自身强大的可拓展性和移植性，成为了当时手机上最通用的一种平台游戏。

JAVA 手机游戏在智能手机出现之前可谓红极一时，只要是支持 JAVA 程序的手机都可以安装，同时由于 JAVA 手机游戏的通用性太强（开发一次便可适用绝大部分机型），所以在当时绝大多数的手机游戏都是 JAVA 游戏。摩托罗拉应该算当时的手机巨头，《波斯王子》（见图 2-75）是当时摩托罗拉手机预置的一款 JAVA 游戏，游戏中，人们可以操控主角完成各种超高难度的动作，该游戏画面内容丰富，情节故事有趣。此后，《帝国时代 2》《彩虹六号》《兄弟连》《狂野飙车》《FIFA 足球》等 PC 游戏也陆续推出了专门针对手机的 JAVA 版本。从此，手机游戏全面进入 JAVA 平台时代，同时也开始向产业化方向发展。

2003 年 10 月，诺基亚公司发售了一款名 N-Gage 的游戏手机（见图 2-76）。N-Gage 的出现打破了"手机不适合玩游戏"这个老观念，它的外观就类似于一台游戏掌机，而且内置的蓝牙芯片还能够让手机像游戏机那样进行联机对战，只要在 10 米之内，就没有网络延迟，N-Gage 用户也可以通过移动网络进行互联网对战。这是第一款专门用来玩电子游戏的移动电话产品，它的出现同时影响了手机游戏业和电子游戏业，开创了手机游戏的新开端。

图 2-75　JAVA 手机游戏《波斯王子》　　　　图 2-76　诺基亚 N-Gage 游戏手机

在 N-Gage 手机中运行的游戏不再只有用 JAVA 语言编写的轻量级游戏，还增加了由 C++ 语言编写的大型 3D 游戏，这类游戏的大小一般都在 30 ～ 50MB，部分大型 3D 游戏的大小甚至会突破 100MB。这些游戏是诺基亚联合了世嘉等著名游戏开发厂商开发出来的，他们从游戏的销售中获得利润，形成了一条完整的移动游戏产业链。

诺基亚从 N-Gage 手机开始，逐渐将 N-Gage 打造成了当时最流行的 JAVA 移动手机游戏平台，之后还陆续推出了 N81、N-Gage2.0 及 N-Gage3300 等经典机型。在此环境下，国内手机游戏开发商开始发力，北京数位红软件应用技术有限公司开发了当时唯一一款中文手机游戏《地狱镇魂歌》（见图 2-77），其画面的精致程度和游戏的故事性足以和 PC 端游戏《暗黑破坏神》相比拟。在这款游戏中，玩家获得了全新的视觉感受。该游戏的成功，也给国产手机游戏厂商打了一针强心剂，为其后来的发展奠定了基础。

图 2-77　国产 N-Gage 手机游戏《地狱镇魂歌》

虽然 JAVA 手机游戏的可移植性和通用性很强，但是当开发者面对众多机型和不同分辨率的时候，适配不同的手机依旧成为了大问题，而其对内存的消耗相比其他语言编写的手机游戏也更加难以控制。另外由于语言技术的限制，使得 JAVA 游戏难以做出 3D 视觉效果的画面，因此，随着智能手机市场的兴起，JAVA 手机游戏逐渐没落。

智能手机（Smart Phone)，是指像 PC 一样，具有独立的操作系统，可以由用户自行安装软件、游戏、导航等第三方服务商提供的程序，通过此类程序来不断对手机的功能进行扩充，并可以通过移动通信网络来实现无线网络接入的这样一类手机的总称。智能手机的涉及范围已经布满全世界，因为智能手机具有优秀的操作系统、可自由安装各类软件、全触控式大显示屏幕等特性，所以完全取代了之前传统的键盘式手机。

智能手机是从掌上电脑（Pocket PC）演变而来的，最早的掌上电脑不具备手机的通话功能，但是随着用户对于掌上电脑各种功能依赖的提升，又不习惯于同时都携带手机和掌上电脑两个设备，所以厂商将掌上电脑的系统移植到了手机中，于是就出现了智能手机的概念。世界上第一款智能手机是 IBM 公司于 1993 年推出的 Simon（见图 2-78），它也是世界上第一款使用触摸屏的智能手机，使用 ROM-DOS 操作系统，只有一款名为《DispatchIt》第三方应用软件，它的出现为以后的智能手机奠定了基础，具有里程碑的意义。

虽然概念意义上的智能手机很早就出现了，但其只能称作过渡产品，并非真正意义上的智能化手机。直到 2007 年，美国苹果公司正式发布了旗下第一代移动电话产品 iPhone 2G，次年，第二代 iPhone 3G 也正式上市。

图 2-78　IBM Simon 手机

iPhone 的出现正式拉开了新时代智能化手机的序幕，在 iPhone 的带动下全世界许多公司，如谷歌、黑莓、HTC、摩托罗拉、三星、诺基亚等也都纷纷推出了自己的智能手机产品。

新时代的智能手机具有五大特点：一、具备无线接入互联网的能力，即需要支持

GSM 网络下的 GPRS 或者 CDMA 网络的 CDMA1X 或 3G（WCDMA、CDMA-2000、TD-CDMA）网络，甚至 4G（HSPA+、FDD-LTE、TDD-LTE）网络；二、具有 PDA 的功能，包括 PIM（个人信息管理）、日程记事、任务安排、多媒体应用、浏览网页等；三、具有开放性的操作系统，拥有独立的中央处理器（CPU）和内存，可以安装更多的应用程序，使智能手机的功能可以得到无限扩展；四、人性化，可以根据个人需要，实时扩展机器内置功能及软件升级，智能识别软件兼容性，实现了软件市场同步的人性化功能；五、有众多第三方软件的支持。随着智能手机等移动终端设备的普及，人们逐渐习惯了使用 APP 客户端上网的方式，社交、购物、旅游、阅读等事件均可通过智能手机来完成。就以阅读为例，现今可以在智能手机上直接阅读到当日的热门新闻，而不再需要去线下商店购买报纸和杂志。

　　智能手机如同 PC 一样，要依托于特定的操作系统才能发挥性能并运行各种程序。如今全球智能手机的操作系统主要包括谷歌公司的 Android（安卓）、苹果公司的 iOS、微软公司的 Windows Mobile 等，其中用户群体最为广泛的要属 Android 系统，其次为苹果的 iOS 系统。

　　随着手机硬件性能的整体提升，手机游戏在智能平台下得到了前所未有的进化和提升。智能手机平台下的手机游戏与之前的 JAVA 游戏及嵌入式游戏有了很大区别：智能手机游戏是可以随意安装和卸载的独立程序，可以运用各种开发工具进行研发和制作，它更类似于 PC 游戏，只不过最终要根据手机操作系统平台压缩成特定的游戏安装包。下面简单介绍一下在智能手机平台上出现的一些经典手机游戏。

　　2008 年，芬兰 Rovio 公司研发的智能手机游戏《愤怒的小鸟》（见图 2-79）上市，该游戏首发于苹果 iOS 平台，后移植到各智能手机平台。游戏的玩法十分简单，利用智能手机触摸屏控制弹弓发射小鸟并射击远方的猪头怪物，在有限的回合内全部击中便可获得游戏胜利，射击回合越少游戏得分越高。游戏一经上市便获得了极大成功，有趣的卡通画面、简单的触控操作再加上逼真的物理引擎特效，迅速征服了刚刚接触智能手机的用户，到目前为止《愤怒的小鸟》各个版本的全球累积下载量已经超过 20 亿次，成为最为成功的智能手机游戏之一。

图 2-79　《愤怒的小鸟》游戏画面

　　2009 年，美国 PopCap Games 公司制作的一款益智策略类塔防游戏《植物大战僵尸》

（见图 2-80）上市，该游戏在 PC 平台和智能手机平台上同步发售，支持 Windows、Mac OS X、iPhone OS 和 Android 等操作系统。在游戏中，玩家可以通过武装多种植物切换不同的功能，快速有效地把僵尸阻挡在入侵的道路上。不同的敌人、不同的玩法构成了 5 种不同的游戏模式，加上黑夜、浓雾及泳池之类的障碍，更增加了游戏挑战性。《植物大战僵尸》是智能手机平台上最早的塔防类游戏，塔防类游戏不仅需要玩家做出快速反应，更需要头脑和智慧来制定战略。游戏上市后，凭借其出色的游戏画面、丰富的游戏系统及独创的游戏方式，受到了众多玩家的青睐，到目前为止，用户数量已接近 3 亿，树立了手机塔防游戏的标杆。

2010 年，Halfbrick Studios 公司研发的触控屏动作游戏《水果忍者》（见图 2-81）上市。《水果忍者》是一款简单的休闲游戏，游戏的目的只有一个，那就是将屏幕中不断落下的各种水果切掉，同时还要躲避混杂在水果中的炸弹，在规定的时间内切掉的水果数量越多，游戏得分越高。《水果忍者》将触控屏的游戏操作方式发挥到了极限，玩家可以利用手指在触控屏幕自由滑动，脱离了以往游戏按键和各种控制按钮的束缚，开创了智能手机的全新游戏方式。《水果忍者》在上市后 2 年内下载次数就已经超过 3 亿次，并被移植到了各个平台，成为了风靡世界的休闲类游戏。

图 2-80 《植物大战僵尸》游戏画面

图 2-81 《水果忍者》的游戏画面

2011 年，美国一家只有 8 个人的手机游戏公司 Imangi Studios 发布了一款名为《神庙逃亡》（见图 2-82）的手机游戏，游戏首先登录了苹果 iOS 平台。在游戏里，玩家控制的是一个印第安纳琼斯似的冒险家角色，在热带雨林的某个古老神庙中逃出，被神庙中一群猴子模样的恶魔守卫追赶。游戏角色是自动不断向前飞奔的，而玩家则需要利用触摸屏的滑动控制角色避开逃亡路上遇到的各种危险。与大多数手机游戏不同的是，游戏并未采用常见的 2D 横版画面，取而代之的是全 3D 的第三人称视角。游戏并没有设置终点，只要玩家能过躲避各种危险，游戏就会一直进行下去，同时会获得游戏积分。全新的 3D 视觉画面，独特的触控操作方式，加上紧张刺激的游戏氛围将玩家深深吸引，游戏上市 1 年后用户数就突破了 5 亿，引领了智能手机平台跑酷类游戏的新时代。

随着智能手机的发展,机器硬件和整体机能都有了大幅度提升,这时的智能手机游戏不再局限于休闲类的小游戏,一些大型 3D 游戏也开始在智能手机平台上出现。2010 年 12 月,Chair Entertainment 和 Epic Games 公司联合开发了一款 3D 格斗游戏《无尽之剑》,该游戏率先在苹果 iOS 平台上市。这部游戏是无尽之剑系列的第一部作品,同时也是 iOS 平台上第一部采用虚幻 3 引擎来制作的大型 3D 游戏(见图 2-83)。

图 2-82 《神庙逃亡》的游戏画面   图 2-83 《无尽之剑》华丽的 3D 画面

游戏全程通过触摸屏进行操作,在游戏中玩家控制的主角要面对一系列的一对一战斗。在战斗中,玩家可以用手指在屏幕上点划来使主角做出攻击和闪避的动作,随着战斗的胜利和游戏的进展,玩家将可以获得经验值、创造纪录及赢得更多的物品,使自己的角色变得强大。《无尽之剑》还支持多人游戏模式,玩家可以通过移动网络或 Wi-Fi 与其他玩家进行联机对战。

由于运用了虚幻 3 引擎进行研发,《无尽之剑》在 3D 画面视觉效果上获得了无与伦比的提升,超越了以往手机平台的所有 3D 游戏,而游戏容量也不再是十几 MB,第一代游戏容量高达 600MB,同时对手机的硬件性能也有了更高的要求。之后,开发商又分别于 2011 年和 2013 年推出了《无尽之剑 2》和《无尽之剑 3》。《无尽之剑》系列在画面、角色设定、游戏音效和操作方面都极为出色,游戏风格独具一格,是 iOS 平台上划时代意义的优秀游戏作品。

手机游戏发展

从 1998 年诺基亚推出第一款手机游戏《贪吃蛇》到现在,手机游戏已作为数码领域一个重要的科技产业而存在,从黑白游戏到彩色的 JAVA 游戏,再到如今可以和 PC 游戏画质相媲美的大型 3D 游戏,手机游戏的进化不仅可以体现出手机游戏产业清晰的发展脉络,更能展现出整个手机行业从软件到硬件的不断升级与进化的历程。

第 3 章

电子游戏的
分类

从世界上第一款电子游戏的诞生，到后来 PC 和电子游戏机的出现，再到如今网络游戏的盛行，虚拟游戏在过去几十年的历程中经历了多次的变革，从最初形式单一的游戏内容发展到了现在包含众多体系和系统的大型综合化游戏。不同类型的游戏在发展过程中逐渐有了属于自己的定位，相应的游戏也被逐渐定义为不同的形式和分类，这里所说的游戏分类并不仅仅指狭义上对游戏内容的形式划分，它还包括广义上对于游戏平台、游戏载体及运行模式的区分。在本章中我们将针对不同的游戏平台、游戏载体、运行模式及游戏内容来介绍游戏的分类。

3.1 按硬件平台分类

这里我们所说的游戏平台是指游戏的硬件运行平台，无论电脑游戏还是电子游戏实际上都是一种软件程序，软件的运行需要依托于硬件设备，就如同电脑游戏需要在计算机上运行，而电子游戏则需要在各种游戏机上才能运行。我们根据当今市面上所存在的游戏硬件平台，可以将虚拟游戏分为电脑游戏、街机游戏、家用机游戏、掌机游戏和手机游戏五大类，下面我们将分别进行详细讲解。

3.1.1 电脑游戏

电脑游戏是指在电子计算机上运行的游戏软件程序。在前面我们讲过，1962 年，麻省理工学院的格拉茨、拉塞尔等 7 名大学生，在 DEC 公司的 PDP-1 小型机上制作出了世界上第一个真正意义上的电脑游戏程序《空间大战》，电脑游戏就此诞生了。20 世纪 70年代，随着苹果 PC 的问世，电脑游戏才真正开始了商业化的道路，虽然那时电脑游戏的图形效果还非常简陋，但是游戏的类型化已经开始出现。从 80 年代开始，PC 开始大行其道，多媒体技术也开始成熟，电脑游戏则成为了这些技术进步的先行者。其后，3dfx 公司的 3D 显卡给电脑游戏行业带来了一场图像革命。进入 90 年代后，计算机软硬件技术的进步、因特网的广泛使用为电脑游戏的发展带来了强大的动力，网络游戏成为电脑游戏的一个新的发展方向。

一般来说，电脑是通过主机的光盘驱动器读取光盘，或者通过网络下载来安装游戏软件程序的，安装好的游戏程序必须依托于计算机的操作系统来启动和运行。现在世界上存在主流的计算机操作系统是微软的 Windows 系统和苹果的 Mac OS 系统。电脑游戏通过操作系统启动后，通过显示器显示游戏画面，通过鼠标、键盘、游戏手柄、摇杆控制器等外部设备对游戏进行操控（见图 3-1）。

专门为计算机平台开发的游戏往往对鼠标、键盘有相当的依赖，如即时战略游戏

（《星际争霸》《红色警戒》等）中对战斗单位进行编队及灵活快速的移动，这都需要充分利用鼠标的性能。而大多数角色扮演游戏（如《魔兽世界》）经常要灵活快速地使用各种道具、技能等，这时就需要利用键盘上的大量游戏快捷键来进行操作。这与游戏机平台上的电子游戏有很大区别，如果将前面说的两类游戏移植到游戏机上，则会由于游戏机手柄按键有限而对游戏操控产生很大的影响。

图 3-1 各种电脑游戏外设

3.1.2 街机游戏

街机游戏是指在街机上运行的电子游戏。街机（Arcade）是置于公共经营性娱乐场所的专用游戏机，也称为大型电玩。最早的街机于 1971 年诞生于美国。街机整体主要由框体、基板、显示屏和控制面板四部分构成（见图 3-2）。框体是街机的外壳框架；基板是由专业的游戏厂商制造的电路板，如同计算机的主板，上面有 CPU、ROM、RAM、显存、输入输出接口（I/O）等，也是运行街机游戏的主要硬件；显示屏用来显示游戏画面，它更像一台电视而不是显示器；控制面板则用来操控游戏，分布有摇杆和控制按钮等。

图 3-2 标准的对战游戏街机

1971 年，美国的一家实验室研制出了世界上第一台街机，这台名为 "COMPUTER SPACE" 的游戏机已经具有了街机的一些基本特征，包括投币孔、操作台及固有的游戏基板。随后，弹珠台及弹子机系列游戏在美国酒吧等场所开始盛行。

日本一些电子公司也在 20 世纪 70 年代初期开发出了供人们在娱乐场所消遣的电子游戏机，它们逐渐取代了弹子机、弹珠机及那些利用机械原理制造的街机。然而，当时的电子游戏画质粗糙、颜色单一，娱乐性也差，游戏效果远不如我们今天的游戏机，所以从某种角度来说这些游戏还算不上真正意义上的街机游戏，这个时期是街机发展的萌芽阶段。

1978 年日本 TAITO 公司推出了当时让人眼前一亮的射击游戏《宇宙侵略者》，街机游戏从此进入了一个新的阶段，真正意义上的街机游戏开始陆续出现。在 80 年代前后，街机市场上出现了大量的经典游戏，包括 1979 年 Namco 公司推出的经典射击游戏《小蜜蜂》；1981 年任天堂推出的《大金刚》；1982 年 Namco 公司的《超级吃豆人》（见图 3-3）；1983 年任天堂推出的《马里奥兄弟》；1984 年 Capcom 公司推出的《1942》；1985 年，KONAMI 公司推出的《兵峰》。此外，1985 年还有一部作品相当值得一提，它就是由世嘉著名制作人铃木裕所创造的世界上首款模拟驾驶游戏《摩托骑手》，该游戏最大的特色就是制作了全尺寸的模拟仿真机车，它包含了手刹、油门等一切机车部件，让玩家获得了犹如驾驶真车般的感觉，之后很多街机开始效仿，推出了各种拟真的大型街机设备。

图 3-3　曾经风靡世界的《超级吃豆人》街机

20 世纪 90 年代初期，大量格斗游戏盛行在街机平台，代表作有 Capcom 公司的《街头霸王》系列、SNK 公司的《拳皇》《饿狼传说》《侍魂》系列等。90 年代后期，街机平台上出现了一些游戏新元素，如跳舞机、打鼓机、吉他机、DJ 机等，音乐与游戏的完美结合掀起了一阵音乐游戏狂潮。进入 21 世纪后，由于电脑游戏、家用机游戏及网络游戏的发展，街机游戏逐渐衰落，曾经辉煌一时的街机也渐渐退出了游戏历史舞台。

3.1.3　家用机游戏

家用机游戏是指在家用游戏机平台上运行的游戏软件程序。我们在游戏机发展史一章中已经对家用游戏机平台进行过详细的讲解，世界上第一台家用游戏机是拉尔夫·贝尔研发的"奥德赛"，之后美国雅达利公司制作的 2600 型家用游戏机是世界上第一台真正意义上的卡带式家用主机。在雅达利公司衰落之后，以任天堂和世嘉为代表的日本新一代家用机制造商开始崛起，其制作的 FC 和 MD 成为了世界家用游戏机的经典机型。随着家用机市场的发展，越来越多的游戏公司加入了家用游戏机市场的竞争，但多数都以失败告终，甚至曾经辉煌一时的世嘉公司都退出了家用机市场。20 世纪 90 年代，日本 SONY 公司凭借自主研发的 PS 系列家用游戏机杀入竞争残酷的战局，PS 的大获成功也致使任天堂公司节节败退。进入 21 世纪后，微软公司开始自主研发家用游戏机，其 Xbox 主机系列犹如一匹"黑马"，在世界家用机市场中脱颖而出，由此形成了任天堂、SONY 和微软三大家用游戏机生产商三足鼎立的局面，这种格局一直持续到了今天（见图3-4）。

家用游戏机与 PC 最大的区别是：家用游戏
机是专门为视频游戏开发的硬件平台，这种专一
性使得家用游戏机在硬件构架方面与 PC 有很大
差别；在游戏软件的设计上，家用机游戏必须要
凭借主机厂商授权的专门工具才能进行研发制
作，而 PC 游戏的研发则没有这些条件的约束和
限制；同时，家用机游戏只能在特定的平台上运行，不能随意跨平台，而 PC 游戏在兼容
性和平台移植方面更加自由。

图 3-4　家用游戏机领域的三足鼎立

在视频输出和操作方式上，家用游戏机与计算机也有很大不同。家用游戏机没有专门
的图像显示器，它需要与电视连接才能进行图像画面的输出，但近年来由于家用机游戏画
面分辨率的提升，家用游戏机也可以连接在带有 HDMI 接口的显示器上。在游戏操控方面，
家用游戏机通过专用的游戏控制手柄来操作游戏，尽管除手柄以外还有一些其他的游戏外
设，但并没有像 PC 类似鼠标和键盘的游戏设备。而随着像任天堂 Wii 这类体感游戏机的出
现，家用游戏机逐渐摆脱了过去传统的游戏控制模式，朝着更加新、奇、特的方向发展。

如今，世界三大家用游戏机生产商都凭借各自的主机产品获得了大量游戏用户的青睐
和支持，如任天堂的 Wii 系列、SONY 的 PS 系列及微软的 Xbox 系列。在游戏软件方面，
三大厂商都拥有各自的王牌独占游戏，所谓"独占游戏"就是指第三方游戏生产商与主机
厂商在合约关系下为专一家用机平台研发的游戏，也包括主机生产商旗下的自主研发游戏。
通常来说，独占游戏都是硬件厂商花高价买断的具有品牌效应的游戏系列，如任天堂的《马
里奥》系列、《口袋妖怪》系列、《怪物猎人》系列；SONY 公司的《最终幻想》系列、《战神》
系列、《GT 赛车》系列；微软的《光晕》系列、《战争机器》系列等。

2013 年，美国任天堂公布，其 3DS 掌机系列在美国本土的
全年销量突破 1150 万台，而全年游戏销量则突破了 1600 万（包
括实体版和数字下载版），与 2012 年同比提升 45%。这也充分说
明了，在未来家用机市场的竞争中，游戏机一味做硬件堆砌与升
级的比拼并没有实际意义，而高质量的独占游戏和充实丰富的游
戏体验才是游戏机厂商常胜的法宝。

游戏手柄发展史

3.1.4　掌机游戏

便携式家用游戏机通常是将游戏主机、显示屏与控制手柄结合在一起，所以习惯上人
们也将其称之为"掌上游戏机"，简称"掌机"。掌机游戏是在便携式掌机上运行的游戏软

件或程序。便携式掌机最早是从家用游戏机领域分化发展起来的门类。由于家用机体积庞大，同时需要连接电视，给玩家造成了不便，为了摆脱种种束缚、随时随地享受电子游戏的乐趣，于是促成了便携式游戏机的诞生。

1976 年，由美国 Mattel 公司开发的 Mattel Electronics Handheld Games 系列是世界上最早的便携式掌机。1980 年，日本任天堂公司正式发售了由横井军平制作的 Game&Watch 掌机，由此掌机进入了印刷液晶屏幕的时代。1989 年，任天堂公司推出的 Game Boy 掌机，使游戏不再像以前一样是固化在游戏主机上的，而是采用游戏卡带作为载体，同时其点阵式液晶屏也给世界掌机界带来了巨大的革命。随后，众多游戏厂商纷纷加入了便携式掌机的市场竞争，包括日本世嘉公司、NEC、SNK、BANDAI 等，但大多由于体积和耗电量过大及缺乏游戏软件支持等原因而失败。2004 年，SONY 公司发售的 PSP 掌机开启了便携式游戏机的新时代，超强的硬件配置使其拥有不输于家用机的性能。同年，任天堂公司的

电子游戏操控交互的
发展与变革

DS 掌机面市，其独创的双屏幕设计获得了大量用户的青睐，随后任天堂又在 DS 掌机的基础上加入了裸眼 3D 的视觉效果，再加上大量新颖独创的游戏软件，让其掌机系列获得了更强的生命力。

便携式掌机与传统家用游戏机相比最大的优势就是便携性，随时随地可以体验电子游戏的乐趣。对于模拟养成类、文字类及休闲类的电子游戏来说，通过掌机这种形式可以获得最佳的娱乐体验。现如今，掌机已经开始向综合化便携娱乐平台的方向发展，而不再是只能玩游戏的单纯游戏机，除游戏外还集成了诸如上网、影音、

拍摄、GPS（见图 3-5）、社交等众多功能。显然，便携式掌机将是未来游戏机发展的主流方向。

图 3-5　PSP 掌机的 GPS 导航功能

3.1.5　手机游戏

在全球进入移动网络时代后，移动电话逐渐取代了固话通信，成为了人们主要的通信工具。随着手机硬件技术的发展，手机的功能已经不再局限于打电话和发短信，越来越多

的附加功能出现在了手机设备上，而手机游戏就是其中之一。

手机游戏是指运行于手机上的游戏软件或程序。目前编写手机程序时用得最多的是JAVA语言，即J2ME；其次是C语言。随着科技的发展，手机的功能越来越多，也越来越强大。从1998年诺基亚推出第一款手机游戏《贪吃蛇》到现在，手机游戏已作为数码领域一个重要的科技产业而存在，从黑白游戏到彩色的JAVA游戏，再到如今可以和掌机游戏相媲美，手机游戏成为了一种具有很强的娱乐性和交互性的复杂电子娱乐形态。

随着智能化手机的发展，手机已经成为了一台小型的综合化掌上电脑，它几乎具备了PC所能提供的一切功能，这为手机游戏的存在和发展提供了良好基础。另外，手机游戏存在庞大的潜在用户群，全球在使用的移动电话已经超过70亿部，而且这个数字每天都在不断增加，手机游戏潜在的市场比其他任何游戏平台都要大得多。

智能手机的发展同时带动了平板电脑的出现，平板电脑也叫平板计算机（Tablet Personal Computer，Tablet PC），是一种小型的、方便携带的PC，以触摸屏作为基本的输入设备。它的触摸屏允许用户通过触控笔或数字笔来进行操作而不是传统的键盘或鼠标，用户可以通过内建的手写识别、屏幕上的软键盘、语音识别等方式来进行输入。其实，平板电脑和智能手机都属于同一平台下的产物，其硬件构架和配备基本相同，从另一个角度来说，平板电脑就是一台放大化的智能手机。所以今天当我们提到手机游戏时，并不仅仅指的是移动电话平台下的游戏，同时也包括平板电脑平台下的游戏，或者也可以称之为"移动平台游戏"。如今智能手机和平板电脑平台下热门的游戏主要有以下几类。

1．跑酷类游戏

跑酷类游戏是主要考验和训练游戏玩家本能反应的一种游戏类型，需要玩家在快速移动中对周遭事物和环境做出正确且合理的判断与行为。近年来以《神庙逃亡》为代表的跑酷游戏风靡世界，这些游戏在跑酷概念的基础上，加入了细致的角色养成玩法，从而让简单的游戏充满了重复挑战的乐趣和成就感。

2．塔防类游戏

塔防类游戏是指通过在游戏地图上建造炮塔或类似防御设施，以阻止游戏中敌人进攻的一种策略型游戏。在塔防游戏中，敌人并不会主动攻击炮塔，当敌人被消灭时，玩家可以获得奖金或积分，用于购买炮塔或升级炮塔。敌人分为多个波次进攻，大部分塔防会在一波后暂停一定时间，让玩家以积分升级或增加炮塔。玩家在生命值范围内，如果炮塔不能消灭敌人，敌人到达指定地方后，就会减少生命值。随着玩家炮塔能力的提升，怪物的数量、能力也会提升。移动平台上最经典的塔防游戏是2009年美国PopCap Games公司制作的《植物大战僵尸》，游戏一上市立刻受到用户的青睐，成为下载量最多的手机塔防游戏（见图3-6）。

3．卡牌类游戏

手机卡牌游戏是指将游戏中的角色或怪物以卡牌的方式来代表，然后利用各种卡牌和战略跟对方进行对战的游戏类型。从2012年开始，卡牌类游戏飞速发展，成为了手机游戏中用户群体最广的游戏类型。现在的卡牌游戏在之前单纯的卡牌收集要素的基础上，加入了策略、回合、经营、养成等其他各种千变万化的玩法，同时加上网络化的游戏平台，卡牌游戏逐渐成为了复杂的综合化网络游戏。国内卡牌游戏的代表有《我叫MT》《大掌门》《百万亚瑟王》（见图3-7）等。

 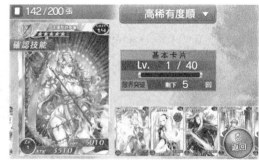

图3-6 《植物大战僵尸》游戏画面 　　　图3-7 日本SQUARE公司的卡牌手游《百万亚瑟王》

除此以外，一些传统的游戏类型，如动作游戏、RPG游戏、射击游戏、竞速游戏等也都是手机游戏中常见的游戏类型。另外，随着硬件平台性能的提升，智能手机和平板电脑上也出现了大量画面精细的大型3D游戏和MMORPG网络游戏。手机游戏与其他平台游戏最大的区别在于其触摸屏的操控方式，用户可以在触摸屏上利用手指进行点触、滑动等方式来控制游戏，同时机器内置的水平陀螺仪及重力感应系统更让手机游戏呈现出了区别于传统游戏平台的新颖奇特玩法和独特魅力。

3.2 按存储载体分类

电脑游戏和电子游戏虽然都属于虚拟的游戏娱乐，但虚拟游戏作为一种产品或者说商品，其实从诞生之初就是以实体的形式而存在的。游戏的实体就是用来存储和容纳游戏的一种载体，随着时代的进步，游戏的载体也在发生着变化。最初的电脑游戏和电子游戏都是被固化在硬件主机上的，我们可以把硬件的主板看作当时游戏的载体。后来随着计算机软驱和软盘的出现，电脑游戏开始利用软盘来进行存储，这时的游戏载体就是软盘。再后来，随着卡带和光盘的出现，游戏的载体又一次发生了巨大的变化。在本节中我们将以游戏的载体为标准，对不同时代的虚拟游戏进行分类和定义。

3.2.1 软盘游戏

在早期的电子计算机时代，程序都是固化在硬件设备主板上的，程序只能在计算机内部进行编写，不能导出、外部存储及转载。20世纪70年代初期，IBM公司推出的全球第一台PC，无疑为计算机行业带来了革命性飞跃，但是IBM的System 370计算机面临的一个问题就是，这种计算机的操作指令存储在半导体内存中，一旦计算机关机，指令便会被抹去，所以计算机存储介质的研发成为了关键。

1967 年，美国 IBM 公司推出了世界上第一张"软盘"，直径 32 英寸，这是电子计算机领域中出现最早的可移动存储介质，软盘的读写通过计算机上的软盘驱动器来完成。1971 年，美国人阿兰·舒加特发明制作出一种直径 8 英寸的、表面涂有金属氧化物的塑料质磁盘，这就是我们所说的标准软盘的鼻祖，但当时它的容量仅有 81KB。1976 年，阿兰·舒加特又研制出了 5.25 英寸的软盘，售价 390 美元，后来用在 IBM 早期的 PC 中。阿兰·舒加特离开 IBM 后创办了如今世界著名的希捷（Seagate）公司，他也被尊为计算机磁盘之父。1979 年，日本 SONY 公司推出了 3.5 英寸的双面软盘，容量为 875KB，到 1983 年软盘容量已达 1MB。发展到 90 年代，3.5 英寸 /1.44MB 软盘（见图 3-8）成为了 PC 的标准数据存储和传输方式之一。

在软盘出现以后，各种软件和程序可以通过软盘来进行存储、复制和读取，从此软件走向了实体销售的商业化道路，这其中也包括电脑游戏软件。早期商业化的电脑游戏产品同样都是利用软盘来进行存储和销售的，尤其在 20 世纪 80 年代末到 90 年代初期，PC 市场上流行着大量利用软盘作为载体的电脑游戏软件，这

（a）软盘驱动器　　（b）3.5 英寸标准软盘

图 3-8　软盘驱动器和 SONY 3.5 英寸标准软盘

也就是我们所说的"软盘游戏"。软盘游戏并不仅仅指的是 PC 游戏，任天堂曾经在 FC 和 SFC 家用游戏机上也配置了带有软盘驱动器的读取设备（见图 3-9），所以凡是利用软盘作为存储载体的游戏都可以算作软盘游戏。

在 PC DOS 时期的电脑游戏基本都是软盘游戏，当时经典的游戏包括《波斯王子》《模拟城市》《猴岛小英雄》《鬼屋魔影》系列、《神秘岛》系列、《魔法门》系列、《大航海时代》《命令与征服》《文明》系列，等等。国内的原创经典游戏包括《大富翁》系列、《仙剑奇侠传》《轩辕剑》《金庸群侠传》《侠客行》《天使帝国》，等等。但随着电脑游戏的迅猛发展，1.44MB 的容量已经难以满足游戏的储存，尤其是到了 20 世纪 90 年代以后，游戏的容量越来越大，往往需要数张软盘才能装下一部完整的电脑游戏（见图 3-10）。

图 3-9　任天堂 SFC 主机配套的软盘驱动器

图 3-10　需要 12 张 5.25 英寸软盘才能装下的《仙剑奇侠传》

1998 年，苹果推出的第一代 iMac，是第一台舍弃软盘驱动器的计算机。戴尔 2003 年推出的 Dimension 台式机也放弃了软盘支持，之后标配软驱的计算机越来越少。2007 年 2 月，欧洲最大的计算机零售连锁店 PCWorld 宣布停止销售软盘驱动器和软盘。2009 年 9 月，索尼公司宣布，公司全面停产 3.5 英寸软盘驱动器产品。到 2011 年 3 月，拥有软盘市场 7 成份额的索尼公司正式结束在日本销售软盘。到此，软盘这一拥有 30 多年历史的游戏载体，宣告正式退出历史的舞台。

3.2.2　卡带游戏

卡带游戏是指利用卡带作为存储载体的电子游戏。游戏卡带主要出现在家用游戏机领域，最早使用卡带作为游戏存储介质的游戏机是美国雅达利公司于 1974 年推出的自主研发的《Pong》家庭版游戏机，之后雅达利 2600 型家用游戏机正式开启了卡带式游戏机时代。在 8 位和 16 位家用游戏机时代，几乎所有的游戏机都采用了卡带式的设计，包括 FC、SFC、MD、GB 等（见图 3-11）。

早期的游戏卡带对于游戏数据的记忆和存储方式主要分为 SRAM、EEPROM、Flash、FRAM 和 PASSWORD 等（见图 3-12），下面分别加以简单介绍。

图 3-11　各种不同游戏机的游戏卡带　　　　图 3-12　不同存储类型的游戏卡带

SRAM，即静态随机存取存储器，这是大多数卡带采用的存档方式。SRAM 需要电池来维持其工作，一旦电池断电，它储存的数据也将随之消失。例如，世嘉 MD 家用游戏机的 SRAM 卡带采用 CR2032 电池供电，电池以点焊方式固定，优点是接触性好，不会出现接触不良而导致的丢档现象，缺点是普通玩家难以更换焊死的电池。

EEPROM，又称 E2PROM，是一种可擦可编程的只读存储器，无需电池供电，属于芯片记忆。当然，SRAM 也是芯片记忆，但由于它需要电池供电，所以通常把 SRAM 卡带简称为电池存档卡带。

Flash，即闪存存储器。Flash 记忆的好处是：比 EEPROM 的容量大，同时比 SRAM 安全，一般不会损失数据。但不同厂家的 Flash 要用不同的驱动代码，一般来说开发人员要将不同厂家的驱动都放在软件中，通过读 Flash 的 ID 来判别厂家型号。

80

FRAM，即铁电存储器，不需要电压即可保存数据，这也是 FRAM 的最大优势。FRAM 记忆方式除了不要电池来维持外，其他各方面都和 SRAM 记忆的卡带一样。FRAM 具有和 Flash 一样的不需要电池的好处，同时有比 Flash 更快速的读写速度，任天堂后期的卡带大多采用了这样的方式来制作。

PASSWORD，即密码式记忆。这是一种特殊的游戏存储和记忆方式，密码有活密码和死密码两种，活密码即游戏将人物的状态、道具和关卡等要素生成密码。而死密码则是每个关卡的密码是固定的，死密码很短。密码记忆的原理类似于书签，例如，某本小说的某段剧情是第 101 页第 3 段，那么生成的密码就是 101-03，当你再次看书时按照这个密码翻到第 101 页找第 3 段即可，游戏同理，只不过是寻找 ROM 的内存地址。

随着游戏技术的发展和游戏自身容量的扩大，同时考虑生产成本的关系，在家用游戏机进入 32 位时代后，以世嘉 SS 和索尼 PS 为代表的游戏机都放弃继续使用卡带作为游戏载体，而是开始应用光盘来存储游戏，从此游戏卡带逐渐淡出人们的视野。如今，除了任天堂公司的 3DS 及索尼公司的 PSV 掌机还在使用游戏卡带（见图 3-13）外，几乎在任何其他新出的电子游戏设备上都再也见不到游戏卡带的身影了。

图 3-13 PSV 和 3DS 卡带

3.2.3 光盘游戏

光盘游戏是指利用光盘作为存储介质和载体的电脑游戏或电子游戏。光盘是以光信息为存储物来存储数据的一种介质载体。光盘存储技术是 20 世纪 70 年代初开始发展起来的一项新技术。光盘具有存储密度高、容量大、可随机存取、保存寿命长、工作稳定可靠、轻便易携带等一系列其他存储载体无可比拟的优点，特别适合大数据量信息的存储和交换。

最早的光盘被称为"CD"，CD 格式在 1982 年就已经问世。1985 年，飞利浦公司和索尼公司共同发布了适用于 PC 的 CD-ROM 格式，它不仅可以交叉存储大容量的文字、声音、图形和图像等多种媒体的数字化信息，而且便于快速检索，因此 CD-ROM 驱动器很快就成为了多媒体计算机中的标准配置之一。1989 年，日本 Taiyo Yuden 公司开发出一种表面包有有机纯基的 CD 媒体，这种媒体能通过一个可在光盘上写信息的专门设备进行记录，同时所写的光盘能被任何 CD-ROM 驱动器读取，这种光盘存储被称为"CD-R"。

CD 诞生之后迅速发展为了世界范围内最为流行和通用的移动存储载体，它的出现也推动了电脑游戏技术的发展。1994 年，当人们对游戏的印象还停留在 3.5 英寸软盘的时候，《神秘岛》却破天荒地采用了满满一张 CD，这是最早利用光盘作为存储媒介的电脑游戏，到了《神秘岛 2》的时候，光盘容量已经扩充到了 5 张（见图 3-14）。相比软盘 1.44MB 的可怜容量，CD 可以装载 700MB 数据。容量上的巨大提升，带来的是在当时看来精美绝伦、气势恢宏的画面表现。那一年，有许多游戏玩家为了尝试《神秘岛》而购置光驱，甚至有评论说，是《神秘岛》带动了 CD-ROM 的发展。

图 3-14　用 5 张 CD 光盘作为载体的《神秘岛 2》

初代《神秘岛》的最终销量高达 600 多万套，在 2002 年 EA 的《模拟人生》问世前，它一直是全球最畅销的电脑游戏。软盘和此前的任何一种介质，都无法承载如此精美的画面，游戏界逐渐意识到，媒介的变化将带来游戏内容的革新。

对于游戏机领域来说，最早装载 CD-ROM 的游戏机出现在 1988 年，日本 NEC 公司为其在 1987 年推出的 PC-E 家用游戏机加装了 CD-ROM 光驱，PC-E 成为了世界上第一台搭载 CD-ROM 系统的家用游戏机。在进入 32 位游戏机时代后，世嘉的 SS、松下的 3DO、索尼的 PS 等游戏机也都开始应用光盘作为游戏存储载体，任天堂公司直到 NGC 主机才将游戏卡带换为光盘存储，而任天堂也因这一不顺应时代发展的行为而得到了不小的教训。

1994 年，CD 的下一代 DVD 格式存储光盘发布，DVD 以 MPEG-2 为标准，索尼公司推出的单层 DVD 容量为 3.7GB，东芝公司推出的双层 DVD 容量为 8.5GB。索尼于 2000 年推出的 PS2 游戏机是当时世界上价格最低的 DVD 播放器，究其原因，正是为了推广它制定的 DVD 标准。之后微软的 Xbox 及任天堂的 NGC、Wii 等家用游戏机也陆续采用 DVD 作为游戏媒介。

在这一时代，除了 CD、DVD 等格式的光盘媒介外，也出现过特殊格式的光盘。例如，2005 年，索尼电脑娱乐（SCE）自主研发的 UMD 光碟（全称为 "Universal Media Disc" 译为 "通用媒体光碟"）。UMD 尺寸为 65mm×64mm×3.2mm，具有塑料保护外壳（见图 3-15）。UMD 碟采用 660 纳米红光镭射双层记录方式，最高容量为 1.83GB，UMD 光盘只有只读格式，使用 128BIT AES 加密技术。UMD 碟被用作索尼便携式掌机 PSP 的游戏存储光碟，不过在索尼的计划中，这种新一代小型光碟将会广泛应用到各种影音产品中，索尼集团旗下的索尼音乐、索尼电影等都推出了采用 UMD 存放的 MTV 和电影。到 2013 年，UMD 有了 "UMDAudio" 和 "UMDVideo" 两种规格，采用了新一代的 H.264/AVC 影像压缩标准及索尼自主制定的 ATRAC3 Plus 音频压缩标准。

图 3-15　索尼以 UMD 作为存储的 PSP 游戏

　　相比游戏机市场对于 DVD 的热衷，电脑游戏厂商的步伐要相对缓慢一些。在 2003 年的国内市场上，DVD 与 CD 的比率约为 4∶6，当时 4 张 CD 几乎成为了国产游戏的标准容量，而《心跳回忆 2》与《樱花大战 2》等游戏的容量都高达 8 张 CD，游戏安装时需要反复换盘，使用十分不方便。直到 2007 年，电脑游戏才普遍使用 DVD 作为游戏媒介。然而时至今日，游戏的容量已经逐渐超出 DVD 的能力范围，《质量效应》《龙纪元》《全面战争》等游戏所需存储空间的大小都在 10～20GB 之间，微软《模拟飞行 10》的专业套装甚至达到了前所未有的 350GB，共 90 张 DVD 的容量令人震惊。这一切也促使了新一代存储光盘的诞生。

　　1998 年，飞利浦与索尼公司率先发表了下一代光盘的技术论文，并着手开发单面单层实现 23～25GB 的技术方案。2002 年，以索尼、飞利浦、松下为核心，联合日立、先锋、三星、LG、夏普和汤姆逊共同发布了 0.9 版的 Blu-ray Disc（缩写为 BD）技术标准（见图 3-16），由此 DVD 的下一代存储光盘诞生。Blu-ray 的意思为蓝光。蓝光是迄今为止最先进的大容量光碟格式，因使用蓝色激光读取和写入而得名，它可以提供超过传统 DVD 存储容量约 5 倍的空间，单层存储容量约 25GB，双层存储约 50GB。在速度上，蓝光的单倍 1× 速率为 36Mbit/s，即 3.5MB/S，允许 1×～12× 倍速的记录速度，即每秒 3.5～54MB/S 的记录速度。DVD 的画面分辨率是 720×576（PAL 制式）或 720×480（NTSC 制式），每幅画面的有效像素数量为 35 万，而 BD 的分辨率则是 1920×1080，有效像素是 207 万，是 DVD 的 5 倍多。另外 BD 画面的色彩饱和度和亮度远远高于 DVD，色彩还原能力也比 DVD 高出数倍，画面非常细腻逼真。

　　蓝光技术以其超大容量、高速读取、坚固耐磨成为了新一代的存储标准。在电影行业，蓝光在海外市场上已经逐渐取代了 DVD 格式，其 1080P 高清规格成为了家庭视频影像的新标准。在电子游戏领域，索尼率先推广蓝光技术，搭载蓝光光驱的 PS3 描绘了新一代游戏的真正面貌。热门游戏《黑色洛城》PS3 版只需要一张蓝光光盘（见图 3-17），而仅配备 DVD 光驱的 Xbox 360 版则需要在 3 张 DVD 中进行切换。《星之海洋 4》《最终幻想》等游戏也同样如此。

图 3-16　蓝光媒体格式的 LOGO

图 3-17　《黑色洛城》PS3 版蓝光光盘

　　尽管蓝光光驱已经成为中高端计算机的标准配置，然而和 DVD 时代的表现一样，电脑游戏仍然要落后于家用游戏机行业。到 2010 年，市面上仍然没有一款电脑游戏采用蓝光格式作为存储媒介。直到 2011 年 7 月，盛大游戏宣布在国内推出大型 MMO 网络游戏《永恒之塔》的蓝光客户端。《永恒之塔》是韩国 NCSOFT 公司制作的"次世代"网游，在当时的画面视觉效果上实现了革命性的突破，其光影效果与景深感让人沉醉，游戏角色的细节也远远超过同类游戏，强大画面效果所带来的是游戏容量的大幅度提升，应用蓝光存储也成为了必然结果。利用蓝光作为存储的游戏客户端玩家只需一张光盘即可完整安装游戏，而之前的 DVD 版客户端需要 3 张光盘。得益于蓝光的超大容量和媒体兼容性，光碟内还特别收录了游戏影像，玩家可以直接通过 PS3 或蓝光播放机观看精彩视频。随着蓝光技术的普及，我们相信会有越来越多的电脑游戏应用蓝光作为存储载体。

3.2.4　数字游戏

数字游戏是指通过互联网复制到游戏终端设备的下载版游戏。数字游戏是网络时代新型的游戏传载方式，与传统的游戏载体相比，数字版并不是以类似软盘、光盘、卡带等实体的形式出现，实际上它只是一种网络数据，只能在终端游戏设备之间进行相互转移和复制。

在电脑游戏领域，最早的数字版游戏是随着 Steam 游戏平台（见图 3-18）而兴起的。Steam 平台是一个由 Valve 公司开发，集数字发行、数字版权管理、多玩家游戏、在线交流于一体的多功能平台。无论是独立开发者，还是大型的软件公司，都可以通过该平台进行游戏及相关媒体的发布。2003 年，Steam 系统与《反恐精英 1.6》一起问世，到

图 3-18　Steam 游戏平台

目前为止，其运作十分成功，无数游戏发行公司的游戏在此平台上发行和更新。

用户可以通过 Steam 平台对各种数字版游戏进行购买和下载，对于已经下载的电脑游戏，Steam 平台还可以提供联机对战、在线交流等多方位服务。Steam 平台经典的游戏包括《反恐精英》系列、《求生之路》系列、《传送门》系列、《军团要塞 2》《Dota2》等。

在家用机领域，索尼、任天堂、微软等游戏机厂商也都开放了专属的游戏平台，如索尼的 PS Store、任天堂的 E-shop、微软的 Xbox 在线商城等。这些游戏平台负责为各自专属的家用游戏机用户提供数字版游戏的购买和下载、免费试玩及各种影像和资讯的下载服务等。

与传统的游戏载体相比，数字版游戏具有下面几个明显的优势。

1．足不出户即可买到游戏

只要有一台接入网络的游戏设备就可以轻松下载到游戏软件，节省了实体软件购买的环节和时间。

2．缩减了制作成本，降低了用户购买的价格

数字游戏由于没有实体载体和包装，使得制作方成本大大降低，而游戏用户也可以以更低廉的价格购买到游戏。

3．减少了游戏损坏和丢失的风险

实体游戏如果一旦损坏或者丢失就必须要重新购买，而数字版游戏通常只需要网络账户支付购买一次，便可享受终身下载使用的服务。

4．可以享受到更多的网络服务

数字版游戏通常要通过特定的网络游戏平台才能购买，而除了游戏付费下载外，游戏平台还为用户提供诸如联机对战、在线交流、免费试玩、影像资讯下载等众多网络化服务。

5．杜绝了游戏的盗版

由于数字版游戏是通过网络联机来进行验证和登录的，这样大大降低了游戏被盗版的可能性，既保护了游戏制作者的合法权益，也规范了游戏市场的正常运行。

随着网络化和云技术的发展，数字游戏越来越成为一种普遍的游戏载体方式，随着网络游戏平台的推广和优势，数字游戏已经被大多数游戏制作厂商和游戏用户所接受，成为了未来游戏载体发展的主流方向。

3.3 按运行方式分类

3.3.1 单机游戏

除了硬件平台和存储载体外，平时我们对于虚拟游戏的初步分类和定义更多是根据其运行方式来分类的，也就是通常所说的单机或者网游，这种分类的方式是由电子游戏的发展历程所确立的习惯。下面先来介绍一下单机游戏。

单机游戏（Singe-Player Game），也称单人游戏，它是相对于网络游戏而言的，指的是可以脱离网络条件而在本机独立运行的电子游戏。对于单机游戏的分类并不限制游戏的硬件平台，既可以是 PC 游戏，也可以是家用机游戏、掌机游戏，还可以是手机游戏。

在虚拟游戏发展的初期，由于并没有互联网的存在，所以早期的电子游戏全都可以归类于单机游戏的范畴。对于电脑游戏来说，由于受到硬件和输入设备的限制，早期的游戏通常是一台计算机只能有一人进行游戏，游戏的互动方式也仅限于最单纯的人机交互。之后随着 PC 的大面积普及，多台计算机之间可以通过网线进行相互串联，这便催生了联机游戏，联机游戏允许多台计算机共同加入游戏对战，游戏的交互方式也变成了玩家与玩家之间的协同或对战模式（见图 3-19）。

而对于街机和家用游戏机来说，它们从诞生之初就与电脑游戏有着很大不同，虽然街机和家用游戏机都可以选择单人游戏模式，但它们从设计开始就存在多名玩家的输入操作设备，允许多名玩家共同进行游戏。

发展到今天，随着网络的普及，为了适应防盗版、后续内容下载服务和多人联机对战的目的，更多单机游戏也开始需要互联网支持，加入了更多的网络元素和多人游戏模式，这也是单机游戏发展的必然趋势。所以，如今单机游戏的定义也更加宽泛，只要存在单人模式内容的电子游戏我们都可以称之为单机游戏。

相对于网络游戏，单机游戏的画面通常更加细腻、真实，在游戏的剧情和音乐等方面也更加丰富和生动。单机游戏通常更偏向一种沉浸式的体验，在游戏主题的故事背景下展开的一系列游戏冒险，往往给人一种身临其境的感觉。而且，很多发展中的经典单机游戏系列，大多都如电影般讲述了一个剧情波澜起伏的精彩故事，让玩家融入其中，去体验属于自己的另一个世界，打造自己的史诗与传奇经历。单机游戏中声音和画面的完美结合，让游戏的整体表现会更加偏重于艺术性，这也是游戏被称为"第九艺术"的重要原因。例如，一些3A级别游戏大作会请来专业的演员为游戏表演，通过动作捕捉系统把演员的完美表演融入到游戏中（见图3-20），还会有些文学大师为游戏编写剧本，而请一些获得过大奖的音乐艺术家来为游戏配乐也已是司空见惯。单机游戏注重于作品本身的内涵和人文表达，这也是它与网络游戏之间最大的区别。

图 3-19　联机游戏为日后电子竞技奠定了基础　　　　图 3-20　游戏动作捕捉表演

3.3.2　网络游戏

网络游戏（Online Games，OLG）是指以互联网为传输媒介，以游戏运营商服务器和用户计算机为处理终端，以游戏客户端软件为信息交互窗口的，旨在实现娱乐、休闲、交流和取得虚拟成就的多人在线游戏。

网络游戏的概念最早是针对于单机游戏所提出的，早期的 PC 游戏和电子游戏大多为单机游戏，游戏中不提供网络化服务，所有游戏内容都是在本地主机上执行的。在进入网络化时代以后，随着 MUD 等文字类网游的兴起，网络游戏与单机游戏的界限划分日渐清晰，尤其在MMO游戏出现以后，网络游戏就被定义成为了完全独立的游戏类型。

如今，通常意义上的"网游"一般是指不含任何单机游戏内容的网络游戏，这也是现在PC平台上的主流游戏形式。而对于家用机平台来说，虽然大多数游戏都包含诸如联机对战等网络化服务，但我们仍然将其归于单机游戏的范畴，只有像PS平台的《FF14》这类MMO游戏才被定义为真正的家用机平台网游。

与传统的单机游戏相比，网络游戏具有以下特点：一、游戏体验更加真实，更加接近虚拟现实（VR）的游戏原则；二、游戏存档更加安全，由于网络游戏的所有用户数据都是保存在服务器端，所以不会出现存档丢失的情况；三、游戏的自由度大大提高，在网络游戏中没有固定的游戏玩法，尤其在MMO网游中玩家可以在游戏搭建的世界和规则下自由活动，这使得网络游戏具有了沙盒类游戏的特点；四、网游具有单机游戏所不具备的社交层面，在网络游戏中，与其他游戏玩家的沟通和交流是一个十分重要的部分，这使得网络游戏具备了与现实世界相同的社交层面；五、避免了盗版的可能，由于网络游戏大多数数据交换和计算都是在服务器端进行的，所以无法像单机游戏那样出现盗版软件。

PC平台的网络游戏从大的方面来看，分为端游和页游。端游是指客户端游戏，玩家一般要通过下载等方式在本地电脑上安装游戏客户端才能进行游戏。而页游是指网页游戏，这是近几年来发展出的一种新型网游，用户无需安装客户端，可以通过浏览器直接运行游戏。相对于端游来说，页游更加灵活，在游戏内容上也比端游更加休闲和轻松。

从游戏内容来看，网络游戏又分为MMO网游、对战类网游和休闲类网游等三大类别。MMO网游是指多人在线大型网络游戏，主要以MMORPG为代表，这也是现在网游发展的主流游戏类型。对战类网游一般是指通过网络中间服务器实现游戏对战竞技的游戏类型，大多以即时战略、FPS等游戏类型为主，如《反恐精英》《星际争霸》《魔兽争霸》《英雄联盟》（见图3-21）等。休闲类网游包含的内容比较广泛，通常在登录游戏后会以房间分组的形式进行游戏，每个游戏房间所能容纳的玩家数量有固定限制，代表游戏有《跑跑卡丁车》《劲舞团》《泡泡堂》等。

图3-21　脱胎于魔兽争霸与DOTA的新兴竞技对战网游《英雄联盟》

3.4　按游戏内容分类

在本章前两节的内容中，分别从游戏的平台和载体的角度对游戏进行了分类，在这一节中我们将从游戏内容的角度入手，介绍不同类型游戏的分类标准及含义。我们通常意义上所说的游戏类型，主要就是根据游戏内容而对其进行分类的，这也是狭义上的游戏分类标准。

在当今的游戏领域内，主流的游戏类型早已有了明确的标准，如 RPG、RTS、FPS、RAC、ACT、SIM、TAB 等。这些被确立的游戏分类其实从诞生之初就开始进入了一个循环往复的演变过程，我们将这个循环称为"类型环（Genre Cycle）"，如图 3-22 所示。

类型环所表达的正是游戏内容分类从诞生到发展进化的一种演变过程。这个概念最早是由国内资深游戏人叶展提出的，其环理论分为三个过程，而今天我们在其理论的基础上做进一步扩展和延伸，得出了由四阶段所组成的环形理论。

图 3-22　"类型环"示意图

每一种游戏类型的发展演变都可分为以下四个阶段。

1．雏形期

这是游戏类型的诞生时期，主要存在于电脑游戏或者电子游戏的萌芽时代。这一时期的游戏并不是完整形态的产品，它虽然具备了一定的类型特征，但整体来说并不系统，游戏的设计者也没有对游戏有一个明确和清晰的定位，游戏用户对此也只是处于被动接受的过程。

2．发展期

在游戏雏形期以后，游戏进入了发展时期，这段时间是伴随着游戏软硬件技术的飞速发展的时代。这一时期是游戏在原有基础上进行提升和深加工的阶段，在一定技术和经验的积累下，游戏制作者开始对游戏进行更加深入的研发和制作，游戏产品较之前有了一定的发展和进步，但仍不完善。对于游戏用户来说，这时的游戏有了一定认知度和接受度。

3．确立期

在经历了一系列的发展后，游戏进入了相对成熟的阶段，这时游戏类型的独立性基本被承认，游戏独有的特性得到了大多数人的认可和接受，并且其内容、方式和游戏规则被提炼和归纳，这就形成了明确和清晰的游戏类型。游戏得到了用户的广泛认同，并且拥有了稳定的用户群体，这些人也就是我们所说的"Fans Player（狂热玩家）"。

4．融合期

游戏类型被确立以后，游戏进入了一个稳定期，虽然不断会有一些新的要素加入游戏，但这时游戏的内容、方式和规则并不会出现大的变动。长期的固有模式会让游戏用户产生厌倦，这就促使游戏必须要进行变革，最为通用和简单的方法就是借鉴其他类型游戏的要素，将原有的游戏类型与其他类型进行融合，形成一个独创的新型游戏，这就是游戏的融合期。例如，暴雪公司的经典游戏《暗黑破坏神》，在传统角色扮演游戏类型（RPG）基础上又融合了动作游戏（ACT）的操作方式，创造出了新的动作型角色扮演游戏类型（ARPG）。游戏融合结束之后，旧有的游戏形态被打破，新的游戏类型就此诞生，于是游戏又回归到了新一轮的类型循环当中。

以上就是游戏类型的整个演变过程。下面我们再来谈一下游戏类型的分类标准和意义。

如今游戏界已经确立的游戏类型大多是根据游戏的主题、游戏规则和操作方式来分类的。例如，角色扮演游戏类型，其中角色扮演这一要素既是游戏的主题形式，也是游戏的操作方式，而角色扮演游戏又细分为回合制角色扮演和即时制角色扮演，其中回合制和即时制都属于游戏规则。再如第一人称射击游戏类型，这就是以游戏的操作方式作为游戏分类的标准。

最初，游戏分类只是对市面上流行的电脑游戏和电子游戏的语言称谓进行规范和区分，但随着游戏类型的确立和长期的固化及延续，游戏分类已经成为世界游戏领域不可分割的重要组成部分，也是游戏制作与理论体系中十分重要的内容。

规范化的分类体系可以让游戏制作者更加明确游戏的制作目标，对于一款游戏的研发制作，设计者不可能面面俱到、将虚拟游戏制作得和现实世界完全相同，这就需要设计者在制作之初就明确游戏的类型，找到实际可行的游戏主题和界限。随着技术的发展，这种界限可能在逐渐扩大，当扩大到一定程度，旧的界限就会被打破，这也就是前面我们所说的游戏融合。游戏分类体系的出现，可以使得界限的扩展在有序的状态下进行。

游戏类型的确立，可以使游戏用户更加快速便捷地找到自己喜欢的游戏，从客观上划分了游戏用户的群体。即使对于没有特定兴趣取向的休闲玩家来说，游戏类型也可以让他们通过之前相同类型的游戏经验来快速上手一款新游戏。另外，不同的游戏类型也反映了不同的游戏文化，例如，大多数 FPS 游戏是欧美游戏文化的产物，而武侠类游戏则带有明显的东方文化气息。

在前面的内容中我们讲过，游戏类型是一个不断演变的过程，游戏在融合期后还会出现新的游戏类型，所以在本节内容中我们只针对已经约定成俗并且有了明确标准的游戏类型来进行讲解和介绍。

3.4.1 角色扮演类游戏

角色扮演类游戏（Role-playing Games，RPG）是电脑游戏和电子游戏中最为常见的游戏类型，在游戏中玩家需要创建或扮演一个虚拟的游戏角色，游戏包含完整的故事情节，并以推进式的方式进行游戏。

故事情节、游戏战斗、角色升级、装备道具收集等都是角色扮演类游戏中的重要构成要素，游戏为玩家构建了一个完整的虚拟世界，玩家需要操控自己的角色与游戏中的怪物或对手进行战斗，提升游戏角色的等级和装备，同时完成游戏预先规划和布置的剧情和游戏任务。角色扮演类游戏与其他游戏类型最大的区别就是剧情的代入感和体验感，从这点来说，角色扮演类游戏与电影作品有着更为相近的关联，不同的是，电影的交互方式为被动体验，而游戏则是一种主动式的体验过程。

RPG 在长期的发展过程中，通过不断添加和融入新的游戏元素，逐渐发展出了为数众多的分支类型。从剧情主题和游戏题材来看，RPG 可以分为欧美 RPG、日式 RPG 及中国武侠 RPG。从游戏的玩法和方式来看，RPG 又可分为动作型 RPG、回合制 RPG 和策略型 RPG。另外，RPG 在进入网络化时代后，又分化发展出了 MMORPG。具体分类情况如表 3-1 所示。

表 3-1　　　　　　　　　　　角色扮演游戏的分支类型

按载体分类	单机角色扮演游戏	通常意义的 RPG
	大型多人在线角色扮演游戏	MMORPG
按题材分类	欧美角色扮演游戏	欧美文化背景下的 RPG
	日式角色扮演游戏	日式幻想风格 RPG
	国产角色扮演游戏	中国玄幻、武侠 RPG
按游戏方式分类	回合制角色扮演游戏	标准 RPG
	动作型角色扮演游戏	A·RPG
	策略战棋类角色扮演游戏	S·RPG

RPG 的历史最早可以追溯到 20 世纪 70 年代，现代 RPG 起源于欧美的桌面游戏（Table Games）。所谓的桌面游戏就是指一切可以在桌面上或者某个多人面对面平台上玩的游戏，与运动或者电子游戏相区别，桌上游戏更注重对多种思维方式的锻炼、语言表达能力及情商锻炼，并且不依赖电子设备和电子技术（见图 3-23）。从广义上来说，麻将、扑克、象棋、围棋等都属于桌面游戏的范畴。

1974 年，美国威斯康星州的一位保险公司推销员加里·吉盖克斯发明的《龙与地下城》是世界上第一个商业化的桌面角色扮演游戏（T·RPG）。其实最早的"龙与地下城"就是一种游戏规则，是以骰子（见图 3-24）为核心、结合各种各样的游戏设定所构成一种游戏玩法，由于其严谨性和复杂性加上庞大的游戏背景设定，使得"龙与地下城"在

图 3-23　龙与地下城桌游

诞生后迅速风靡全球。在随后的几十年中，"龙与地下城"的游戏规则也在不断加强和完善，随着计算机技术的发展和电脑游戏的出现，越来越多的电脑游戏也开始加入到了"龙与地下城"的阵营当中。

20 世纪 80 年代，《巫术》《魔法门》和《创世纪》三大欧美 RPG 横空出世，它们一起开创了"剑与魔法"的辉煌时代，迎来了欧美 RPG 的黄金发展时期。直到今天，"龙与地下城"仍然是大多数欧美 RPG 所遵循的经典规则体系。经典的欧美 RPG 包括《巫术》系列、《魔法门》系列、《创世纪》系列（见图 3-25）、《光芒之池》系列、《辐射》系列、《博德之门》系列、《冰风谷》系列、《暗黑破坏神》系列、《上古卷轴》系列、《龙腾世纪》系列、《巫师》系列，等等。

图 3-24　龙与地下城核心规则中各种不同形式的骰子　　图 3-25　《创世纪》游戏系列发展历程

　　在《巫术》《魔法门》和《创世纪》等欧美 RPG 的带动下，20 世纪 80 年代的日本电子游戏领域也出现了大量经典的 RPG，其中最具代表性的当属 SQUARE 公司的《最终幻想》系列及 ENIX 公司的《勇者斗恶龙》系列（见图 3-26），这两部作品也被称为日本"国民级" RPG。除此之外，日本的经典 RPG 还包括《塞尔达》系列、《浪漫沙迦》系列、《幻想传说》系列、《口袋妖怪》系列、《英雄传说》系列、《火焰文章》系列、《梦幻之星》系列、《伊苏》系列、《黄金太阳》系列、《异度装甲》系列，等等。

　　中国的 RPG 最早出现在 1987 年，是由《轩辕剑》系列游戏的创始人蔡明宏所制作的《屠龙战记》。20 世纪 80 年代末 90 年代初期，精讯公司发行的《侠客英雄传》和智冠公司的《神州八剑》都是中国最早一批 RPG 的代表作。之后进入 90 年代，以《仙剑奇侠传》和《轩辕剑》为代表的神风武侠 RPG 正式拉开了国产 RPG 的序幕。在进入网络游戏时代以前，RPG 一直都是国内自主研发游戏的主要类型。经典的国产 RPG 包括《仙剑奇侠传》系列、《轩辕剑》系列、《侠客英雄传》系列、《剑侠情缘》系列、《金庸群侠传》（见图 3-27）、《武林群侠传》《天地劫》系列、《圣女之歌》系列、《刀剑封魔录》系列、《秦殇》《幻想三国志》系列，等等。

图 3-26　日本"国民级" RPG《勇者斗恶龙》系列

图 3-27　河洛工作室的《金庸群侠传》是国内最早加入沙盒概念的游戏

RPG 最初大多为单机游戏，少数支持局域网联机对战。进入网络时代后，RPG 逐渐发展出一种全新的形态——MMORPG，即大型多人在线角色扮演游戏（Massively Multiplayer Online Role Playing Games）。MMO 游戏为玩家建立了一个类似于虚拟社会的环境和相应的规则，每个游戏参与者都在其中扮演一个虚拟角色。在游戏世界中包含了多种角色、怪物、敌人、建筑、城市、迷宫及各种险峻的地形，玩家所扮演的角色在这个虚拟世界中通过旅行、交谈、交易、打斗、探险及解谜等得到不断的提升，从而让游戏操控者得到巨大的精神满足。最为著名的 MMORPG 当属美国暴雪娱乐公司（Blizzard Entertainment）所研发制作的《魔兽世界》，《魔兽世界》从 2005 年正式上市后运营到现在，全球累计注册用户达 2000 多万人，创下全球玩家人数和累计盈利最多的网络游戏世界纪录，堪称世界游戏史上具有里程碑意义的 MMORPG。

3.4.2　动作类游戏

动作类游戏（Action Games，ACT）。是电脑游戏和电子游戏领域出现最早的游戏类型之一，也是现在最为常见的游戏类型。动作类游戏主要强调人机互动的即时感，通常是为玩家提供一个训练手眼协调及反应力的环境，要求玩家所控制的游戏角色根据周围情况变化做出一定的动作反应，如移动、跳跃、攻击、躲避、防守等，来达到游戏所要求的目标。

动作类游戏是一个宽泛的概念，它有广义和狭义之分。广义上的动作类游戏是指一切以"动作"要素作为主要游戏方式的即时交互性游戏，从这个角度来看，如今的射击游戏、体育游戏、ARPG 等类型的游戏都可以算作动作类游戏。而狭义上的动作游戏是指以肢体打斗和冷兵器作为主要战斗方式的闯关类游戏，这也是如今通常意义上动作类游戏的定义方式。

在动作游戏中，玩家控制游戏角色用各种武器消灭敌人以达到过关的目的，有些动作游戏也可以与其他玩家进行对战。动作游戏重视夸张、爽快的动作感，讲究逼真的形体动作、火爆的打斗效果、良好的操作感及复杂的攻击组合等。动作游戏与 RPG 最大的区别就是对于剧情的依赖程度，RPG 中的剧情是游戏进行的主要推动因素，而动作类游戏中的剧情主要用于衔接关卡和简要交代游戏背景。

动作类游戏一向是家用游戏机领域的重要游戏类型，最早的经典动作游戏诞生于 1985 年，是任天堂在 FC 平台上推出的《超级马里奥兄弟》（见图 3-28），凭借之前《马里奥兄弟》游戏中的角色人气积累，加上《超级马里奥兄弟》游戏中流畅的动作操控及有趣的关卡设置，使得该游戏一上市便大获成功，成为了 FC 家用游戏机的代表作品，树立了横版过关类游戏的标杆，全世界大多数游戏玩家对于动作类游戏的认识也源于这部经典游戏。

在电脑游戏平台，最早的标准意义上的动作游戏诞生于 1989 年，是由美国人乔丹·麦其纳创办的 Broderhund 游戏公司研发制作的《波斯王子》（见图 3-29），它的最初版出现在苹果Ⅱ型PC上，因为硬件条件和开发环境的限制，当时的游戏画面十分粗糙，就如同几个色块在屏幕上活动，而且音效也极其单调。因此，游戏制作者将全部精力放在了游戏趣味的提升上，最终《波斯王子》凭借巧妙绝伦的关卡设计及有趣的动作解谜要素博得了玩家的青睐，开创了PC平台动作冒险类游戏的先河。之后，《波斯王子》又被移植到FC、MD等各种平台。

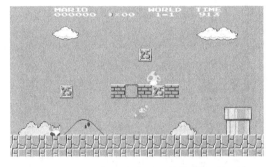

图3-28　FC平台上经典的《超级马里奥兄弟》

图3-29　《波斯王子》初代的游戏画面

动作类游戏在长期的发展过程中融入了其他游戏类型的要素，逐渐发展出了各种分支形态类型，如表3-2所示。尤其是格斗类游戏，已经逐渐发展成为了一种成熟的游戏体系和游戏类型。格斗类游戏（Fighting Games，FTG）具有明显的动作游戏特征，也是动作游戏中的重要分支，通常是将玩家分为两个或多个阵营相互对战，使用各种格斗技巧击败对手来获取游戏的胜利。格斗游戏强调游戏角色的细节及角色招式的设定，最为注重游戏的操作感和复杂的组合招式技能等。

表3-2　　　　　　　　　　　　动作类游戏的分支类型

	横版过关类动作游戏	传统意义的动作游戏
按画面形式分类	2D动作游戏	2D画面的动作游戏
	3D动作游戏	3D画面的动作游戏
按游戏方式分类	传统动作游戏	标准ACT
	动作冒险类游戏	融合了冒险解谜要素的ACT
	格斗类游戏	FTG
	动作射击游戏	融合了射击游戏要素的ACT
	动作型角色扮演游戏	A·RPG
	音乐动作游戏（Rhythm Action games，RAG）	融合了音乐、节奏打击等要素的游戏类型

最早的格斗游戏诞生于1985年，是在FC平台上发售的《功夫》，其许多设定延续到后来，成为很多格斗游戏的标准规范。例如，游戏中首次出现了一个摇杆和"P""K"两个攻击键的经典设定。《功夫》一经推出，迅速在市场中获得了成功。《功夫》在当时是作为动作类游戏而出现，之后Capcom公司的《街头霸王》（见图3-30）正式开创了格斗游

戏的新时代，Capcom 也成为了著名的格斗和动作游戏制作公司。

最早的 3D 格斗游戏出现在 1993 年，是由世嘉公司制作的一款街机游戏，名为《VR 战士》。虽然用今天的眼光来看，《VR 战士》的 3D 角色和场景非常粗糙，但是由于其极高的游戏性，在推出之后就引爆了街机市场，引起了巨大的轰动（见图 3-31）。1994 年，《VR 战士》被移植到世嘉的 SS 家用游戏机上，同样成为了家用机史上第一款 3D 格斗游戏。《VR 战士》的出现为日后 3D 格斗游戏的发展指明了方向。

图 3-30　经典格斗游戏《街头霸王》

图 3-31　世界上最早的 3D 格斗游戏《VR 战士》

家用游戏机平台上经典的动作类游戏包括《马里奥兄弟》系列、《战神》系列、《怪物猎人》系列、《鬼泣》系列、《三国无双》系列、《鬼武者》系列、《忍者龙剑传》系列、《合金装备》系列、《侠盗车手》系列、《恶魔城》系列、《洛克人》系列、《索尼克》系列等。PC 平台上的经典动作游戏有《波斯王子》系列、《古墓丽影》系列、《刺客信条》系列、《雷曼》系列、《分裂细胞》系列等。经典的格斗游戏有《街头霸王》系列、《VR 战士》系列、《拳皇》系列、《恶狼传说》系列、《侍魂》系列、《生死格斗》系列、《铁拳》系列、《真人快打》系列等。

3.4.3　冒险类游戏

冒险类游戏（Adventure Games，AVG）是玩家操控游戏角色进行虚拟冒险的游戏类型。冒险类游戏与 RPG 一样都具有游戏剧情的设定，与 RPG 所不同的是，RPG 除剧情外的核心要素是游戏的战斗部分，而 AVG 则是以破解谜题为核心要素，所以，"解谜"是冒险类游戏与其他游戏类型最大的区别。冒险类游戏侧重于探索未知、解决谜题等情节化和探索性的互动，强调故事线索的发掘，主要考验玩家的洞察力和分析能力。

由于受技术限制，早期的冒险类游戏主要是通过文字的叙述及图片的展示来进行的，比较著名的游戏有《亚特兰第斯》系列、《猴岛小英雄》系列（见图 3-32）等。早期冒险类游戏的目的一般是借游戏主角在故事中的冒险解谜来锻炼玩家揭示秘密和谜题的能力，因此这更像是一种智力类游戏。

随着硬件技术和游戏制作技术的发展，越来越多的冒险类游戏融入了"动作"要素，发展出了动作冒险类游戏（Action Adventure Game，AAG），这类游戏属于动作游戏和冒险游戏的结合体。在动作冒险类游戏中，解谜仍然是游戏的核心要素，但在剧情推动下的游戏交互方式变得更加紧张和刺激，玩家需要利用精湛的操控，让虚拟角色躲避游戏中设置的各种陷阱、机关等，动作成为了与解谜同等重要的游戏要素。

动作冒险类游戏在发展过程中又分化出了一种分支游戏类型——恐怖类游戏。恐怖类游戏与恐怖电影的意义十分相近，都是指作品的题材以恐怖和惊吓为主，由于游戏强烈的临场体验感，恐怖游戏能带给人们比恐怖电影更强烈的感官刺激。虽然这种游戏类型在今天并没有成为独立的游戏类型，但恐怖类游戏在全球游戏市场中仍然占有一席之地，尤其在日本家用游戏机市场，以《生化危机》《寂静岭》等为代表的恐怖游戏受到了大量游戏玩家的青睐（见图3-33）。

图3-32 《猴岛小英雄》初代的游戏画面

图3-33 《生化危机》开创了恐怖冒险游戏的先河

另外，还有一种日式AVG，此类游戏既不属于动作式AVG也不属于解谜型AVG。所谓日式AVG，就是在最初的文字冒险游戏的基础上利用精美的CG图片和动人的音响效果加以强化，凭借优秀的文字和剧情打动人心的一种游戏形式。例如，著名日式AVG厂商KID公司的《秋之回忆》系列（见图3-34）淡化了玩家的指令，通常是通过角色动作和语言的分支选项来推动游戏的进程，这类游戏也称为互动式电子小说，如《第七夜》《夜行侦探零》等游戏都属于这种类型。

图3-34 《秋之回忆》的游戏画面

日式AVG在本质上和《心跳回忆》这种恋爱养成类游戏有很大的区别。日式AVG相比其他游戏而言，往往描写更细致，情节更动人，具有更高的内涵，且文字量大，引人入胜的剧情是其主要魅力，游戏更侧重观赏和阅读式的单向体验；而恋爱养成类游戏则侧重于交互式的双向体验。日式AVG的剧本一般出自专业作家之手，文学性极强，题材涉及面广，包括爱情、侦探、恐怖等。日式 AVG 通常都有多个结局，如著名的《恐怖惊魂夜》就包含多达 10 个剧本的 44 个结局，这种非线性的故事结构对作家来说也是一个巨大的挑战。此外，日式 AVG 还可以和其他游戏类型相结合，产生新的游戏模式。例如，日本世嘉公司的《樱花大战》系列就是日式 AVG 与策略战棋类游戏（SLG）结合的典型例子，GBA 版的《SD 高达 G 世纪》也是采取了类似的游戏模式。表 3-3 所示为冒险类游戏的不同分支类型。

表 3-3	冒险类游戏的分支类型	
	文字类冒险游戏	TAG
	图像类冒险游戏	GAG
按游戏方式分类	动作类冒险游戏	AAG
	日式 AVG 游戏	J·AVG
	休闲解谜类游戏	PAG

经典的冒险类游戏包括《亚特兰第斯》系列、《猴岛小英雄》系列、《神秘岛》系列、《生化危机》系列、《寂静岭》系列、《零》系列、《鬼屋魔影》系列、《寄生前夜》系列、《古墓丽影》系列、《密室逃脱》系列、《大神》系列、《时空幻境》《机械迷城》《秋之回忆》系列、《樱花大战》系列、《AIR》《传送门》系列等。

3.4.4 策略类游戏

策略类游戏（Simulation Games，SLG）是玩家在游戏环境中利用各种资源进行模型策略对战的游戏类型。在策略类游戏中，为玩家提供了一个可以做逻辑思考及策略、战略运用的环境，玩家有自由支配、管理或统御游戏中的人、事或物的权力，并通过这种权力及谋略的运用达成游戏所要求的目标。玩家在条件真实、气氛宏大的游戏环境中充分施展智慧，克敌制胜，可以得到一种高层次的精神享受。SLG 有一个非常重要的共有准则——"4E"，就是探索、扩张、开发和消灭（Explore、Expand、Exploit、Exterminate）的简称。

"Simulation Games" 乍看之下应该是模拟类（SIM）游戏的英文全称，但为什么会被称作策略类游戏呢？事实上，最早的策略类游戏正是从模拟类游戏分化发展出来的，作为约定俗成的一种叫法，至今沿用了 SLG 的英文缩写。如今策略类游戏主要是指传统的回合制策略游戏，其真正的英文应该为 "Strategy Games"，缩写为 "SG"。

说起策略类游戏的兴起就不得不提起席德梅尔的著名模拟类游戏《文明》系列。1991年，席德梅尔的《文明》正式发售，其精细的设定、深厚的历史内涵、优秀的可玩性和其对人类历史发展道路的完整模拟吸引全球无数的玩家沉迷于创造历史的进程中。因为在那个时代，把政治、经济、文化、历史等诸多元素融合在一起并制作成一部游戏几乎是不可想象的，而且玩家可以重复选择不同的种族进行游戏，不同种族的不同科技和历史事件更会让玩家体验到真正人类的发展进程。其最为经典的"科技树"模式及游戏本身的大量模块，也成为了后来的诸多策略类游戏效仿的典范。《文明》系列的出现开创了游戏行业的一个新时代，此后策略类游戏正式脱离了模拟类游戏的范畴，发展成为一种全新的游戏类型。

在《文明》游戏中，令人向往的神秘古老文明并未因受到现代化科技文明的冲击而湮灭，反而达到了一个新的高度，最终达到了人类文明发展的极致。这是一款在游戏性和艺术性上都达到了顶峰的游戏作品，其社会意义和艺术价值甚至超越了游戏本身，无数的教育机构将此游戏用作一个演示历史文明的教材。单就游戏本身来说，作为一个游戏史上的里程碑式的游戏，《文明》更是为后来的游戏树立了一个资源探索类游戏的标准。RTS四大代表游戏之一的《帝国时代》和后来的《国家的崛起》，其游戏进程基本上都可以看作《文明》的RTS化模仿。不计其数的策略类游戏随之诞生，但并没有真正超过《文明》系列的游戏，之后Windows时代的《文明2》和《文明3》（见图3-35）又为新操作系统上的历史类SLG树立了新的标准。

传统策略类游戏的代表作有《文明》系列、《三国志》系列、《太阁立志传》系列、《信长的野望》系列、《魔法门之英雄无敌》系列、《三国群英传》系列、《大航海时代》系列、《百战天虫》系列等。

随着《文明》的出现，SLG被全球大多数玩家所熟知，但由于游戏本身特点决定了士兵单位过于庞大，同时回合制造成的游戏进程过于缓慢，这种种的问题导致了另一个全新游戏类型的出现，那就是"即时战略"游戏。即时战略（Real Time Strategy，RTS）。游戏最初是由美国WestWood公司所创造的，他们在厌倦了初期的RPG创作后，于1993年发售了一款名为《沙丘2》（见图3-36）的策略类游戏。这款游戏与传统策略类游戏所不同的是，在游戏中玩家的战略操作过程是以即时方式所呈现的，在敌对势力发展的同时，玩家在一个真实的时间段内自由操纵部队，通过即时的资源扩张和部队生产，来达到消灭对手的目的，从此，世界上第一款即时战略类游戏诞生。

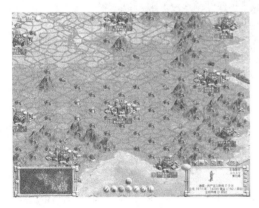

图3-35　《文明3》的游戏画面　　　　　图3-36　《沙丘2》的游戏画面

《沙丘2》的诞生，把策略游戏的"4E"准则在RTS中发挥得淋漓尽致。现在，这个由 WestWood 公司制定的即时战略模式已经成为了所有 RTS 游戏的标准。与今天的 RTS 游戏相比,《沙丘2》除了画面以外,已经具备了所有现代 RTS 游戏的特点。而基于《沙丘2》的《命令与征服》系列更是征服了全世界上热衷于战略游戏的玩家,其开创的联机对战功能几乎已经成为现代互联网条件下的游戏标准。其后推出的各种《命令与征服》资料片游戏也获得了玩家的认可和青睐。

经典的即时战略类游戏包括《命令与征服》系列、《红色警戒》系列(见图 3-37)、《星际争霸》系列、《魔兽争霸》系列、《家园》系列、《帝国时代》系列、《战锤》系列、《横扫千军》系列、《要塞》系列、《国家的崛起》系列等。

图 3-37　《红色警戒》是国内玩家最早接触的即时战略游戏

除了 SLG 和 RTS 游戏外,策略类游戏还有一种延伸类型,那就是与 RPG 游戏结合后分化出来的策略战棋类角色扮演游戏(S•RPG)。S•RPG 从根本上还是归类于角色扮演类游戏,只是游戏的战斗部分采用了策略类游戏常用的回合制策略形式。在游戏中,玩家需要对游戏角色的位移、技能释放、道具使用等进行合理化的策略安排以实现取胜的目的。S•RPG 是许多日本游戏所采用的游戏形式,著名的日本 S•RPG 游戏包括《火焰纹章》系列(见图 3-38)、《超级机器人大战》系列、《樱花大战》系列、《皇家骑士团》系列、《梦幻模拟战》系列、《魔界战记》系列、《战场女武神》系列等。

图 3-38　《火焰纹章》系列是日本 S•RPG 的鼻祖

3.4.5　射击类游戏

射击类游戏(Shooter Games,STG)也是最常见的游戏类型之一。射击类游戏是从动作类游戏中发展出来的独立游戏类型,射击游戏带有很明显的动作游戏特点,"射击"这一游戏元素也必须要经过动作的方式来呈现它。为了和传统动作类游戏区分,只有强调利用"射击"途径才能完成目标的游戏才会被定义为射击游戏。

射击类游戏从画面形式可以分为 2D 射击游戏和 3D 射击游戏。从游戏的视角方式又分为第一人称射击游戏和第三人称射击游戏，其中第三人称射击游戏在 2D 游戏画面下又细分为俯视角射击和平视角射击。根据射击的主体对象又可分为角色类射击游戏和载具类射击游戏。射击游戏的具体分类如表 3-4 所示。

表 3-4　射击类分支类型

按画面形式分类	2D 射击游戏	平台射击
		卷轴射击
	3D 射击游戏	全 3D 射击
		2.5D 射击
按视角方式分类	第一人称射击游戏	FPS 游戏
	第三人称射击游戏	平视角、俯视角射击
按主体对象分类	角色类射击游戏	以角色为射击主体
	载具类射击游戏	驾驶射击、飞行射击

射击类游戏最早起源于日本的电子游戏，世界上第一款射击游戏是 1978 年 Taito 公司发行的街机游戏《宇宙侵略者》（见图 3-39）。整个游戏就是玩家通过躲避、瞄准和射击，在外星生物到达底部前把它们全部消灭。游戏的规则很简单，但在当时却很新颖，Taito 带起的射击游戏热潮从日本一直传向世界。1982 年，一部革命性 STG 发布——南梦宫的《铁板阵》，它是世界上第一部纵向卷轴式 STG，并以漂亮的画面与崭新的游戏方式在世界范围内获得了成功。之后，在日本的电子游戏领域出现了大量纵版的飞行射击类游戏，这些游戏与今天的模拟飞行游戏有很大的区别，虽然游戏的内容都是玩家操控飞机等载具进行射击，但射击类游戏强调单纯的射击快感与乐趣，而模拟类游戏则注重整体操作驾驶的真实感与体验感。经典的飞行射击类游戏包括《沙罗曼蛇》系列、《兵锋》系列、《雷电》系列等。

除了载具类射击游戏外，在日本家用机市场，第一款引起轰动的角色类射击游戏是日本 Konami 公司于 1987 年推出的《魂斗罗》（见图 3-40），这是一款横版卷轴类射击游戏。游戏的故事背景是根据著名恐怖电影《异形》改编的，游戏主角原型来源于著名影星施瓦辛格和史泰龙。1987 年第一款《魂斗罗》游戏诞生在名为"Jamma"的街机上，后被移植到 FC 平台。以今天的眼光来看，《魂斗罗》的游戏画面十分粗糙，游戏操作也很单调，但在当时《魂斗罗》开创了角色射击游戏的先河，8 方向的枪械弹药射击及跳跃动作要素的配合，确立了动作射击游戏的概念，之后无数射击类游戏都是从这个概念延伸发展而来的。

或许是由于游戏平台的差异化，传统射击类游戏在 PC 平台上并没有像家用机平台那样受欢迎，但 20 世纪 90 年代初期一款游戏的出现打破了这个局面。1992 年，美国 Apogee 软件公司代理发行了一款名叫《德军司令部》的射击游戏，这部游戏在由宽度 X 轴和高度 Y 轴构成的图像平面上增加了一个前后纵深的 Z 轴，这根 Z 轴正是 3D 游戏的核心与基础，它的出现让原本平面的图像变得立体起来。1993 年第二款 3D 射击游戏《毁灭战士》正式发售，它所使用的引擎在技术上大大超越了《德军司令部》。《德军司令部》中的所有物体大小都是固定的，所有路径之间的角度都是直角，也就是说玩家只能笔直地前进或后退，这些局限在《毁灭战士》中都得到了突破，尽管游戏的关卡还是维持在 2D 平面上进行制作，没有"楼上楼"的概念，但墙壁的厚度和路径之间的角度已经有了不同的变化，这使得楼梯、升降平台、塔楼和户外等各种场景成为可能（见图 3-41）。

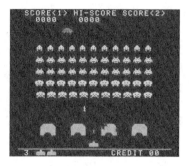

图 3-39 《宇宙侵略者》的游戏画面

图 3-40 《魂斗罗》的游戏画面

《毁灭战士》的出现正式确立了 FPS 游戏的概念，FPS 是英文 First Personal Shooting Games 的缩写，中文含义为"第一人称射击游戏"。FPS 游戏是以玩家的主观视角来进行的射击游戏，其射击方式与传统第三人称射击游戏通过操纵屏幕中的虚拟角色或载具来进行射击有所不同，以身临其境的体验方式来享受游戏带来的视觉冲击，FPS 游戏大大增强了射击类游戏的主动性和真实感。

FPS 游戏的出现让 PC 平台的射击游戏焕发出了新的活力，原本冷门的游戏类型在一夜之间风靡全球，并发展成为 PC 平台的核心游戏类型，同时也引领了家用机平台的射击游戏新风潮。FPS 游戏不仅是一种新兴的游戏概念，它更带动了全球 3D 技术的发展，3D 游戏引擎的概念也是从 FPS 游戏中发展而来的，每一部革命性的 FPS 游戏作品都推动了游戏硬件平台的升级与游戏 3D 引擎技术的提升。经典的 FPS 游戏包括《雷神之锤》系列、《毁灭战士》系列、《半条命》系列、《荣誉勋章》系列、《战地》系列、《使命召唤》系列（见图 3-42）、《彩虹六号》系列、《光晕》系列、《孤岛惊魂》系列、《英雄萨姆》系列等。

图 3-41 《毁灭战士》的 3D 画面效果

图 3-42 《使命召唤》游戏逼真的 3D 画面效果

3.4.6 体育类游戏

体育类游戏（Sports Games，SPG）是一种让玩家可以参与专业的体育运动项目的电视游戏或电脑游戏。游戏内容多数以较为人认识的体育赛事为蓝本，如世界杯、NBA等。热门的体育游戏类型包括雪上运动、篮球、高尔夫球、足球、网球、棒球等。

其实，竞速类游戏也属于体育类游戏的一种，但如今竞速类游戏已经发展成为独立的一种游戏类型，所以一般意义上的SPG是指除竞速类以外的体育类型游戏。体育类游戏最大的特点就是可以让玩家在虚拟世界中体验体育竞技的乐趣，感受赛场的刺激感与真实感。随着硬件技术的发展，体育类游戏已经不局限于鼠标、键盘、游戏手柄等操作方式，越来越多的游戏开始支持拟真游戏外设，如赛车方向盘、自行车脚踏板、高尔夫球杆手柄等，这种游戏操控方式在大型街机中更为常见（见图3-43）。

除了传统体育游戏外，有的体育类游戏还融合了模拟类游戏的要素，发展成为了体育模拟类游戏。这种游戏的特点是模拟体育竞技俱乐部或体育团队的管理，通过玩家的管理才能或战略掌控，让自己的俱乐部或团队获得相应体育领域的冠军。著名的体育模拟类游戏有《足球经理》系列、《职业自行车队经理》系列等。

PC平台上经典的体育类游戏包括《FIFA》足球系列、《NBA》系列、《老虎伍兹高尔夫球》系列、《托尼霍克职业滑板》系列、《VR网球》系列、《职业棒球》系列、《疯狂橄榄球》系列等。家用游戏机平台上经典的体育类游戏有《实况足球》系列（见图3-44）、《大众高尔夫》系列、《索尼克竞速》系列、《热血体育》系列、《马里奥网球》系列等。

图3-43 赛车游戏拟真操作系统

图3-44 家用机平台上最经典的足球类
体育游戏《实况足球》系列

3.4.7 竞速类游戏

竞速类游戏（Racing Games，RCG）是以速度竞赛为主体的游戏类型。竞速类游戏原为体育类游戏的分支类型，但随着竞速游戏种类和数量的增多，游戏的规则体系日益成熟和完善，现已发展成为了独立的游戏类型。

　　游戏史上最早的竞速游戏出现在 1976 年，当时美国雅达利公司发行了一款名为《夜晚驾驶者》（见图 3-45）的街机游戏，游戏的画面极为简陋，游戏中的道路是由像素点所构成的，但作为 40 年前的一款游戏，尤其是连 PC 兼容机都没有的时代，这款游戏的画面在当时简直是一种革命性的创新，这款游戏如今也被认为是游戏史上的第一个 3D 概念游戏和第一款主视角游戏。

　　竞速类游戏并非等同于赛车类游戏，从大的方面来看，竞速类游戏包含两大分支：赛车竞速类游戏和非赛车竞速类游戏。赛车竞速，顾名思义，就是以赛车为竞赛主体的竞速类游戏，如 F1 方程式赛车、拉力赛车、越野赛车、摩托车、自行车、卡丁车等，都属于赛车竞速的范畴。非赛车竞速，就是指除赛车以外的其他主体形式的竞速类游戏，这个概念包含的范围很广，像跑步、快艇、科幻飞船及其他幻想形式的载具等都属于这个范畴。

赛车游戏发展

　　在如今的 PC 平台和家用机平台，竞速类游戏的主流类型还是赛车竞速游戏，这其中又分为两种风格类型：写实派和非现实派。写实派赛车竞速属于模拟竞速游戏的范畴，游戏通常会以现实生活中的赛车和赛道为素材，在游戏中以 1:1 的方式来呈现，同时在操控、动作及物理反应等方面都完全模拟真实环境的效果，让玩家完全置身于虚拟现实的体验环境中。经典的写实派赛车游戏包括《GT 赛车》系列（见图 3-46）、《F1 方程式赛车》系列、《尘埃》系列、《无限试驾》系列、《超级房车赛》系列、《极品飞车》、系列《云斯顿赛车》系列等。

图 3-45　《夜晚驾驶者》的游戏画面　　　　图 3-46　画面高度拟真的《GT 赛车》系列

　　非现实赛车竞速游戏通常只是追求驾驶的速度感和流畅度，赛车和赛道的类型可以是科幻的，也可以是卡通风格的，甚至游戏内容中还加入了许多其他的要素，如道具争夺、武器对战、赛车撞击，等等。非现实赛车代表作有《超级马里奥赛车》（见图 3-47）、《跑跑卡丁车》《索尼克全明星赛车》等。

图 3-47　卡通风格的《超级马里奥赛车》系列

3.4.8　模拟类游戏

模拟类游戏（Simulation Games，SIM）是以模仿现实生活中各种事物为主题的游戏类型。"仿真"是模拟类游戏的核心。"真"代表真实世界，仿真程度越高，游戏体验越真实。反之，较低的仿真程度会增加游戏的娱乐性。仿真程度的高低并不代表模拟游戏的优秀与否，只是面对不同用户群体的游戏形式的表现。

模拟类游戏是一种十分广泛的游戏类型，它同样有广义和狭义之分。从广义上来说，几乎所有的游戏都跟模拟类游戏有或多或少的关联，例如，《使命召唤》《战地》等这类FPS游戏就属于战争模拟类游戏，《文明》等策略类游戏也可以看作模拟类游戏的一种。而狭义上的模拟类游戏，只是为了单纯的模拟，让玩家获得通常不能触及的游戏真实体验。如飞行模拟（Flight Simulation）、列车模拟（Train Simulation）、赛车模拟（Racing Simulation）等，这些游戏都有很强的目的性，但缺乏想象力。

随着模拟类游戏的发展，模拟游戏开始逐渐转型，分出了三条发展支线，即"扩大模拟对象范围""加深模拟仿真性"和"加强模拟时的娱乐性"，这三种模拟类游戏发展的代表分别为模拟经营游戏、模拟软件和模拟养成游戏。

模拟经营游戏将模拟游戏从模拟单一事物，变为模拟社会、经济、城市等广大、富有想象力的巨大事业，甚至包括精神层面的模拟。玩家不再是像学习开车一样，而是使用策略等技巧完成游戏所给的任务。高仿真度的模拟经营游戏涉及大量的经济学、商业知识，可以说，高仿真的模拟经营游戏是传统的商业教学的图像化和互动综合化。玩家可以从模拟经营游戏中了解一些商业的概念，甚至体验和现实类似的商业竞争。因为模拟游戏的虚拟性，即便在游戏中亏损也不会造成现实中的损失，模拟经营游戏也可以用于教学。如果弱化游戏的仿真性，那么模拟经营游戏也不失为一种有趣的娱乐手段。玩家可以通过模拟经营游戏体会到经营的艰辛，并通过成功的经营获得巨大的快乐。

除了经营企业，模拟游戏中还有经营城市等巨大事业的游戏类型，对于还未进入社会的学生能从这些模拟游戏中学习到人口变迁、交通规划等知识，一些学生还了解到了他们的家乡在国家中是如何与其他城市协同运作的，这些都是模拟经营类游戏带给游戏玩家的实际意义。经典的模拟经营类游戏包括《模拟城市》系列（见图 3-48）、《模拟农场》系列、《模拟医院》系列、《工人物语》系列、《模拟游乐场》系列、《文明》系列、《上帝也疯狂》系列、《地下城守护者》系列、《足球经理》系列、《海岛大亨》系列、《模拟机场》系列等。

模拟软件则强调高度拟真，用虚拟游戏的形式来训练现实中的操作人员，例如，军事模拟软件、航天模拟软件为军队训练和航天演练提供了可以随意设计的虚拟化案例。常见的模拟软件类游戏包括《模拟飞行》系列、《模拟民航》系列、《模拟火车》系列、《模拟航船》系列等。甚至有些游戏还被美国军方用作战争模拟训练软件，如《闪电行动》（见图 3-49）和《武装突袭》系列。

图 3-48　《模拟城市 5》的游戏画面

图 3-49　作为 FPS 游戏的《闪电行动》同样也是一款军事战争模拟类游戏

模拟养成游戏，简称为养成游戏。这类游戏是将模拟对象转移到了人的身上，通过虚拟角色的培养令其走向成功，玩家在游戏过程中可增强责任心，并获得巨大的成就感。经典的模拟养成类游戏包括《模拟人生》系列、《美少女梦工厂》系列、《明星志愿》系列、《心跳回忆》系列、《兰岛物语》系列等。

3.4.9　益智类游戏

益智类游戏（Puzzle Games，PUG）是指在游戏中可以锻炼脑、眼、手，并使人在游戏中获得逻辑力和敏捷力的游戏类型。益智类游戏是一种传统的游戏类型，如象棋、围棋、七巧板、拼图等都可以算作益智游戏。在虚拟游戏时代，益智类游戏通常是一些容量不超过 100MB 的小游戏，游戏的目的主要是解决难题，即玩家通过逻辑思考和推理分析，解决游戏关卡中设置的各种障碍和困难。益智类游戏可以提升玩家思考、观察、判断、推理等方面的能力，具有极高的耐玩度。益智类游戏的经典作品包括《俄罗斯方块》《扫雷》《祖玛》《泡泡龙》等。

早期的益智类游戏主要存在于 PC 平台上，主要都是由简单程序编写的小游戏，人们可以在工作之余进行娱乐，打发零散碎片时间。后来随着网络的兴起和发展，大多数的益智类游戏都被搬上了互联网，成为了网页游戏，人们可以更加容易地查找并选择自己喜欢的游戏。近几年来智能手机大规模普及，益智类游戏的种种特性更加匹配移动平台，于是大量的手游都选择益智类游戏作为开发的主要类型，优秀作品也层出不穷。这些游戏除了在程序和玩法上独具匠心外，更加注重游戏美术和声画结合，让游戏整体极具艺术魅力（见图3-50）。

图3-50　极具艺术气质的益智类手游《纪念碑谷》

3.4.10　音乐类游戏

音乐类游戏（Music Games，MUG）是以游戏的方式来演奏音乐或乐曲的一种游戏类型。在音乐类游戏中，玩家配合音乐与节奏做出动作，通过键盘、游戏手柄或拟真乐器控制器等设备进行游戏。通常玩家做出的动作与节奏吻合即可增加得分，相反则会扣分，如果在游戏中失误过多则会导致游戏失败。音乐类游戏主要考验的是玩家对于节奏感的把握及手眼的配合。

音乐一直是人们生活中的重要娱乐方式，音乐与游戏的结合自然也变得顺理成章。最早的音乐类游戏大多出现在街机平台上，如1998年流行的跳舞机系列（见图3-51）。跳舞机最早被称为DDR游戏，也就是"Dance Dance Revolution"，即热舞革命。这是一种音乐节奏类型的游戏，它与传统的电子游戏的最大差别在于：传统的电子游戏通常使用遥控杆加按键或手柄来操

作，而跳舞机则是用玩家的双脚来完成游戏。这种随着激昂或轻快的节拍翩翩起舞的游戏在当时确实掀起了一阵狂潮。进入21世纪后，各种版本的DDR跳舞机流行于各类街机游戏场所，甚至家用机和PC平台也都推出了DDR跳舞毯等游戏外设。

DDR在街机市场大获成功后，音乐类游戏逐渐引起了游戏研发厂商的重视，在家用机平台和PC平台陆续推出了大量的音乐类游戏，如家用机平台上的《吉他英雄》《太鼓达人》及PC平台上的《DJMAX》《VOS》等。

图3-51　大型DDR跳舞机

随着互联网技术的飞速发展，新一代的音乐游戏玩家不再满足于单机游戏带来的视听体验与高分成就感，他们希望与更多的好友互动、分享甚至是竞技，于是出现了各种类型的凸显个性装扮与社交系统的音乐网络游戏。例如，2005年的《劲舞团》，作为一款PC平台上的舞蹈音乐类网络游戏，其雏形类似于网上跳舞机，只不过上下左右的踏板改由上下左右的键盘加空格键代替。跟随音乐节拍，在键盘上敲击屏幕显示的对应箭头，完成动作后，游戏中的虚拟人物就会跳出同步的舞蹈动作（见图3-52）。腾讯公司在2008年推出的一款强调休闲、时尚、交友的多人在线音乐舞蹈游戏

《QQ 炫舞》，凭着漂亮的人物造型和绚丽多姿的游戏画面，也赢得了大量玩家的喜爱。

2009 年，日本世嘉游戏公司联合日本音乐软件公司 Crypton Future Media，基于 PSP 掌机平台制作并推出了一款名为《初音未来：歌姬计划》的音乐类游戏。在游戏中玩家要按照节奏，根据屏幕上的提示，按对应的操作键才能得分，这跟《劲舞团》等的游戏方式较为相似。这款游戏最大的一个独特之处是，这不仅仅一款电子游戏，游戏的主角初音未来本身就是一位与现实生活接轨的虚拟音乐明星（见图 3-53）。《初音未来：歌姬计划》也是首部以虚拟歌星为主题制作的电子游戏，游戏一上市便大获成功。之后，研发厂商又陆续推出了《初音未来：歌姬计划 2》《初音未来：歌姬计划·扩展版》及基于 PSV 平台的《初音未来：歌姬计划 F》。

图 3-52　《劲舞团》游戏画面

图 3-53　日本著名虚拟歌星初音未来

虽然音乐类游戏一向以绿色休闲著称，但如今音乐类游戏已经发展为电子游戏领域不可或缺的游戏类型之一，相信凭借音乐和游戏的双重艺术魅力，音乐类游戏在未来一定会获得更加长远的发展与成功。

3.4.11　卡牌类游戏

卡牌类游戏（Card Games，CG）是模拟现实中卡牌对弈形式而进行的虚拟游戏类型。卡牌类游戏整体分为非集换式卡牌游戏（Playing Cards）和集换式卡牌游戏（Trading Card Game，TCG）两种。像现实生活中我们所玩的扑克牌、桥牌等规则的游戏都属于非集换式卡牌游戏，而像《万智牌》《游戏王》等都属于集换式卡牌游戏。

卡牌游戏又被称为纸牌游戏，属于桌面游戏的一种。关于卡牌游戏的起源有多种说法，其中被中外学者所普遍接受的观点就是现代卡牌游戏起源于我国唐代一种名叫"叶子戏"的游戏纸牌。相传早在秦末楚汉争斗时期，大将军韩信为了缓解士兵的思乡之愁，发明了一种纸牌游戏，因为牌面只有树叶大小，所以被称为"叶子戏"。12 世纪时，马可·波罗把这种纸牌游戏带到了欧洲，立刻引起了西方人的极大兴趣。一开始，它只是贵族们的奢侈品，但是因为它造价低廉、玩法多样且简单易学，很快就在民间流行开来。到了 16世纪，西方开始流行一种称为"胜牌"的纸牌，它在 17 世纪初演变为类似桥牌的惠斯特牌戏，盛行于英国伦敦及荷兰。1894 年，在英国伦敦俱乐部中产生了桥牌，这种桥牌再经演变就成了现在的扑克牌。20 世纪 60 年代的美国，随着一款名叫《The Baseball Card Game》的卡牌游戏的出现，历史上最早的集换式卡牌游戏诞生了。

TCG 出现后迅速风靡全球，最早的经典 TCG 规则是由美国加里·吉盖斯发明的"龙与地下城"规则体系，它开启了新时代桌面 TCG 卡牌游戏的大门，同时也成为了欧美现代 RPG 的核心准则。

20 世纪 90 年代中期，由美国数学教授理查·加菲设计，Wizards of the Coast 公司发行的《万智牌》成为世界上第一款真正意义的经典集换式卡牌游戏，并迅速在世界范围内传播，现已拥有 600 万的全球用户，每年有官方举办的全球赛事，巨大的商业运营规模成功推动了 TCG 的发展。之后，《万智牌》由桌面实体游戏被制作成 PC 平台的卡牌游戏，随着网络化的发展，这种在线对战的 TCG 电脑游戏成为了新时代卡牌类游戏的主流形式（见图 3-54）。

20 世纪 90 年代末期，以日本动漫《游戏王》为背景的集换纸牌游戏问世，凭借成熟的规则体系和丰富的游戏内容再次扩展了全球卡牌游戏市场，并创下了迄今为止全球销售最高的 TCG 纪录（见图 3-55）。2006 年，由暴雪公司与 Upper Deck Entertainment 公司合作开发的《魔兽世界》集换式卡牌（WOWTCG），凭借暴雪公司和《魔兽世界》网游的品牌效应优势，又一次将卡牌游戏市场推向了全新的拓展深度。

图 3-54 PC 平台《万智牌》的游戏画面　　　　图 3-55 日式 TCG 游戏的经典《游戏王》系列

随着移动游戏平台的崛起和发展，卡牌类游戏凭借游戏性和制作表现形式等方面的优势已经成为极其重要的游戏类型之一。不仅像《万智牌》《三国杀》等经典的 TCG 纷纷从 PC 平台转移到了移动游戏平台，而《智龙迷城》《大掌门》《我叫 MT》《百万亚瑟王》等原创 TCG 也获得了不输于传统游戏平台大作的巨大成功，卡牌类游戏俨然已经成为了未来虚拟游戏发展的主流方向之一。

如今，对于游戏内容的分类体系更多的只是一种约定成俗的习惯性称呼，虽然其中包含了游戏的特征和游戏发展历程的体现，但正如开篇"类型环"所描述的发展规律那样，游戏类型永远无法成为固定化理论体系，它总是处于发展演变的过程中。即便如此，当前的游戏分类对于游戏业界人们之间的沟通和交流仍然具有广泛的实用性意义。

第 4 章

游戏公司运营及
产品研发流程

随着硬件技术和软件技术的发展，电脑游戏和电子游戏的开发设计变得越来越复杂，游戏的制作再也不是以前仅凭借几个人的力量在简陋的地下室里就能完成的工作，现在的游戏制作领域更加趋于团队化、系统化和复杂化。对于一款游戏的设计开发，尤其是3D游戏，动辄就要几十人的研发团队，通过细致分工和协调配合，最后才能制作出一款完整的游戏作品。所以，在进入游戏制作行业前，全面地了解游戏制作中的职能分工和制作流程是十分必要的，这不仅有助于提升游戏设计师的全面素质，而且对日后进入游戏制作公司和融入游戏研发团队都将起到至关重要的作用。

4.1 游戏公司部门介绍

图4-1所示的是一般游戏公司的职能架构。游戏公司主要下设管理部、研发部和市场部三大部门，而其中体系最为庞大和复杂的是游戏研发部，它也是游戏制作公司最为核心的部门。在游戏研发部中，根据不同的技术分工又分为企划部、美术部、程序部、测试部等，而每个部门下又有更加详细的职能划分，下面我们就针对这些职能部门进行详细介绍。

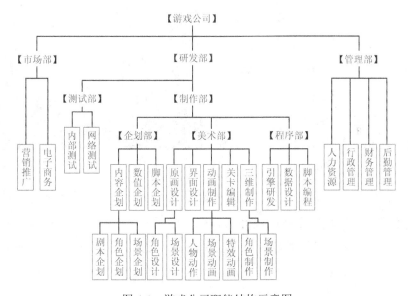

图4-1 游戏公司职能结构示意图

4.1.1 管理部门

游戏公司中的管理部门是属于公司基础构架的一部分，其职能与其他各类公司中的相同，主要为公司整体的发展和运行提供良好的条件和保障。通常来说，公司管理部的下设部门有行政部、财务部、人力资源部（HR）、后勤部等。

行政部门主要围绕公司的整体战略方针和目标展开工作，部署公司的各项行政事务，包括公司企业文化管理、制定各项规章制度、对外联络、对内协调沟通、安排各项会议、管理公司文件文档等。

财务部主要负责公司财务部分的整体运行和管理，包括公司财务预算的拟定、财务预算管理、对预算情况进行考核、资金运作、成本控制、员工工资发放等。

人力资源部主要依据公司的人事政策，制定并实施有关聘用、定岗、调动、解聘的制度，负责公司员工劳动聘用合同书的签订，对新员工进行企业制度培训及企业文化培训，另外负责对员工进行绩效考核等。

后勤部主要负责公司各类用品的采购、管理公司的资产及各项后勤的保障工作。

4.1.2 研发部门

游戏公司中的研发部门（见图 4-2）是整个公司的核心部门，从整体来看主要分为制作部和测试部，其中制作部集中了研发团队的主要核心力量，属于游戏制作的主体团队。制作部下又设有企划部、程序部和美术部三大部门，这种团队架构在业内被称为"Trinity（三位一体）"，或者"三驾马车"。

游戏企划部门在游戏制作中负责游戏整体概念和内容的设计与编写，其中包括内容企划、数值企划、脚本企划、剧本企划、角

图 4-2 游戏研发部门的工作环境

色企划、场景企划等职位和工种。游戏程序部门负责解决游戏内的所有技术问题，其中包括游戏引擎的研发、游戏数据库的设计与构架、程序脚本的编写、游戏技术问题的解决等。游戏美术部门负责游戏的视觉效果表现，部门中包括角色原画设计师、场景原画设计师、UI 美术设计师、游戏动画师、关卡编辑师、3D 角色设计师、3D 场景设计师等职位。

除了制作部外，在游戏研发部中还包括测试部门。游戏测试与其他程序软件测试一样，目的是发现游戏中存在的缺陷和漏洞。游戏测试需要测试人员按照产品行为描述来实施，产品的行为描述除了游戏主体源代码和可执行程序外，还包括书面的规格说明书、需求文档、产品文件及用户手册等。

游戏测试工作主要包括内部测试和网络测试。内部测试是游戏公司的专职测试员对游戏进行的测试和检测工作，它伴随在整个游戏的研发过程中，属于全程式职能分工。网络测试是在游戏整体研发的最后阶段，通过招募大量网络用户来进行半开放式的测试工作，通常包括 Alpha 测试、Beta 测试、封闭测试和公开测试四个阶段。测试部门虽然没有直接参与游戏

的制作，但对于游戏产品的整体完善起到了功不可没的作用。一款成熟的游戏产品往往需要大量的测试人员，反过来说，测试部门工作的细致程度也直接决定了游戏的品质好坏。

4.1.3　市场部门

虚拟游戏属于文化、艺术与科技的综合产物，但在这之前，虚拟游戏首先要作为商品而存在，这就决定了游戏离不开商业推广和市场化的销售，所以在游戏公司中市场部也是相当重要的部门。

市场部门主要负责对游戏产品的市场数据的研究、游戏市场化的运作、广告营销推广、电子商务、发行渠道及相关的商业合作。这一系列工作的开展，首先要建立在对自己公司产品深入了解的基础上，通过自身产品的特色挖掘游戏的宣传点。其次还需要充分了解游戏的用户群体，抓住消费者的心理、文化层次、消费水平等，有针对性地研究宣传推广方案，只有这样才能做到全面、成功的市场推广。

游戏公司市场部门下通常还设有客户服务部，简称"客服部"。客服部主要负责解决玩家（用户）在游戏过程中遇到的各种问题，是游戏公司与用户沟通交流的直接平台，也是保障游戏的售后质量的关键环节。现在越来越多的游戏公司将客服作为游戏运营中的重要环节，只有全心全意地为用户做好服务工作，才能让游戏产品获得更多的市场认可和成功。

游戏公司架构

4.2　游戏公司的运营模式

在世界范围内，"游戏公司"是一个泛指的概念，它并不仅仅指的是游戏研发公司，有的游戏公司可能并不参与游戏的研发，如代理运营公司。虽然不同的游戏公司的业务侧重点和运营模式各不相同，但都是紧紧围绕游戏产品而展开各自的经营活动的。如果以公司的运营模式来进行分类，游戏公司大致可以分为研发型公司、外包服务型公司、技术服务型公司及代理运营公司四类，下面将分别进行讲解和介绍。

4.2.1　研发型公司

研发型公司就是我们通常所说的游戏研发公司，这是以研发和生产游戏产品为核心业务的游戏公司类型。游戏研发公司中的核心就是研发团队，其中包含大量专业的开发设计人员。要研发一款游戏产品通常需要较长的开发周期，同时需要大量人力和物力的投入，所以研发公司通常要面临大量的成本资金投入及较长的资金回报时间。

从研发游戏的类型来看，游戏研发公司又可分为：单机游戏研发公司、网络游戏研发公司及独立游戏研发公司。

单机游戏研发公司是指主要研发单机游戏的研发型公司，在 2000 年以前国内大多数游戏公司都是单机游戏研发公司。单机游戏研发公司的特点是研发团队的人员数量较少，成本投入相对较低，开发周期也相对较短，通常有自己的产品营销渠道和营销团队。国内著名的单机游戏研发公司包括大宇软星科技有限公司（见图 4-3）、烛龙科技有限公司、金山西山居工作室、目标游戏、像素游戏等。

在进入网络化时代后，随着网络游戏的盛行，大多数单机游戏公司都转而开发网络游戏，单机游戏研发公司逐渐转型为网络游戏研发公司。相比单机游戏的研发，网络游戏需要更多人力、物力和资金成本的投入，开发周期相对较长。国内 2000 年以后出现的网络游戏研发公司绝大多数都属于纯研发型公司，自身并不具备销售和运营团队，制作出的游戏产品需要出售给游戏代理运营公司以获得盈利。如今的国内游戏市场中，单机游戏研发公司已经所剩无几，绝大多数的研发型公司都为网络游戏研发公司。

随着手机游戏等移动平台游戏的发展，加上游戏引擎技术的迅速普及，如今只要拥有合法的游戏引擎授权，要开发一款游戏并不需要太多的成本投入，甚至于一个人就可以完成所有游戏内容的制作，一种新兴的游戏研发形态也随之出现，那就是独立游戏研发。独立游戏（Independent Game）制作，是相对于商业游戏制作而存在的另一种游戏制作行为，这和电影领域中，商业电影和独立制作电影的关系非常相似。严格来说，独立游戏的研发制作并不能称之为商业行为。在国外，没有商业资金的影响或者不以商业发行为目的，独立完成制作的游戏作品都可认为是独立游戏制作行为。随着游戏产业的发展，独立游戏制作和商业游戏制作之间的界限也变得模糊起来，许多著名的游戏企业，在早期还是小工作室时，也可以归类于独立游戏制作，随着其作品的成功，商业价值逐渐提高，独立游戏也可能发展成为成熟的商业产品。如今在苹果 App Store 或者安卓 Google Play 商城中绝大多数的手机游戏作品都是独立游戏研发公司所制作的（见图 4-4）。

图 4-3 创立《仙剑》品牌的大宇软星公司

图 4-4 画面极具风格的独立游戏

4.2.2　外包服务型公司

外包服务型公司是以承接和制作游戏中间环节外包业务的生产型游戏公司。在游戏业内，外包服务型公司主要以制作游戏美术外包业务为主，包括游戏项目中需要用到的各种美术元素，如 3D 模型、原画设定、游戏动画、游戏 CG、游戏特效、UI 设计等。

在之前介绍游戏制作流程时我们讲到，在游戏开发周期中耗时最长的就是游戏研发阶段，而游戏研发阶段中最大的工作量基本来自于游戏中美术团队的制作任务。各种美术元素是游戏项目画面内容的直接构成者，游戏项目越大，需要制作的美术元素就越多。对于游戏研发公司来说需要在这一环节耗费大量的人力和物力，而外包服务型游戏公司的存在恰恰为游戏研发公司解决了这一问题。研发公司可以通过外包的形式将制作业务委托给外包服务公司，这样不仅节省了资源和成本，还可以让游戏研发公司更专注于游戏整体的设计，进一步提高了游戏产品的质量，这便是外包服务型公司存在的意义。

通常外包服务型游戏公司的研发团队只是由美术设计制作人员组成，这样相对于游戏研发公司而言，外包服务型公司在生产投入、人员招募及团队管理上都有巨大的优势。同时，游戏外包业务的制作周期都比较短，资金回报也更快，承担的商业风险也较小，这些都是外包服务型游戏公司的特点和优势。

国内最为知名的外包服务型游戏公司是总部位于上海的维塔士游戏公司（见图 4-5）。
维塔士公司创办于 2004 年，虽然当时在国内游戏行业中网游研发与网游代理都是利润回报最为丰厚的业务类型，但维塔士公司在创业之初就将自己的业务定位于单机游戏外包制作。明确清晰的

图 4-5　维塔士公司 LOGO

公司定位及独辟蹊径的运营模式使维塔士在国内游戏行业中获得了巨大的成功，目前已从创立初期的 5 个人发展成为了近千人的大型游戏制作公司，业务领域遍布全球，制作项目除 PC 平台外还包括 Wii、DS、PSP、PS2、PS3 和 Xbox 360 等平台的游戏制作业务。

4.2.3　技术服务型公司

技术服务型公司是为游戏研发公司提供高端技术服务的游戏公司类型。技术服务型游戏公司通常以研发制作游戏引擎为核心业务，专注于综合性游戏引擎的设计研发和技术支持，因此也被称为游戏引擎公司。

在进入 3D 游戏时代后，游戏研发公司在制作一款 3D 游戏产品之前，通常都要花费大量的时间和人力物力成本来为游戏制作专门的 3D 游戏引擎，这对于生产周期本来就已经相当长的研发公司来说，代价是巨大的。游戏引擎公司的存在可以帮助游戏研发公司解

决这一难题，通过商业合作，游戏引擎公司将自主研发的引擎产品授权给研发公司使用，这样就帮助游戏研发公司大大降低了研发周期和成本投入。

与外包服务型游戏公司不同，游戏引擎公司的核心团队为程序技术团队，他们的工作任务就是设计研发通用型的综合化游戏引擎工具。研发出的引擎产品可以提供给游戏研发公司，并从中收取授权费用，引擎的授权费用通常由以下几部分构成。

（1）基本的费用。游戏研发公司购买引擎时，所需要一次性缴纳的费用。

（2）基于卖出游戏数量的版税。除了购买引擎的基本费用外，研发公司还要根据卖出产品的数量缴纳版权费，网络游戏则以每月游戏收入来计算，一般是总收入的 5% ～ 10%。

（3）支持多平台功能的费用。游戏产品支持的平台越多，研发公司需要支付的授权费用就越高。

（4）依据开发者来收费。有些引擎创作者要求购买引擎的公司依据将要使用这个引擎开发环境的开发者的个数来支付授权费用。

（5）引擎的更新或者服务产生的费用。例如，Zerodin Games 公司的 Zerodin 引擎，其购买费用大致是 35 万～ 70 万美元，但如果以后想继续得到引擎更新后的技术支持，则需要每年支付 5 万～ 10 万美元。

（6）需要昂贵的其他特定软件的支持。例如，KA3D 引擎需要非常昂贵的 3D 建模工具来配合 3ds Max 制作游戏模型，虚幻引擎只提供商业软件的 3ds Max 和 Maya 的导出工具。

对于研发公司来说，自己生产不同的游戏产品需要给游戏引擎公司多次缴纳不同的授权费用，而游戏引擎公司通常只通过一款引擎产品就可以获得广泛的、持续的资金回报和利润收入，这种"一本万利"的商业模式是技术服务型游戏公司最大的优势所在。世界著名的技术服务型游戏公司有 EA 公司、BigWorld 公司、EPIC 公司（见图4-6）、Valve 公司、Crytek 公司、Emergent 公司、Unity 公司等。

图 4-6　虚幻引擎的生产商 EPIC 公司

4.2.4　代理运营公司

代理运营公司是指专门代理、销售和运营游戏产品的游戏公司类型。代理运营公司并非传统意义上的游戏公司，它更类似于第三方商业销售公司。

随着游戏产业的商业化发展，游戏作为一种成熟的商品不仅具备了传统商品的所有特点，同时还发展出了具有独自特色的新特征，同时随着市场竞争的日趋激烈，游戏产品的营销变得越来越重要，产品营销甚至已经成为与产品质量同等重要的关键因素。

现在除了大型的游戏制作企业，越来越多的游戏研发公司都放弃了自主销售的渠道，转而将游戏产品的销售委托给代理运营公司，这样研发公司可以更加专注于游戏产品质量的把握和提升。而代理运营公司则省去了研发团队的组建和管理，通过商业销售渠道和市场推广来获得盈利。一般来说，代理运营公司是通过销售游戏产品，从销售总收益中获得分成利润的。当前来看，代理运营公司主要分为两种类型：单机游戏代理销售公司和网络游戏代理运营公司，另外也有一些大型的代理运营公司同时兼顾两个方向的业务。

单机游戏代理销售公司主要负责代理研发公司制作的单机游戏产品并负责其市场销售和推广，国内知名的单机游戏代理销售公司有奥美电子、第三波、寰宇之星、百游等，但随着国内单机游戏市场的萎缩，大多数的单机游戏代理销售公司都已经倒闭或者转行。

网络游戏代理运营公司主要负责代理网络游戏产品并负责游戏服务器的架设、运营、维护和市场推广等，这也是现在游戏市场中主流的代理运营公司模式。网络游戏并不像单机游戏一样，在游戏上市销售获得盈利后就结束了游戏项目的商业行为，网络游戏研发完成后发布上市仅仅是"万里长征第一步"，后期的在线运营才是游戏获利的关键。而网络游戏的盈利回报也在于运营的好坏，所以绝大多数的网游研发公司后期都要委托代理公司来实现游戏的在线运营。另外，从国外引进的网游产品必须要通过国内的代理公司才能上线运营。

网络游戏研发公司与代理运营公司的合作方式通常有两种：一种是研发公司将游戏产品授权给代理公司运营，代理公司除了交给研发公司基本的授权费用外，每个月还要与研发公司对产品盈利进行分成；另一种则是研发公司一次性将游戏产品出售给代理运营公司，之后游戏在线运营的所有收益都归代理公司所有。当然，后者的代理费用将会比前一种方式高出许多。

游戏公司职位晋升体系

4.3 游戏产品研发制作流程

在 3D 软硬件技术出现以前，电脑游戏的设计与开发流程相对简单，职能分工也比较单一，图 4-7 所示的就是早期电脑游戏的制作流程。虽然与现在的游戏制作部门相同，都分为企划、美术、程序三大部门，但每个部门中的工种职能并没有再进行严格细致的划分，在人力资源分配上也比现在的游戏团队要少得多。企划组负责撰写游戏剧本和游戏内容的文字描述，然后交由美术组把文字内容制作成为美术素材，之后美术组把制作完成的美术素材提供给程序组进行最后的整合，同时企划组在后期也需要给程序组提供游戏剧本和对话文字脚本等内容，最后在程序组的整合下制作出完整的游戏作品。

在这种制作流程下，企划组和美术组的工作任务基本都属于前期制作，从整个流程的中后期开始几乎都是由程序组独自承担大部分的工作量，所以当时游戏设计的核心技术人员就是程序员，而电脑游戏制作研发也被看作程序员的工作领域。如果把企划、美术、程序的人员配置比例假定为 $a:b:c$，那么当时一定是 $a<b<c$ 这样一种金字塔式的人员配置结构。

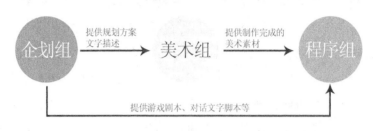

图 4-7　早期的游戏制作流程

在 3D 技术出现以后，电脑游戏制作行业发生了巨大改变，特别是在职能分工和制作流程上都与之前有了较大的不同，主要体现在：

（1）职能分工更加明确细致。

（2）对制作人员的技术要求更高、更专一。

（3）整体制作流程更加先进合理。

（4）制作团队之间的配合要求更加默契协调。

特别是在 3D 游戏引擎技术的推出并越来越多地应用到游戏制作领域后，这种行业变化更加明显。企划组、美术组、程序组三个部门的结构主体依然存在，但从工作流程来看三者早已摆脱了过去单一的线性结构，随着游戏引擎技术的引入，三个部门紧紧围绕着游戏引擎这个核心展开工作，除了三个部门间相互协调配合的工作关系外，三个部门同时都要通过游戏引擎才能完成最终成品游戏的制作开发。可以说当今游戏制作的核心内容就是游戏引擎，只有研究制作出属于自己团队的强大引擎技术，才能在日后的游戏设计研发中顺风顺水、事半功倍。下面详细介绍一下现在一般游戏制作公司的游戏制作流程。

4.3.1　立项与策划阶段

立项与策划阶段是整个游戏产品项目开始的第一步，这个阶段大致占了整个项目开发周期20% 的时间。在一个新的游戏项目启动之前，游戏制作人必须要向公司提交一份项目可行性报告书，这份报告在游戏公司管理层集体审核通过后，游戏项目才能正式被确立和启动。游戏项目可行性报告书并不涉及游戏本身的实际研发内容，它更多地侧重于商业行为的阐述，主要用来讲解游戏项目的特色、盈利模式、成本投入、资金回报等方面的问题，用来对公司股东或投资者说明对接下来的项目进行投资的意义，这与其他各种商业项目的可行性报告的概念基本相同。

这里需要提一下游戏制作人的概念，游戏制作人也就是游戏项目的主管或项目总监，他是游戏制作团队的最高领导者，游戏制作人需要统筹管理游戏项目研发制作的方方面面。虽然属于公司管理层，但游戏制作人需要实际深入到游戏研发中，并具体负责各种技术问题的指导和解决。大多数的游戏制作人都是技术人员出身，通过大量的项目经验积累，才逐渐走上这个岗位，在世界游戏领域内有众多知名的游戏制作人，如宫本茂、小岛秀夫、席德梅尔、铃木裕（见图4-8）等。

图4-8　日本游戏制作大师铃木裕

当项目可行性报告审核通过后，游戏项目正式启动，接下来游戏制作人需要与游戏项目的策划总监及制作团队中其他的核心研发人员进行"头脑风暴"，为游戏整体的初步概念进行设计和策划，其中包括游戏的世界观背景、视觉画面风格、游戏系统和机制等。通过多次的会议讨论，集中所有人员针对游戏项目提出的各种意见和创意，之后由项目策划总监带领游戏企划团队进行游戏策划文档的设计和撰写。

游戏策划文档不仅是整个游戏项目的内容大纲，同时还涉及游戏设计与制作的各个方面，包括世界观背景、游戏剧情、角色设定、场景设定、游戏系统规划、游戏战斗机制、各种物品道具的数值设定、游戏关卡设计等。如果将游戏项目比作是一个生命体，那么游戏策划文档就是这个生命的灵魂，这也间接说明了游戏策划部门在整个游戏研发团队中的重要地位和作用。图4-9所示的是游戏项目研发立项与策划阶段的流程示意图。

图4-9　立项与策划阶段流程示意图

4.3.2　前期制作阶段

前期制作阶段属于游戏项目的准备和实验阶段，这个阶段大致占了整个项目开发周期10%～20%的时间。在这一阶段中会有少量的制作人员参与项目制作，虽然人员数量较少，但各部门人员配比仍然十分合理，这一阶段也可以看作整体微缩化流程的研发阶段。

这一阶段的目标通常是要制作一个游戏Demo，所谓游戏Demo就是指一款游戏的试玩样品。利用紧缩型的游戏团队来制作的Demo（见图4-10），虽然并不是完整的游戏，它可能仅仅只有一个角色、一个场景或关卡，甚至只有几个怪物，但它的游戏机制和实现流程却与完整游戏基本相同，差别只在于游戏内容的多少。通过游戏Demo的制作可以为后面的实际游戏项目研发积累经验，Demo制作完成后，后续研发就可以复制Demo的设计流程，剩下的就是大量游戏元素的制作添加与游戏内容的扩充了。

在前期制作阶段需要完成和解决的任务还包括以下几点。

1．研发团队的组织与人员安排

这里所说的并不是参与 Demo 制作的人员，而是后续整个实际项目研发团队的人员配置。在前期制作阶段，游戏制作人需要对研发团队进行合理和严谨的规划，为之后进入实质性研发阶段做准备。这其中包括研发团队的初步建设、各部门人员数量的配置、具体员工的职能分配等。

2．制订详尽的项目研发计划

这同样也是由游戏制作人来完成的工作，项目研发计划包括研发团队的配置、项目研发日程规划、项目任务的分配、项目阶段性目标的确定等。项目研发计划与项目策划文档相辅相成，从内外两方面来规范和保障游戏项目的推进。

3．确定游戏的美术风格

在游戏 Demo 制作的过程中，游戏制作人需要与项目美术总监及游戏美术团队共同研究和发掘符合自身游戏项目的视觉画面路线，确定游戏项目的美术风格基调。要达成这一目标需要反复试验和尝试，甚至在进入实质研发阶段后美术风格仍有可能被改变。

4．固定技术方法

在 Demo 制作过程中，游戏制作人与项目程序总监及程序技术团队一起研究和设计游戏的基础程序构架，包括各种游戏系统和机制的运行与实现，对于 3D 游戏项目来说也就是游戏引擎的研发设计。

5．游戏素材的积累和游戏元素的制作

游戏前期制作阶段，研发团队需要积累大量的游戏素材，包括照片参考、贴图素材、概念参考等。例如，我们要制作一款中国风的古代游戏，那么就需要搜集大量的特定年代风格的建筑照片、人物服饰照片等（见图 4-11）。同样从项目前期制作阶段开始，美术制作团队就可以开始大量游戏元素的制作，如基本的建筑模型、角色和怪物模型、各种游戏道具模型等。游戏素材的积累和游戏元素的制作都是在为后面进入实质性项目研发打下基础并提供必要的准备。

图 4-10　画面相对简陋的游戏 Demo

图 4-11　游戏场景制作需要的素材照片

4.3.3　游戏研发阶段

这一阶段属于游戏项目的实质性研发阶段，大致占了整个项目开发周期50%的时间，这一阶段是游戏研发中耗时最长的阶段，也是整个项目开发周期的核心所在。从这一阶段开始，大量的制作人员开始加入到游戏研发团队中，在游戏制作人的带领下，企划部、程序部、美术部等研发部门按照先前制定的项目研发计划和项目策划文档开始了有条不紊的制作生产。项目研发团队中的人员配置通常为：5%的项目管理人员、25%的项目企划人员、25%的项目程序人员和45%的项目美术人员。实质性的游戏项目研发阶段又可以细分为制作前期、制作中期和制作后期三个阶段。具体的研发流程如图4-12所示。

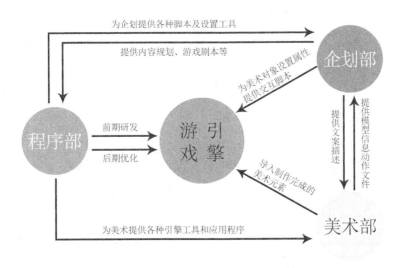

图4-12　游戏项目实质性研发阶段流程示意图

1．制作前期

企划部、美术部、程序部三个部门同时开工，企划部开始撰写游戏剧本和游戏内容的整体规划。美术部中的游戏原画师开始设定游戏整体的美术风格，3D模型师根据既定的美术风格制作一些基础模型，这些模型大多只是拿来用作前期引擎测试，并不是以后游戏中真正会大量使用的模型，所以制作细节上并没有太多要求。程序部在制作前期的任务最为繁重，因为他们要进行游戏引擎的研发，或者一般来说在整个项目开始以前他们就已经提前进入到了游戏引擎研发阶段，在这段时间里他们不仅要搭建游戏引擎的主体框架，还要开发许多引擎工具以供企划部和美术部日后所用。

2．制作中期

企划部进一步完善游戏剧本，内容企划开始编撰游戏内角色和场景的文字描述文档，包括主角背景设定、不同场景中NPC和怪物的文字设定、BOSS的文字设定、不同场景风格的文字设定等，各种文档要同步传给美术组以供参考使用。

美术部在这个阶段要承担大量的制作工作。游戏原画师在接到企划文档后，要根据企划的文字描述开始设计和绘制相应的角色和场景原画设定图（见图4-13），然后把这些图片交给 3D 制作组来制作大量游戏中需要应用的 3D 模型。同时，3D 制作组还要尽量配合动画制作组完成角色动作、技能动画和场景动画的制作，之后美术组要利用程序组提供的引擎工具把制作完成的各种角色和场景模型导入到游戏引擎当中。另外，关卡地图编辑师要利用游戏引

图 4-13　游戏场景原画设定图

擎编辑器开始着手各种场景或者关卡地图的编辑绘制工作，而界面美术师也需要在这个阶段开始游戏整体界面的设计绘制工作。

由于已经初步完成了整体引擎的设计研发，程序部在这个阶段工作量相对减轻，其主要任务是继续完善游戏引擎和相关程序的编写，同时针对美术部和企划部反馈的问题进行解决。

3．制作后期

企划部把已经制作完成的角色模型利用程序提供的引擎工具赋予其相应属性，脚本企划同时要配合程序组进行相关脚本的编写，数值企划则要通过不断演算测试调整角色属性和技能数据，并不断对其中的数值进行平衡化处理。

美术部中的原画组、模型组、动画组的工作则继续延续制作中期的工作任务，要继续完成相关设计、3D 模型及动画的制作，同时要配合关卡地图编辑师进一步完善关卡和地图的编辑工作，并加入大量的场景效果和后期粒子特效；界面美术设计师则继续对游戏界面的细节部分做进一步的完善和修改。

程序部在这个阶段要对已经完成的所有游戏内容进行最后的整合，完成大量人机交互内容的设计制作，同时要不断优化游戏引擎，并配合另外两个部门完成相关工作，最终制作出游戏的初级测试版本。

4.3.4　游戏测试阶段

测试阶段是游戏上市发布前的最后阶段，大约占了整个项目开发周期 10% ～ 20% 的时间。在游戏测试阶段中，主要任务是寻找和发现游戏运行过程中存在的各种问题和漏洞，这既包括游戏美术元素及程序运行中存在的各种直接性 BUG，也包括因策划问题所导致的游戏系统和机制的漏洞。

事实上，对于游戏产品的测试并不是只在游戏测试阶段才展开的，测试工作贯穿在产

品研发的全程，研发团队中的内部测试人员要随时对已经完成的游戏内容进行测试工作，他们每天都会对研发团队中的企划、美术、程序等部门反馈测试问题报告，这样游戏中存在的问题会得到及时解决，不至于让所有问题都堆积到最后，从而减少了最后游戏测试阶段的任务压力。

游戏测试阶段的任务更侧重于对游戏整体流程的测试和检验，通常来说，游戏测试阶段分为 Alpha 测试和 Beta 测试两个阶段。当游戏产品的初期版本基本完成后，就可以宣布进入 Alpha 测试阶段了。Alpha 版本的游戏基本上具备了游戏预先规划的所有系统和功能，游戏的情节内容和流程也应该基本到位。Alpha 测试阶段的目标是将以前所有的临时内容全部替换为最终内容，并对整个游戏体验进行最终的调整。随着测试部门问题的反馈和整理，研发团队要及时修改游戏内容，并不断更新游戏的版本序号。

正常来说，处于 Alpha 测试阶段的游戏产品不应该出现大规模的 BUG。如果在这一阶段研发团队还面临大量的问题，说明先前的研发阶段存在重大的漏洞，那么游戏产品应该终止测试，转而"回炉"重新进入研发阶段。

游戏产品 Alpha 测试基本通过后，就可以转入 Beta 测试阶段了。一般处于 Beta 状态的游戏不会再添加大量新内容，此时的工作重点是对于游戏产品的进一步整合和完善。相对来说，Beta 测试阶段的用时要比 Alpha 阶段短，之后就可以对外发布游戏产品了。

如果是网络游戏，在封闭测试阶段之后，还要在网络上招募大量的游戏玩家展开游戏内测。在内测阶段，游戏公司将邀请玩家对游戏运行性能、游戏设计、游戏平衡性、游戏 BUG 及服务器负载等进行多方面测试，以确保游戏正式上市后能顺利进行。内测结束后即进入公测阶段，内测资料在进入公测后通常是不保留的，但现在越来越多的游戏公司为了奖励内测玩家，采取了公测奖励措施或直接进行不删档内测。对于计时收费的网络游戏而言，公测阶段通常采取免费方式；而对于免费网游，公测即代表游戏正式上市发布。

第 5 章

游戏策划

5.1　游戏策划的定义与职能分工

游戏策划，又称游戏企划，国际上通常称作游戏设计师（Game Designer）。游戏策划是游戏研发公司中的一种职位，是游戏开发团队中负责游戏总体规划的设计人员，是游戏开发团队中的核心成员。游戏策划的主要工作是编写游戏背景故事、制定游戏机制和规则、设计游戏系统、设计游戏交互环节、编写部分脚本、平衡游戏数据及对整个游戏世界一切细节的规划设计等。

游戏策划在游戏研发团队中是一个部门职位的统称，根据职能的不同，游戏策划部门内又细分为数个工种和职位。图 5-1 所示为游戏策划职位发展和演变的过程，同时也展示了目前游戏策划部门内的具体职能分工。

图 5-1　游戏策划职位的发展与职能分工

在游戏制作行业发展初期，最初的游戏策划被称为游戏设计师。游戏设计师负责游戏的整体规划与设计，当时并没有具体的职能分工。到了之后的单机游戏时代，随着游戏内容的不断扩充，国外从游戏设计师中分化出了专门的关卡设计师，负责游戏关卡的设计。同样在单机时代，国内通常将策划分为主策划与执行策划，主策划也就是策划部门的主管，执行策划也没有严格的职能划分。之后发展到网络游戏时代，游戏策划的智能分工已经基本完善，而且除了游戏策划外还细分出了负责网游运营的运营策划，这套职能体系也一直沿用至今。下面就来具体讲解一下游戏策划具体的职能分工与作用。

1．主策划

主策划也称为策划主管或策划总监，属于策划部门和团队的领导者，主要负责给其下属的执行策划分配任务，同时还负责与程序、美术部门的沟通，策划设计工作的质量监督，以及项目进度安排、游戏整体设计架构等方面的工作。

主策划一般都是由资深的执行策划晋升的，目前游戏行业内至少需要 3 年以上的设计经验才能够担任主策划（有的大公司要求至少 5 年以上），在所有策划中能力要求最高，而且要求具有全面的游戏设计经验与管理能力。当然，在行业内还是有极个别的案例是没有行业经验的人入行后就做主策划的，例如冰岛 CCP 公司的《星战前夜 OL》的主设计师就是其中一位。

2. 关卡策划

关卡策划是游戏中关卡的总设计者，他们需要掌握专业游戏引擎工具来设计游戏关卡（见图 5-2），同时要配合数值策划设定数值，配合剧情策划进行剧情设计，甚至系统设计等方面的工作。关卡策划需要跟程序部门协调配合，进行任务系统方面的实现，同时提出任务编辑器、场景编辑器等方面的需求。另外，关卡策划还需要协调美术部门，提交美术资源的需求，跟进美术资源的制作等。此外，关卡策划还负责架构整个任务系统、进行场景设计、编写任务等。

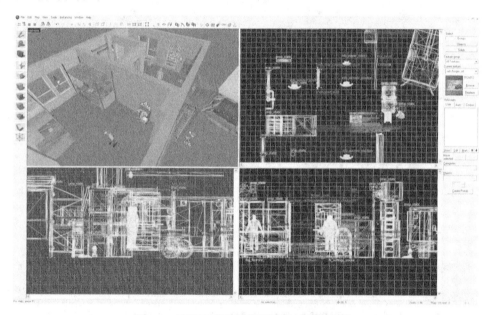

图 5-2　利用引擎编辑器制作游戏关卡场景

关卡策划要有一定的美术基础。例如，设计游戏场景时，提交资源需求给美术部门后，美术资源制作完成时需要验收美术资源是否符合要求，如果没有一定美术基础就会缺乏鉴定和判别的能力。另外，关卡策划还需要一定的系统设计能力，因为关卡策划需要设计和架构任务系统，在后期关卡设计完成后，还需要提交任务、场景等编辑器的需求。

关卡策划对历史、地理、建筑等方面也需要有一定了解。例如，设计一个中国古代场景，这就需要了解相关的历史文化背景及建筑学知识。对地理也需要了解，毕竟关卡策划需要架构的不是一个场景和关卡，而是整个游戏世界。总之，关卡设计师可以说是整个游戏世界的构建者和创建者，其负责的工作任务复杂、多样而广泛。

3．数值策划

数值策划负责游戏中各种数据和数值的平衡设定，所以又称游戏平衡性设计师。一般主要负责游戏平衡性方面的规则和系统的设计，负责游戏中各种公式运算的设计，以及整个经济系统的搭建和战斗系统的设计等。根据公司和项目不同，可能还包括职业系统、技能系统、装备系统、精炼打造系统等系统数据的设计。游戏数值策划基本的日常工作就是和数据打交道，例如，游戏中所见的武器伤害值、角色属性值、HP 值和 MP 值，甚至包括战斗伤害的计算公式等都由数值策划所设计的。

数值策划属于游戏策划团队中的高级策划职位，对人员能力的要求很高，如果没有很严密的逻辑思维和数理能力是很难胜任的。此外，还需要有系统设计能力，因为一般数值策划都能够兼任系统策划，好的数值策划也一定是好的系统策划。

4．系统策划

系统策划是游戏中主要系统的设计者，一般主要负责游戏的一些系统规则的编写。系统策划和程序设计者的工作比较紧密，例如，组队、战斗、帮派、排行榜、好友等系统，需要提供界面及界面操作、逻辑判断流程图、各种提示信息等。

系统策划也属于高级策划职位，一般新手很难担任，这个职位对逻辑思维能力要求也很高，类似于数值策划。一般项目如果没有数值策划，会要求系统策划兼任数值策划。此外，系统策划由于需要频繁地同程序打交道，跟进程序功能的实现，所以还需要一定的程序功底。如果本身就是程序员出身的话，转任系统策划会比较容易。

5．剧情策划

剧情策划又称文案策划，一般负责游戏中的文字内容的设计，包括但不限于世界观架构，主线、支线任务设计，职业物品说明和局部文字润色等。游戏剧情策划的职责不仅只是自己埋头写游戏剧情而已，他还要与关卡策划配合设计游戏关卡的工作。因为关卡策划在架构世界的时候，就是依托于剧情策划设计的世界观和背景而进行的，而剧情策划又会根据关卡策划设计的世界来设计相关的剧情。

剧情策划的入行门槛相对较低，哪怕没有一点策划方面的经验，只是个新手，但是只要有一定的文学功底都可以来担任。毕竟文字和文章人人都会写，区别只是写得好与不好的问题，而且评判好与不好时每个人都有不同的标准，所以剧情策划是适合新人入行所选的策划岗位。

6．其他执行策划职位

（1）UI 策划。负责游戏中界面的设计，美术资源管理等方面的工作。不过一般这个职位游戏研发公司招聘的较少，通常都是由其他策划兼任的，也有不少公司是让美术人员担任的（见图 5-3）。

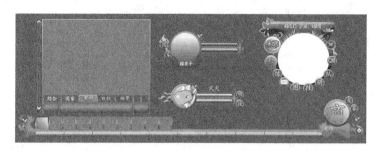

图 5-3　游戏 UI 策划设计

（2）脚本策划。主要负责游戏中脚本程序的编写，包括但不限于各种技能脚本、怪物 AI、较复杂的任务脚本编写等。这一职位类同于程序员但又不同于程序员，因为他会负责游戏概念上的一些设计工作。这个职位需要一定的编程能力，要求掌握基本的脚本语言。

（3）创意策划。负责游戏创意的思考、整理和提案，这并不是常见的策划岗位，一些手机游戏或小型游戏公司可能会设有这类职位。

（4）任务策划。专门负责游戏中任务的设计和任务剧情的编写，这类设计师工作职责更接近于剧情策划，但是又有不同，他会分担一部分关卡策划原本应该担任的任务设计的工作，让关卡设计师更专注于关卡设计上。

（5）音乐策划。负责游戏所有音乐和音效的规划设计，这也是较为偏门的策划类型，通常会找专门的懂音乐的人员担任，但并不负责实际音乐、音效的制作，具体的制作任务通常会交给制作部门或者外包公司来完成。

综合以上介绍的各类策划职位，如果从入行难度、能力要求和薪水待遇来看，各岗位从低到高分别为创意策划→剧情策划→任务策划→ UI 策划→关卡策划→数值策划→脚本策划→系统策划→主策划。

5.2　游戏策划所应具备的职业能力

游戏策划实际上是一个需要具备相当素质才可担任的职业，其工作中所包含的内容极具深度和广度。想要做好的游戏策划或者说要成为一名合格的游戏策划，至少应该具备以下的九种能力。

1．对市场敏锐的洞察力

游戏是一种特殊的商品。虽然它具有艺术性、娱乐性和高科技性，被称为"第九艺术"，但究其本质，它终归是要推向市场，成为商品进行流通的。而公司投资进行游戏开发，最终也是要通过出售游戏来回收资金并获取利润的，也只有这样企业才能够进入良性循环。所以，游戏的制作与市场和商业因素紧密相联。

　　游戏策划一定要关注当前国际游戏市场上备受好评的游戏，善于发现独特创意和新颖的游戏类型。例如，在智能手机游戏风靡全球后，卡牌类手机游戏开始出现并获得了成功，之后便有无数卡牌类手游涌入市场。这并不只是一种刻意跟风行为，同时也是游戏市场脉搏的一种体现。一款新类型游戏的推出如果取得成功，肯定会带来巨大的市场效应，而始创公司又不可能在短短时间内推出后续产品，这就留下了市场空白。面对着大批喜欢这种游戏类型而又难以见到新游戏的爱好者，如果有人赶紧推出同类产品，就能够抢占市场。跟风跟得紧、跟得巧，同样会收到良好的市场回报。对于游戏市场整体的把握和了解及对于商业市场的敏锐洞察力，是每一个游戏策划所必须具备的基本素质。

　　2．具备一定的商业营销头脑

　　一个游戏的开发并不只是设定几个数据、编写一段脚本和设定一个故事这么简单。在最开始的立项报告书中甚至可以完全不提游戏的自身元素，但是市场调研、确定方案、制作、测试、发售、售后服务等几大步骤，以及广告宣传、信息反馈、资源获取等一系列流程却不可缺少。如何正确有效地调配好各部分之间的关系？如何获得更好的销售渠道？这些问题都是游戏策划必须去考虑的事项，所以商业营销头脑也是游戏策划应该具备的基本能力和素质。

　　3．要善于把握游戏玩家的心理

　　游戏最终的体验用户是消费者，也就是游戏玩家，玩家对于游戏接受与否，决定了游戏最终的成功或失败。所以游戏策划在进行游戏的设计工作时，一定要把玩家的心理需求作为一项重要的因素来进行考虑。例如，在传统的 RPG 中，随机触发式的地图战斗和让人晕头转向的迷宫都是经常受到玩家指责的游戏设计方式。作为游戏设计者，如果依然不顾及玩家的意见，而继续在自己所设计的游戏中采用玩家难以接受的游戏方式，那么游戏产品最终肯定不会受到市场好评。国外的一些游戏制作公司在游戏设计初期，就会将部分设计方案向社会公开，征求广大玩家对其设计方案的意见，并根据大部分玩家的统一意见对游戏内容进行修改——实际上这种做法也是一种游戏宣传与推广手段，借此扩大了游戏的影响和知名度。

　　4．对游戏其他部门的工作有所了解

　　游戏设计思想的表达是建立在程序部门和美术部门的工作基础之上的。游戏设计者的设计方案一定要在程序部门和美工部门的制作能力范围之内，如果设计的方案根本制作不出来，那一切等于零。因此，游戏策划必须要对程序部门和美术部门的工作流程、工作步骤、目前的制作能力等有一定程度的了解，才能按照实际的情况量体裁衣，进行游戏方案设计。同时，这也是在后期游戏开发过程中，游戏策划与其他部门人员进行工作协调的基础。

　　5．具备良好的艺术修养

　　在游戏的研发制作过程中，游戏策划是一个十分复杂的职业，其工作内容涉及游戏设计的方方面面，甚至是游戏本身以外的相关领域。例如，游戏的世界观背景、情节剧本、风格设定、角色的背景、剧情动画镜头设计，甚至是游戏中采用的各种音乐和音效等，这些都需要游戏策划人员来进行规划和设计。所以一名合格的游戏策划必须对影视、美术、音乐等艺术领域都有所涉猎，善于在日常生活中学习和积累，养成良好的艺术修养。

6．具备一定的想象力和数理能力

游戏首先诞生在设计师的头脑中，想象力对创造一个幻想的世界而言是最为重要的。想象力并非要颠覆事物的原有一切来创造出全新的事物，而是在原有基础上的改造和创新，选择出改造的方向及力度，使旧有的事物获得新生，优秀的游戏设计师应当精于从熟悉的事物中抽取出新的元素。想象力的另一个层面是推理，或者说是相辅相成的两个环节。在想象力迸涌之后，需要准确地推理出这样的创意最终将导致如何的结果，并尝试将多个创意连贯起来。

这里所说的数理能力并非像程序员那样要了解复杂的方程式，游戏策划需要知道的就是一些简单的数学运算，如直线方程、抛物线方程及数列等，另外还需要应用到一些统计学的方法。基本的情况下，处理数字的问题都可以交给 Excel 软件来完成，在面对一个庞杂的数值表时，游戏策划要保持头脑的冷静和平稳的心情。

7．良好的文字语言表达能力

游戏策划者有一个构思之后，首先要给出创意说明书，说明游戏的特点、大体构架、风格等。接着是立项报告，里面要有基本的运营方案和利益分析等，以争取投资者的投资。然后就是游戏策划文档，游戏策划文档首先是给程序和美术人员看的，其他运营人员也必须看，如游戏的特点、游戏的框架内容、各种细节设定等。既然是给别人看的书面材料，那么就必须把想法和创意全部条理清晰地告诉大家。所以，良好的文字语言表达能力是游戏策划最应具备的基本条件之一。

8．善于采纳别人的合理化建议

有一件事情是作为游戏策划一定要避免的，那就是刚愎自用和不能听取他人的意见。有很多游戏设计的新颖思路都是大家在一起相互交流时所得到的，仅靠策划一个人去想，毕竟会有所疏漏和不足。游戏策划作为游戏的总设计者，拥有对游戏设计思想的最终决定权，当遇到游戏设计上的分歧时，游戏策划有最后定案的权力。但这并不意味着游戏策划就有完全不听取别人意见、一意孤行的权力。相反，正是由于策划有最终决定权，所以才更有必要多听取别人的意见，从中获得最优秀的合理化建议。只要是对游戏有利的建议，又不影响游戏的整体结构风格及在制作允许范围之内，策划就有义务要接受和采纳。

9．对游戏的热爱

可能很多人总认为做游戏是一项很有趣、很好玩的工作，也许制作游戏可以满足人们心中的梦想，但过程绝不容易。实际上做游戏的过程是相当枯燥和劳累的，在制作过程中，总要遇到这样或那样的问题和挫折，而当游戏上市之后，又要面对市场和玩家们的批评。面对这一切并不轻松，但只要保有对游戏的巨大热爱之情，自身就会充满无穷的动力，只有这样才能坚持不懈地继续从事游戏设计事业。

5.3 游戏策划设计要素

游戏策划包含的内容十分众多和复杂，同时又由于游戏的类型不尽相同，这使得游戏策划在具体实施的时候要考虑方方面面的因素。正因如此，对于游戏策划所要面对的众多的要素，我们需要从一定的角度对其进行总结和概括。下面就简单介绍一下游戏策划和设计中的一些基本要素。

5.3.1 世界观构架

世界观在哲学体系中是指对世界总体的根本看法。由于人们的社会地位不同，观察问题的角度不同，形成的世界观也就不同。而对于游戏世界观这一概念，我们应用了世界观的引申含义，也就是指游戏世界的背景设定或者游戏世界的客观规律。由于是客观规律，那么就要求游戏中的设定务必符合逻辑，能够对游戏里的一切现象"自圆其说"。逻辑不是说符合现实逻辑，而是符合设定逻辑，例如，设定仙族强于魔族，那么这个基础定律就不能被推翻，一旦被推翻就是不符合逻辑。

任何一款游戏作品都有属于它自己的游戏世界观，大到 MMO 网游，小到一些只有几MB 的桌面小游戏，游戏中所有的元素都可以看作游戏世界观的构成部分。例如，在著名的 MMORPG《魔兽世界》的开场动画中，通过雪原之地的丹莫罗、幽暗静谧的夜歌森林、压抑黑暗的瘟疫之地、黄金草原的莫高雷、战火点燃的杜隆塔尔等几段不同场景和角色的影片剪辑为玩家展现了游戏庞大的世界观体系，影片中各具特色的游戏场景直观地展现出了不同种族的生活、信仰和文化背景。日本 Square Enix 公司的《最终幻想》系列，每一代的开场 CG 动画都力图通过精致唯美的游戏场景，为人们展示出那介于幻想和现实之间的独特世界（见图 5-4）。

在早期的游戏制作中是不需要特地去构架世界观的，想在游戏里添什么就添什么，比较随意。而游戏玩家对于游戏的体验基本上分为四个阶段：困惑期、兴奋期、参与期、厌倦期。在玩家对游戏系统十分了解之后，会进入厌倦期，这时候如果有一个完整的世界观摆在玩家面前，那么他就会对游戏世界产生探索心理，随着对世界观的逐渐了解，玩家就会产生归属感，进而融入游戏的虚拟世界。例如，《仙剑奇侠传》系列就是一个世界观构架十分完整的游戏。世界观在游戏中的地位和作用超过了游戏的其他构成要素。

构成游戏世界观的元素包括历史起源、世界形态（最初、发展、最终）、势力设定、物种设定、规律体系和世界地理等，如图5-5所示。而所有的世界观构成要素可以概括为三个层次：表象层次、规则层次和思想层次。

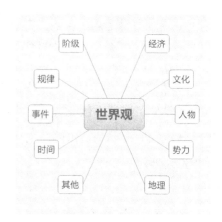

图5-4 《最终幻想》游戏中介于现实和幻想之间的独特世界　　图5-5 游戏世界观的构成要素

1. 表象层次

这里的表象是指游戏中可以直接被人的感官所感知的信息，如图像、文字、声音和动作等，这些是游戏世界观最基础的表达方式。游戏是一种多媒体艺术，将各种艺术形式进行综合运用就是它的长处，向人类的自然感官直接发送有关游戏世界观的信号，是最方便的选择。

我们对一个游戏世界观的判断在很大程度上就来源于游戏中各种形象的设计，如人物造型、服装设计、建筑设计、背景设计等。此外，依靠各种视觉形象在游戏中展现世界观也是最常用的手段。

2. 规则层次

相对前面提到的显而易见的表象层次，规则层次的世界观在游戏中隐藏得比较深，不容易被我们的感官直接发觉，但是它的作用不能小看。规则层次的世界观告诉我们这个虚构的游戏世界以什么方式运动，是更深入地描绘游戏世界场景的必要手段。

例如，著名的欧美RPG《龙与地下城》的核心就是一套数学规则体系，一个动作能否成功，动作效果如何判定，效果是必然还是随机，都由这套数学规则决定。《龙与地下城》的数学架构，是在7颗（6种）骰子（见图5-6）所产生的随机数基础上建立的，其中最重要的一颗就是20面骰，用来进行大多数的"成功率检定"。每当玩家试图进行有一定概率失败的动作时，投一个骰子，把结果加上相关的调整值，与目标数值相比较，若最终结果等于或大于目标数值，动作就成功完成；若结果小于目标数值，则动作失败。这被称为"D20系统"（D20 system），也就是以D20骰子为核心的规则系统。D20系统包括D12、D10（各2颗，用于投百分比）、D8、D6和D4，共7颗骰子，它们几乎可以计算整个《龙与地下城》世界的所有事件。D20系统的特点还包括基于等级的HD（通过骰子来决定生命点）/HP 系统，以及线性增长的人物能力等。

3. 思想层次

这里所说的思想层次是指游戏设计者想通过游戏告诉玩家的他们对世界的主张，如果我们承认电子游戏是一种艺术，那它就必然带有艺术的属性——向别人传达自己的见解和主张。例如，席德梅尔的《文明》系列的一贯原则，就是还原历史、模拟现实，因此它更多地要表现已经发生的历史。《文明》无形中在向玩家灌输这样一种观念，无论人类走过的路径有多少、每条路径有多么不同，都必然只有一个未知的结局。而这个结局夏然而止，对人类以后的发展没有交代，也不必交代，只能让事实去证明。《文明》系列游戏可以说是全景式地展示了人类文明进程，是一部用电脑游戏书写的、可以让玩家自由参与的人类史诗（见图 5-7）。

 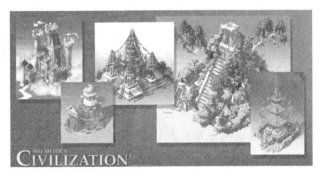

图 5-6 《龙与地下城》规则体系中所用的骰子　　　图 5-7 《文明》中有大量对于人类历史文化的表现

游戏世界观的三个层次，是一个相互影响的有机整体，以"思想到规则再到表象"的关系，构成了一个游戏的完整世界观体系。其中任何一点的变化都有可能对其他层次产生极为重要的影响，甚至颠覆整个世界观系统。所以游戏策划在进行世界观构架的时候一定要十分细致，特别是在进行一个游戏续作的开发时，更要努力保证游戏世界观的连续性，只有这样才能使玩家对游戏产生亲切感和延续感，使游戏获得更多的认同并取得成功。

5.3.2　游戏剧情

游戏剧情设计和游戏世界观构架一样，都属于文案策划的工作内容。游戏的剧情策划就是在游戏世界观框架下来设计和撰写游戏的剧本和故事情节内容，同时配合和衔接游戏中的各种玩法和系统。游戏作品的剧本一般要求有强烈的情感化，故事性和戏剧性要强。

游戏剧情是一个笼统的概念，它并不仅仅指的是游戏中的故事情节，从专业游戏制作角度来说，剧情策划应该称作游戏剧本策划，游戏剧情是游戏剧本的通俗化称法。严格来说，游戏的世界观构架也是游戏剧本的一部分，除此以外，游戏剧本还包括剧情大纲、角色对白、任务文本、游戏 CG 和过场动画分镜头文本等内容。

对于游戏中的故事情节，如何提高玩家的体验性和对玩家的感染力，通常来说，有以下几种常用手段。

1. 游戏 CG 动画

游戏 CG 动画就是指利用 3D 视频动画技术制作的预渲染动画。游戏 CG 动画通常出现在游戏作品开头或者穿插在游戏的主要情节当中。由于是利用预先渲染制作的，所以 CG 动画中的 3D 技术不需要考虑游戏实际的运行平台的硬件配置，通常游戏 CG 动画的视觉效果十分逼真和华丽，能够在第一时间抓住玩家的眼球，让玩家如同欣赏影视大片般地体验游戏的剧情。

2. 游戏过场动画

与游戏 CG 不同，过场动画通常都是在实际游戏场景中利用即时渲染生成的动画（见图 5-8）。简单来说，过场动画就是让玩家处于不可操作状态，利用程序播放当前游戏场景中的动画效果。过场动画与 CG 动画的另外一大区别是，过场动画通常没有镜头的变换，一般都是在固定场景镜头下完成的。过场动画通常是利用游戏引擎编辑器制作的，由游戏美术和企划人员共同配合完成。在过场动画播放时，玩家由第一

图 5-8　游戏中的过场动画

人称主动控制转换为第三人称被动观看，这样有利于游戏中各种情节的衔接转换和交代。

3. 独立的支线任务

对于单机游戏来说，游戏的主线任务就是剧情的主线，完成游戏主线任务的过程就是游戏情节的体验过程。而对于网络游戏来说，把含有大量剧情内容的任务放到主线任务中并不合适，因为玩家是为了角色升级的速度，通常会忽略主线任务内容而选择快速完成的方式，预先设定的剧情内容并不能被玩家接受和消化。所以，在网络游戏中剧情含量高的任务通常作为独立的支线任务而存在，让玩家可以主动选择是否来体验，而不是被动接受。即使如此，主线任务还是要有一定的剧情基础，毕竟主线任务贯穿了整个游戏体验的过程，也是用来触发剧情任务的基础条件。

4. 形象化的交互设计

如果游戏中的角色对白窗口或任务窗口只是简单的文字框模式，那么玩家就会感觉只是游戏的一个交互操作，缺少代入感。剧情任务最好还是用全屏交互的形式，让玩家产生正在与 NPC 交流的感觉（见图 5-9）。全屏交互就是玩家视窗中只存在对方的角色形象，形成一种第一人称的交互对话方式。另外，在对白框出现的同时，最好还要显示各自的头像，而头像通常会有角色的表情变化，让交互流程更加清晰和形象，增强游戏的代入感。

图 5-9　全屏交互的对话形式

5．持续性的完整游戏事件

游戏事件是指游戏剧情流程中的阶段性事件。游戏事件类似于游戏剧本中的章（节）概念，一个完整的游戏事件也就相当于一个小的故事，要保证其持续性和完整性，通常由多个任务共同构成和描绘一个游戏事件。游戏事件可以在短时间内迅速抓住玩家的游戏心理，促使游戏中各种矛盾的产生，增强剧情的紧张感和戏剧性。而在网络游戏中这样的事件性任务通常命名为"……1""……2""……3"，如"抵抗入侵（一）""抵抗入侵（二）""抵抗入侵（三）"等。

5.3.3　游戏系统

游戏系统是游戏中所有交互程序的总称，玩家可以通过各种游戏系统实现人机互动过程。游戏系统服务于游戏主体，不同类型的游戏所包含的游戏系统也不相同，例如，战略游戏的战斗系统与 FPS 游戏的战斗系统是完全不同的两种类型。游戏系统的制作与实现主要由程序部门来负责，但是游戏系统的制定和规划却是游戏策划的工作。游戏系统策划属于高级策划岗位，是游戏研发过程中的核心，多数游戏制作公司中的系统策划都由主策划来兼任。下面我们来了解一下常见的游戏系统及其作用。

1．属性系统

这是游戏中最常见的系统之一，包括游戏角色、物品道具、技能等各自的属性（见图 5-10）。例如，角色的 HP 值、MP 值、技能的伤害值、物品道具的使用值等都属于属性系统的范畴。属性系统通常由系统策划和数值策划共同完成，然后由程序部门对完成的数据体系进行保存。这里的属性，不仅包括事物的基本性状，也包括由它引发的脚本代号。

2．状态机系统

状态机是游戏中用来表现各种对象状态的一种系统，这个系统十分复杂，也是所有系统得以运行的基础。这个系统标志着游戏对象目前处于一个什么样的情况中，例如，对于动作而言，人物是站立中？还是跑动中？还是在施放技能中？当然，有些状态是可以同时拥有的（如站立和施法），有些则是不能同时拥有的（如站立和走动），这在程序中需要用不同的变量来区分。相对于剧情而言，人物现在是接受了这个任务吗？没有接受任务吗？或是完成了吗？如果任务不止一步，人物进行到哪一步了？每个任务都要用不同的状态机来保存。主角目前身上有什么物品？身上有什么装备？曾经去过哪些地方？杀死过哪些怪物？这一切的一切都是需要用状态机来表示的。脚本系统也需要这些状态机来进行判断，当然，这其中有些状态机不需要事先设定，而是在需要的时候才计算（如物品状态机，在需要的时候给定一个物品的代号，然后状态机系统就可以给出角色是否拥有这个物品，拥有多少个）。

图 5-10   游戏中各种复杂的角色属性

另外，游戏程序中的状态机和游戏设计中的状态并不是一一对应的。例如，游戏设计中有"麻痹"这一状态，但是状态机中却不一定有，而是用"移动：否""动作：否"这两个状态机来表示的。当然还有各种各样的状态机情况——游戏的规则越复杂，所需要的状态机就越多，状态机系统也就越复杂。状态机系统之所以十分重要，是因为周围世界中所发生的一切行为都是以人物处于何种状态而进行判定的。

3．行为系统

这个系统决定了游戏画面中对象的执行方式，与图形引擎和声音引擎都有关系。当人物（或是怪物）发出一个动作之后，这个动作要怎么表示？如攻击，虽然在角色发动攻击的瞬间，其结果就已经被预先计算好了，但是不可能角色的攻击一发动，怪物就做出受伤的动作并且惨叫一声，而是等角色的攻击动作到达某一个阶段，严格来说是具体到行为动画某一帧的时候，怪物才出现受伤的动作。这一系列行为动作的完成过程就属于行为系统的范畴。

不同的事物可以用不同的行为系统，但也可以共用同一个行为系统。例如，挥舞长剑和挥舞长刀，虽然它们的渲染和伤害计算是不同的，但是它们的行为是一样的。死亡的动作，虽然死亡的概念是相同的，但是死亡有多种方式，如向前倒下、向后倒下、慢慢倒下等，如果是从正面受到攻击，那么向后倒下才符合情况，而用向前倒就违背客观规律了。以上所提到的判断何时使用哪种动作的过程也属于行为系统的范畴。

134

4．交互系统

交互系统是指计算机接收用户的指令输入，并判断这个输入将要产生什么样的影响，然后执行何种操作的过程。交互操作判断的准则需要同时分析角色和目标的状态。例如，用户把一个NPC设为目标时，这个目标是友好的？还是敌对的？如果是友好的，则执行对话的行为，如果是敌对的，则执行攻击行为。游戏的各种菜单也是交互系统的一部分，包括剧情对话框、物品购买界面、角色技能树界面等。它们本质上都是一种界面窗口，负责给提供用户信息，而用户执行的操作将对角色产生影响，或是触发某个事件及脚本。交互系统的逻辑层面并不复杂，它的难点主要在于烦琐的细节，所以这也是游戏中BUG频发的地方。

5．脚本系统

脚本系统是构成游戏世界的重要部分，一个好的脚本系统几乎可以操作游戏世界中的一切。一般来说，游戏的脚本系统由三个基本部分组成：一、脚本执行的先决条件。这是脚本执行的基础。二、脚本执行的动作。脚本执行的动作是多种多样的，这取决于脚本系统能做到什么样的事情，是最基本最常见的展开一段剧情对话？还是由一系列人物表演一系列动作？当然，只要游戏能做到的一切，都可以作为脚本的动作。三、脚本产生的影响。脚本执行之后，对周围对象会造成什么影响？是增加人物的力量？或是直接导致角色死亡？接受一个新任务？或者完成一个任务？当然，也有可能是触发另一个脚本。

脚本系统中的脚本分为游戏脚本和地图脚本。游戏脚本是在任何情况下，只要触发并且条件满足就可以执行的脚本。而地图脚本则是在指定的地图上才可以执行的脚本，通常它需要指定的对象和指定的环境，游戏中的大部分角色行为都是基于地图脚本来实现的。

6．地图系统

如果脚本是游戏世界的灵魂的话，那么地图系统则是游戏的血肉。地图系统包含游戏中各种地形场景、怪物、NPC、建筑等一切与世界相关的单位。它是玩家活动的空间，是游戏中各种美术元素的存在平台，也是脚本系统的实现平台。

7．AI系统

"AI"的中文意思为人工智能，是指游戏中各种非玩家程序控制对象的智能状态，这个系统也是游戏很关键的一个系统。对于单机游戏而已，玩家的游戏对象就是游戏程序本身，整个游戏体验和对抗过程就是玩家与程序之间的交互过程，AI系统直接决定了玩家在这一过程中的体验乐趣。AI系统也是游戏真实性的一种体现，游戏中对象的AI程度越高，玩家越会感到游戏过程的真实。

5.3.4　游戏关卡

游戏关卡其实就是游戏中场景、道具、机关及敌对角色的总称，是从单机游戏时代发展出的概念。在游戏中，不同风格的场景被划分为不同的关卡，玩家在关卡中与怪物、敌人、机关对抗的过程被称为"过关"（或攻关），在每一关的尽头一般都会设有一个强大的敌人，这个敌人通常被称为"BOSS"。在早期游戏中，大多数关卡都是以章（节）的形式存在的，例如，在《超级马里奥兄弟》中，游戏关卡被命名为"1-1""1-2""1-3""1-4""2-1"……以此类推。

在游戏发展初期，游戏类型并没有如今这么复杂，当时的游戏大多以射击类或动作类游戏为主，游戏关卡在当时而言就是游戏的主体内容，甚至包含了游戏的所有。电脑游戏和电子游戏发展到今天，随着游戏类型的分化和游戏方式的演变，已经成为了具有复杂体系和系统的综合化电子娱乐概念，游戏关卡已经不足以涵盖游戏的全部内容。即便如此，游戏关卡仍然是游戏作品的重要组成部分。

当今，动作类和射击类游戏仍然是以过关为主流的游戏方式，虽然游戏大多采用了剧本化的射击，关卡之间的分割不像以前那么明显和生硬，但以 BOSS 作为关卡划分的模式依然存在。而对于 RPG 来说，单机 RPG 中的迷宫我们就可以将其视为游戏关卡，MMORPG 中的副本和地下城我们也可以看作游戏关卡的一种特殊形式（见图 5-11）。由此来看，游戏关卡也在随着游戏的发展而演变，但它在游戏流程中的作用和地位并没有改变。

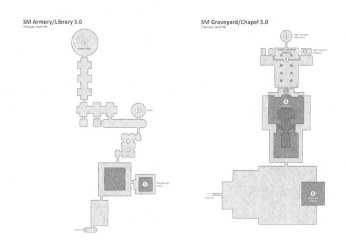

图 5-11 《魔兽世界》中的副本关卡地图

在今天的游戏研发流程中，关卡的规划和设计工作是由关卡设计师（Level Designer）来完成的，关卡设计师其实就是策划团队中的关卡策划。随着游戏内容的扩大和复杂程度的提升，如今的关卡设计是一项十分复杂和繁重的工作，关卡策划需要与美术和程序部门协调配合，从他们那里获得关卡设计的美术素材和设计工具，然后通过游戏引擎编辑器来设计和完成关卡的制作工作。下面我们先来讲解一下关卡设计的工作内容。

首先是剧情、脚本和对话。即便是像《止痛剂》这样崇尚设计快感的游戏，也必须要有完整的剧情设计。一般而言，剧情、脚本和对话都是由专业的作家来完成的，某些设计师经验比较丰富，游戏中的部分剧情和对话会由他们直接完成。另外，关卡设计师拥有一定的权力，可以根据自己关卡的需要对具体对话和剧情描述进行调整。

　　然后是游戏系统及其概念，这里所说的游戏系统是与关卡流程相关的游戏系统。通常在开始制作一款全新游戏的时候，游戏策划要对关卡流程和游戏玩法思考新的游戏创意，然后讨论它们的可行性，最后把这些创意变成新的游戏要素，添加为引擎的独立模块。由于最后都要靠关卡设计师们把这些新要素具体添加进游戏中，这一部分在实现上和关卡设计关系很大。关卡设计的好坏，决定了新概念是否会成为真正的游戏核心要素。

　　接下来是游戏画面效果。虽然游戏关卡中的基本美术元素都是由美术部门负责制作的，但这些美术元素的设计和策划却是由关卡设计师来完成的。从元素的外观理念到作用和意义，关卡策划要提出文案要求，同时要与美术部门进行协调，保证制作出来的元素符合关卡制作中应用需求。

　　最后是 AI 和关卡流程设计。虽然游戏中 AI 的制作是程序部门的工作，但关卡设计师必须给 AI 安排合情合理的范围。移动方式及某些特殊的应急反应等。一个关卡设计师的工作量，至少有 1/3 是放在 AI 上面的。关卡流程的设计直接关系到游戏的体验性，这也是关卡设计师的主要负责工作，一个关卡设计出色的游戏未必能让每个人都觉得好玩，但一个关卡设计糟糕的游戏肯定会让所有人都觉得不好玩。游戏的可玩性，最终还是要看关卡设计，一个游戏离开了关卡设计就完全成了"空中楼阁"。关卡流程设计包括很多内容，但归根结底就是两个大部分：关卡结构设计和关卡运行设计。这两者息息相关，构成了关卡设计师的全部工作内容。

　　接下来我们再来了解一下关卡设计的基本流程。首先，关卡设计师们要了解自己关卡的具体内容，主要根据游戏设计的风格与内容来确定。接下来要开始制作一个独立关卡的 Demo 和编写关卡文档的草稿，Demo 同样也是用引擎编辑器制作的地图，不过一切细节可以从简，只做出必要的部分来即可，这样可以方便他人理解这个关卡的基本流程。一般而言，Demo 版本地图的复杂性要根据制作周期中分配的时间而定。之后就是实际制作阶段，需要关卡设计师认真仔细地制作好关卡的每一部分，期间需要不断与美术及程序部门沟通协商，以达到理想的要求。最后就是关卡测试阶段，基本流程与游戏测试相同。

　　究竟怎样才能设计一个理想的游戏关卡？优秀的游戏关卡应该具备什么样的要素和特点？通常来说，一个成功的关卡设计师应该掌握以下几方面的设计要点。

1．运行流畅

　　一般在制作之前就应该对关卡的逻辑流程了如指掌，并保证所设计的关卡可以流畅运行，这是最基本的要求。关卡应该具备最基本的逻辑客观性，因设计问题而导致无法通过的 BUG 是玩家最不能容忍的。

2．难度合理

　　将关卡设计的具有挑战性固然是一种正确的设计理念，但并不是难度越高关卡设计就越成功，如果大多数人都认为关卡难度过大，那么这种关卡设计就不能称为成功（见

图 5-12）。所以，游戏关卡难度的合理性才是决定设计成功与否的标准。

具体难度的设定一般有两种方法。一种是线性的设计方法，也就是将难度在游戏过程中逐渐提高。例如，在动作游戏里把跨越的障碍增加宽度或者是高度，或者是用其他难度较大的物件替代难度较小的物件。当玩家逐渐熟悉基本操作流程后，水平会得到提高，在此基础上适当地提高游戏的难度才是合理的。另外一种是非线性的方法，就是直接设置游戏的不同

图 5-12　Game Over 的过度体验会让玩家失去游戏兴趣

难度水平，在游戏开始之初让玩家自己进行选择，通常分为"简单""普通""困难""非常困难"等几种。两种方法都是常见的难度设计方法，前者可以适用于单机或者网络游戏，而后者只适用于单机游戏。

3．趣味性

趣味性虽然看起来很简单，但其实它并不简单。如何增加游戏关卡的趣味性，这并非一句两句可以解释清楚的。例如，有些游戏在一个难度较大的关卡通过后，适当对玩家给予补偿或奖励，或者在通过难度较高的关卡后会出现一段低难度的流程，再如在游戏中设置大量的收集类道具，通过收集数量给予额外的游戏奖励，这些都是增加关卡趣味性的手段。

4．耐玩性

优秀的关卡设计必须能够让玩家花尽量多的时间沉浸在其中。如果一个花费大量时间设计的游戏关卡，让玩家在短时间内通关后就丢置一边，那么这样的关卡设计无疑是失败的，同时投入成本与收益也完全不成正比。

增加游戏关卡的耐玩性通常有以下三种方法：一、设计大量的分支流程。让玩家在主流程的体验过程中不断可以体验到分支流程，这样大大增加了游戏持续的时间。二、设置隐藏要素。在游戏关卡中设计大量的隐藏道具、任务等，让玩家花大量时间来探索和完成。三、设置"二周目"流程。所谓"二周目"就是玩家完整通关后再一次重新开始游戏，通常在"二周目"中玩家角色的等级及持有的装备道具等都会继承之前的游戏存档，同时游戏的难度也会大大提升。此外，还要在"二周目"中设计玩家第一次游戏时体验不到的全新剧情或者关卡内容。

5．视觉效果

首先游戏关卡要设计得合理、简洁和有序，不能看起来混乱而无序。《星际争霸》著名的对战地图"Lost Temple"就是对称设计的完美例子（见图 5-13），对称会让视觉产生整体的观感享受。

6．新手指导

新手指导是指在游戏开始时，用来提示和讲解基本操作及关卡流程的文字或者图示，

这也是现在游戏关卡中通用的设计理念。对于刚刚接触游戏的新玩家而言，如果没有指导和提示，会让玩家长时间停留在游戏的初期阶段，难于上手，甚至会导致玩家直接放弃游戏。

7. 创意

创意并不是游戏关卡设计所必须的要素，设计得中规中矩的关卡也可以获得成功，但创意可以起到画龙点睛的作用。优秀的创意并不是时刻都能产生的，有时创意就出现在偶尔的一刹那，所以真正优秀的创意极为珍贵，是可遇而不可求的。

图 5-13　《星际争霸》中的 Lost Temple 地图

5.3.5　游戏平衡性

游戏的平衡性是指，通过对游戏中的各种数据和数值的调控，使游戏达到协调统一的状态。简单来说，游戏的平衡性设计其实就是一种程序和数据的控制方法，它存在于游戏的各个方面，从游戏系统到游戏关卡都要始终贯彻这种控制方法，否则游戏就会因失衡而产生 BUG，从而导致整个游戏世界的"崩塌"。

游戏平衡性设计属于数值策划的工作内容，这是一项十分复杂和艰难的工作。它并没有太多理论体系可以参考，所有平衡都要通过对各种游戏数据的推敲来达到一个动态平衡的状态。有时候一款失败的游戏作品，它与成功之间往往只有一个平衡与否的区别。多数的游戏策划要通过反复试验才能掌握游戏平衡的基本原理。面对众多的游戏数据，有时往往只是改动几个数值就能够实现完美的游戏平衡，这其中的奥秘和诀窍只能够通过对大量实战经验的积累总结得出。

游戏平衡性通常是 Alpha 测试和 Beta 测试中所面对的主要问题。但实际上，对于游戏系统的平衡性把握必须在设计之初就要考虑到。优秀的游戏设计应该具有极大的可平衡性，也就是指游戏系统可以较容易地调整到平衡的状态，如果系统没有可平衡性，费尽周折也不可能将游戏调整到平衡状态。在设计初期应用良好的系统设计方式将带来较好的可平衡性，这样可以为游戏的 Alpha 和 Beta 测试阶段节省大量的时间。

游戏平衡性的调控过程有几个步骤，每个步骤都有各种各样的技巧。首先，要考虑的是让游戏进入一个有趣及可玩的状态，这就需要宏观调控，或者说让游戏中的大部分要素至少达到基本平衡，而且任何要素不存在过分的不平衡。只要达到这个状态，就可以继续细调游戏要素的具体部分，如 RTS 游戏里的种族或派系。游戏平衡的宏观调控伴随着游戏研发的整个阶段，也是初期应用的主要手段，一旦实现和完成了宏观调控，在 Alpha 测试阶段的后期，就可以对游戏进行微观调控，使游戏平衡达到更加完美的程度。最后，还

139

应该避免"过度解决"所导致的不平衡性。当策划在同一时间运用多种不同的细调方法来解决一个特定问题时就会产生"过度解决"的情形，这样就很难决定变化所带来的效果，"过度解决"也有可能因意外地影响其他游戏要素而出现额外的问题。

尽管游戏的平衡性是一个十分复杂的问题，想要游戏保证平衡性的设计也并不容易，但这是游戏开发设计中所必须要面对的事情，尤其对于多人游戏和网络游戏来说，游戏平衡性更应该作为核心设计理念，只有这样才可以保证游戏的最终品质，实现最后的成功。

5.4 游戏项目策划流程

1．立项报告

（1）了解公司现有的技术资源和技术能力。

（2）分析目标消费群体，确定游戏风格。

（3）确定基本玩法玩点、故事背景。

2．项目初期策划文档

（1）游戏类型说明（游戏构架）。

（2）世界观设定（剧本）。

（3）玩法玩点详细分析及总结（提出游戏元素并分析）。

（4）预计开发周期（包括策划、技术分析、代码编写、美工、内部测试、公开测试）。

（5）提出开发小组人员构成名单。

（6）工作量预估（按工时预估个人工作量）。

（7）分析宣传方法，确定宣传费用。

（8）可行性分析报告（主程序员分析决定所设计内容是否完全可以实现，程序员应建模实验）。

3．设计阶段

（1）规则脚本。包括游戏规则（描述游戏目标及游戏进行规则）、脚本及故事情节（地图、主线任务、支线任务、场景构成及作用）和游戏元素（技能、物品、门派、宠物、家庭等）。

（2）美术工作总表。包括场景、物品（道具、装备等）、动画（特效、片头、片尾、过场等）、角色（含 NPC、怪物）、界面和按钮。

（3）程序工作总表。包括引擎开发、测试（主程序此时应完成分析及建模实验工作）和数据库的建立。

4．界面流程及详细说明

（1）各种界面的表现形式。如显示区域、聊天区、按钮等与界面文档相关的名词解释。

（2）界面设计。

① 界面因素。整体界面的大致布局，如界面中的按钮布局及显示区域的格局等。

② 显示区域。要求说明美术风格，如是否透明处理等。

③ 按钮因素。按钮规格大小，按钮属性文件名要求统一，如高亮或按下等效果的文件命名。

④ 目录存放地址说明。包括更新目录和备份目录地址等。

⑤ 制作说明。界面部分主要是提供给美术制作人员的指南部分；界面必须依据游戏的最终规则来制定，不然对界面的改动将会影响很大；开始创建界面文档时，需要与主美术师确定界面的整体风格，在确定了美术风格后，由策划进行合理的布局安排；建立美术工作目录，包括存放目录及更新目录等；提供了界面文档后，美术人员必须按照所提供的目录进行存储和按照要求更新；美术制作的界面在进行备份时，不要合层，但是要提供合层后的界面图片给程序人员。

（3）界面说明。

① 界面流向。界面的子父级关系，包括界面来源。

② 按钮说明及流向。按钮的指向界面及按钮的基本功能。

③ 显示区域内的详细内容。包括文字内容或图像要求。

④ 制作说明。界面说明部分是提供给程序使用的，在制作界面说明前，要先提供一个游戏的整体界面流程图，方便相关人员了解游戏的整体界面流程。同时需要建立一个界面格式说明文件，程序在使用界面说明前应该了解界面说明文件中的格式内容。界面说明的制作是在规则确定和界面文档完成后进行的。

（4）按钮功能。

① 按钮来源。按钮位置、编号及按钮状态。

② 单击效果。单击后的文件的调用或数据库的调用说明。

③ 操作过程。按钮功能的实现过程流程。

④ 相关变动。实现按钮功能时的数据变动说明。

5. 模块部分

（1）模块内容。包括设定说明、分类说明（按类型分别描述规则）、相关设定说明（与该模块相关属性及内容的说明）、公式数据（数据记录内容、公式算法）、一些数据的最小最大限制、所需技能或道具等的数量、各类所能被影响的属性内容等。

（2）制作说明。

（3）编辑器文档。提供后期的编辑功能，说明各个编辑内容的可编辑内容。提供编辑器对各类数据的分类和规范，分类内容有父子级关系的说明，并按照商定格式填写。按照模块将各内容接口制作成一个功能强大的编辑器，编辑器可编辑场景、NPC、人物属性、道具、任务、事件、关卡等。提供编辑格式，以便数据库的导入和直接在编辑器中添加数据。

6．后期阶段

（1）库内容建立。包括物品库（编号、名称、使用效果、文字信息及编号、影响属性内容、使用限制、使用要求、使用图片的编号等）、事件任务库（编号、名称、使用效果、文字信息及编号、影响属性内容、使用限制、使用要求、使用图片的编号等）、NPC及怪物库、文字信息及对话库（对话文字、提示文字、帮助文字、过场文字等）、音乐音效库。将以上内容的属性分类，并将各类内容存放到数据库或编辑器内。

（2）测试。包括测试说明书（包括测试内容、管理说明、项目名称等）和测试模版（包括项目名称、测试内容、测试日期、测试编号、测试人签名、测试结果等）。

（3）调试记录。按照所测试出的内容进行分析，研究改动的可行性。每次进行的测试和调试都要被保留下来，以文本或表格的形式存放在调试记录中。

（4）宣传文档。准备多篇不同内容风格的宣传稿件，用于不同的宣传面。写好详细的游戏介绍文档，包括新手帮助等，并提供详细的宣传方案。

（5）网站维护管理说明。

（6）GM管理规范。

7．收尾工作

（1）文档整理文件。将所有资料重新整理并保存，作为以后游戏的信息资源，并指出所有文件的存放地址，及简单的文档说明。如有时间，可以做文件的链接。

（2）作品整理文件。将所有程序及美术资源刻盘保存，指出所有文件的存放地址及简单的文档说明。如有时间，也可以做文件的链接。

5.5　游戏策划文档

游戏策划文档，也就是游戏项目策划书，一般是由主策划或者项目经理负责组织编写的。游戏策划文档是游戏项目的整体规划和运行方案，包含了游戏项目的方方面面，整个游戏项目从启动到最终上市销售，期间所有的工作内容都是按照游戏策划文档而进行有条不紊的展开和执行。一般来说，广义上的游戏策划文档包括三大部分：游戏项目可行性报告、游戏项目开发策划案及项目团队工作计划书。而狭义上的游戏策划文档通常是指游戏项目开发策划案，也就是具体到游戏开发制作所用的游戏策划书。

5.5.1　游戏项目可行性报告

游戏项目可行性报告是用来说服公司管理层或投资者来做这个项目的分析总结报告，所以一定要非常完善，把所有可能的利弊都分析到。可行性报告是任何游戏项目开始的前提条件，只有可行性报告经审核通过后，游戏项目才能被启动。一份合理的项目可行性报告需要严谨和清晰的思路，通过分析和总结以权衡利弊，努力说明这个游戏的卖点、创新性及市场前景，同时利用实际案例和市场数据来打动投资者。游戏项目可行性报告一般包括以下几个要点。

1．当前市场情况分析

游戏作为一款商品必须适应市场需要，闭门造车的产品和策划都不可行的。要提前对市场进行调查和分析，利用第一手信息对玩家意见进行捕捉，把这些信息合理地加入到报告书中才可以增强说服力。这部分通常是项目经理展示给老板或者投资者看的，所以对于一般的游戏执行策划来说，暂时不需要对这部分有过多的了解，但要对游戏公司和项目的发展方向有大体的认识，尤其是自己所设计的游戏项目。

2．游戏的大体介绍

除了商业性的分析，游戏项目可行性报告中还必须要有一定的游戏内容简介，这样避免了商业报告的枯燥、乏味，同时也是一个表现游戏想法和创意的最好机会。但游戏项目可行性报告中的游戏介绍不能太长，要把所有的精华部分都罗列在上面。对游戏策划来讲，这也是显露自己才华最好的机会，如何用最简洁的语言把整个游戏的精华表述出来，这就要看他的文学修养和功底了。游戏的主体就是在这时确定的，一旦该项目被批准，那么以后的游戏设计都要围绕着这个中心来开展。所以，编写这部分的时候对游戏中的卖点和主要特征都要认真地进行讨论和分析，并结合其他游戏的优缺点分析自己设计中要突出的地方。要记住一点——"只有能够带来最大化利润的游戏创意才能吸引住投资者！"

3．游戏的盈利模式

这部分要对整个开发的成本及回报进行预算，分析整个项目需要多少人工、设备费用及管理费用等。然后就要估算按照什么样的定价、销售多少套游戏可以回收成本，是否有其他的盈利模式等，这也是投资者最愿意和想要看到的内容。

5.5.2　游戏项目开发策划案

可行性报告通过以后，游戏项目就被基本确立下来，后面就要展开实际的研发工作。游戏项目启动后，首先策划部门要全力编写游戏项目开发策划案，也就是针对游戏本身进行一系列的规划和内容设计，包括世界观、剧本、系统、关卡、AI、脚本等一系列内容。以上的所有内容都要按照模块化的方式进行设计和规划，这对游戏本身来说是至关重要的，也就是说，游戏要如何划分模块，用什么方式开发及模块之间的关系都要确定下来。尤其对于一个大型的游戏项目，如果不进行模块划分和良好的整体设计，在实际的开发过程中会陷入无限的混乱中，研发人员也会很难控制。任何游戏都是可以根据自身要求进行模块划分的，下面来介绍一下基本的划分模式。

1. 生存体系

生存体系是游戏世界的基础，只要是游戏就需要建立一个世界，那么生存体系就是最基础的。生存体系也由很多要素组成，表现在玩家面前就是各种属性，包括 HP、MP、金钱等基本属性，复杂点的游戏还要设计饮食、体力、精神等其他属性，要根据具体的游戏设计来定。

2. 升级系统

大部分的 RPG 和即时战略游戏都有升级系统，设计升级系统主要是设计升级的算法及相关属性的平衡发展。

3. 地图系统

游戏中的地图设计是根据游戏类型而定的。不外乎大地图的设计和场景设计，要建立大的场景规划框架，并利用文案进行详细描述。

4. 战斗系统

战斗系统通常和游戏的升级体系是密切关联的，战斗系统非常复杂，包括对各种法术、武功、招式等的设计，还有攻击力、防御力等数值的算法等。

5. 任务系统

任务是游戏前进的线索，有了一个完整的任务系统，设计者的思路就不会发生太大偏差。任务系统包含主线任务和支线任务的设计，同时要配合专门的文案进行详细描述。

6. 操作体系

游戏如何操作及主要界面安排等都要做精心设计和描述。这里还要提到游戏的一些配置情况，是否支持操纵杆和其他外设也要在这个部分进行描述。游戏过程是使用键盘还是鼠标就要在这个阶段确定，帮助系统的设计可以归入这部分，也可以拿出来另外做一个模块。

7. 界面系统

该系统和操作体系有很大的关联，游戏中的很多操作是在界面来完成的，一个良好的游戏界面能够帮助玩家快速上手。游戏界面主要包括游戏主界面、二级界面、弹出界面等，不仅要把整个界面系统的框架规划出来，整个界面的风格等一系列问题也要确定。

8. NPC 设计

游戏中总要有 NPC 的，这和游戏的剧情和背景有关，什么样的角色如何安置，并给予他什么样的功能都是属于 NPC 设计的范畴。大多数的 NPC 功能都很简单，无非是提供一些信息或者完成任务的功能，但是也可以把 NPC 设计得很强大，这就要给他们加入人工智能的设定。

9. AI 设计

这是一个很大的范畴，是一个需要很多有针对性的研究才可以有发言权的领域。不同的游戏 AI 设定也有所不同。这是游戏中必不可少的一个部分，如果没有 AI 系统，游戏就没有任何真实性可言。

在完成了上述几个模块的划分之后，游戏的整体框架就已经建立起来了。在进行模块设计的同时，游戏世界就逐渐呈现并丰富起来。上面描述的都是大体的模块划分方法，具体的游戏细节框架搭建还是远远不够的。在节后二维码的内容中附有完整的游戏项目开发策划案的范例文本，以供大家参考和学习。

5.5.3　项目团队的工作计划书

在游戏项目开发策划案编写和完善的同时，项目经理还必须同步完成项目团队的工作计划书。项目团队的工作计划书首先要包括游戏的开发进度控制。开发进度是要求项目经理根据现有的条件来确定的，对公司运营管理层来说，他最看重的也是这个部分。因为开发周期的长短会直接影响到游戏制作的成本，而且何时能够完工也决定着上市能否赶上最好的档期，所以对于开发进度的控制在很多时候能直接决定游戏项目是否能顺利进行。

其次，项目团队的工作计划书中还必须要有开发团队人员列表及职能划分。这看似属于 HR 的工作，其实必须要由项目经理来完成，因为这涉及专业领域的人员配置问题。对于公司内部的人员已经到位了的，直接进行工作安排，还没有到位或者需要招聘的，向人事部门发送申请。报告中要对人力情况及各项费用进行估算和评估，这都要求项目经理必须具备良好的管理和统筹能力。

游戏策划文档范例

5.6　游戏项目策划验收标准

	游戏项目策划验收表	
	易用性	
新手教程	教程是否全面
	教程是否简单明了
	是否结构合理
	是否条理清晰
	是否图文结合，形象生动
	用户使用后是否能学会教程里的内容

续表

帮助系统	帮助系统内容是否全面	
	是否有关键字搜索	
	帮助系统的形式是什么样的，是否形象生动	
	帮助系统的内容是否结构合理	
	内容是否条例清晰	
	内容是否简单明了地说明了问题关键所在	
	是否能满足用户最基本的"想知道"的需求	
	是否人性化	

游戏性		
深度	深度与操作的关系	操作是否过于复杂
		操作是否过于简单，而导致很多操作无法实现
		操作是否强调技巧性
		操作是否有策略性
		操作界面是否符合整体美术风格
		操作方式是否符合玩家习惯
		操作是否能产生很多组合或变化
	深度与交互的关系	系统深度是否最终能带来更多的交互
		交互是长期的还是短期的
		交互的类型涉及哪些方面，如交易、好友、行会系统等
		交互的影响是否能波及更多的用户
		交互是否能带来激烈的情感，如友情、憎恨等
		交互是否有可变性，是否随着过程的变化而变化
		交互能带给用户什么，如利益、情感、荣誉、地位等
	深度与策略的关系	是否具有策略
		是否只是简单的、最表面的策略
		策略是否包含战术和战略
		策略涉及的系统是否互相关联
		策略是否仅存在于自身的系统内
		策略如果涉及其他系统，那么和其他系统的关系是什么
		策略的因素中是否还有子因素
		策略是否具有技巧性
		策略是否具有很多的选择性
		策略的选择是否相对平衡
		策略的使用是否具有针对性
		策略的成功是否取决于选择
		策略的学习是否具有可参考对象
		策略的学习是否有向导或帮助

续表

广度	游戏元素的数量	元素数量是否足够多
		元素是否涉及过程、结果、互动、成长、增值等方面
		元素的数量是否越多越好，数量太多，是否引起玩家反感
		元素太少是否就是缺乏广度
		什么样的元素需要联系更多数量的其他元素
		什么样的元素本身就不需要太多其他的元素与之联系
	游戏元素的独特性	是否元素的独特性才能吸引用户
		是否元素的独特性确实成为了游戏的乐趣
		元素的独特性是表现形式上的还是内容实质上的
		元素的独特性给我们带来了什么
		元素的独特性是否有现实成功的例子可以参考
		元素的独特性是否具有理论的推导依据
		元素的独特性是否符合游戏的整体风格
		具有独特性的元素是否为游戏的骨干系统
		元素的独特性有多大的风险
		元素的独特性是否和其他无独特性系统有联系
	游戏元素之间的关系	元素与元素之间的联系是否紧密
		元素之间的联系是通过什么来实现的
		元素之间的联系和关联是否都有必要
		元素之间的联系能给我们带来什么
		元素之间的联系是短期的还是长期的
		元素之间的联系能给玩家带来什么
		元素之间的联系是否能带动主要元素
		元素之间的联系是否会使某元素被废置
成长	成长的速度	成长速度与其他游戏或系统对比，是否过快，是否过慢
		游戏的内容能否跟得上成长的速度
		成长的速度是否应该为前快后慢
		成长的曲线是否合适，应该是怎么样的
		成长的加速度是什么样的
		如何安排和规划成长的速度是合适的
		成长的速度对于新老玩家有没有区别对待
		成长的速度对于穷人、中产和富人是否有区别对待
		成长的速度是用何种方式加以控制的

成长	成长的空间	成长的空间是否能有足够的吸引力，吸引用户成长
		成长的空间广度是否足够
		成长的空间是否具有足够的深度
		成长的空间是否具有可控制性
	游戏元素与成长的关系	成长与多少游戏元素相关
		成长与相关元素的关系是否并列，还是串联
		成长与游戏元素之间的主次要关系
		成长是否为必须元素和重要元素组成
		成长过程中，是否涉及的游戏元素也在不断变化
		成长是否导致游戏元素之间关系的变化
		成长与游戏元素结合的必然和必要性
		成长的必须元素是否随着成长过程改变
	成长与交互的关系	成长与交互是属于什么样的关系
		成长中的交互是以成长为目的，还是以交互为目的
		成长必须要交互，还是交互有助于成长
		通过哪些交互方式来带动成长
		这些交互方式带动成长的过程中，是否又促进了交互
		成长过程中建立的交互是否牢靠、是否长久
		如何使这些交互长久、牢固
		如何使交互带动成长，成长促进交互
		是否有以带动成长为目的的交互方式
		成长与交互的联系能给用户带来什么
公平性	公平性与游戏深度的关系	公平性的标准是什么
		游戏深度对公平性的影响
		游戏深度与公平性哪个需要优先考虑
		公平性在游戏深度上的相对性是否能使玩家接受
		游戏深度是怎么样对公平性产生作用的
	公平性与游戏广度的关系	公平性牵扯到哪些游戏元素
		公平性涉及的游戏元素是否存在主次关系
		公平性的主次关系，以什么为主、什么为辅
		公平性与各类游戏元素的关系是怎么建立起来的
		公平性与各元素的联系能产生什么效果
		公平性与游戏广度的关系给用户带来了什么
	公平性与成长的关系	公平性是否是在成长基础上的相对公平
		成长对与公平性的影响有多大
		成长的不同阶段导致的强弱，是否公平
		成长是否可以用金钱直接购买

	互动性	
聊天系统	是否符合玩家习惯	
	是否具有足够的聊天频道	
	是否有聊天频道选择	
	喊话范围和频率是否合适	
	聊天系统是否人性化、方便快捷、舒适	
	聊天系统是否具有丰富的表情设置	
	聊天系统是否具有语音聊天功能	
	聊天系统有哪些措施加强用户互动	
	聊天系统是否有刷屏现象	
关系系统	关系系统如何管理	
	关系系统管理是否简单、方便、快捷	
	关系系统是否有利于拉动新的用户互动	
	关系系统是否有利于增加和稳固互动	
	关系系统是否合理安排主次，操作是否符合习惯	
社团系统	是否具有行会基本功能	
	是否具有家族系统	
	社团功能包括什么	
	基于社团的设置和功能，最终能给游戏带来什么	
	社团是否具有房屋或基地等	
	社团是否能占领城池	
	社团的建立需要什么条件	
	社团之间的关系是什么样的	
	是什么促使了社团的建立	
竞争关系	竞争什么	
	用什么方式竞争	
	竞争产生了什么样的结果	
	竞争需要与哪些游戏元素产生关系	
	怎样保证竞争的公平性	
	怎样保证竞争的持久性，和竞争势力的动态平衡	
	怎么防止竞争的疲劳感	
	怎么样安慰竞争的失败者，使之减少挫折感	
	怎样刺激竞争、激化竞争，然后使竞争扩大化	
	如何处理竞争和合作的关系	

续表

陌生人互动	为什么要和陌生人互动
	通过什么方式达到陌生人之间的互动
	如何使陌生人有互动后，保持并加强互动
	互动的联系纽带是什么

增值服务	
增值服务与深度的关系	深度，如何来保持增值服务的持续性
	深度，如何来提高单位用户的消费
增值服务与广度的关系	是否需要广泛的游戏元素与增值服务结合
	增值服务与各游戏元素的关系是什么样的
	哪些元素需要直接与增值服务相关，哪些需要间接促进的
	广泛的增值服务是否引起用户反感
	是否需要集中某些元素使用增值服务
增值服务与成长的关系	如何把握成长和增值服务的关系
	增值服务是否对成长取决定作用
	增值服务对成长起促进作用还是决定作用
	如何保证成长的公平性不被破坏
	如何使增值服务与成长的关系使玩家接受
	增值服务对玩家前期后期的关系是否改变
	增值服务对穷玩家、中产、富人是否区别对待
增值服务与公平性的关系	增值服务是否能避免对公平性产生影响
	如果无法避免增值服务对公平性的影响，那怎么使影响降到最低
	增值服务产生的影响与玩家的花费的才智和时间，成什么样的比例
	增值服务对玩家前期后期的公平性是否改变
	增值服务对穷玩家、中产、富人是否区别对待
增值服务与互动的关系	增值服务如何促进互动
	促进哪些用户互动
	增值服务促进互动给用户带来了什么利益
	增值服务促进互动是否满足以富养穷的原则
	增值服务促进互动，是否能带动互动也促进增值服务

第 6 章

游戏美术

6.1 游戏美术的概念与风格

游戏美术是指游戏研发制作中用到的所有图像及视觉元素的统称。通俗地说，凡是游戏中所能看到的一切画面都属于游戏美术的范畴，其中包括地形、建筑、植物、人物、动物、动画、特效、界面等。在游戏制作公司的研发团队中，游戏美术部负责游戏中所有美术的设计与制作工作，根据不同的职能又分为原画设定、3D制作、动画制作、关卡地图编辑、界面设计等不同岗位的美术设计师。

游戏产品通过画面效果传递视觉表达，正是因为不同游戏中的不同画面表现，才产生了如今各具特色的游戏类型，这其中起到决定作用的就是游戏美术的风格。游戏项目在立项后，除了策划和技术问题外，必须还要决定使用何种美术形式和风格来表现画面效果，这需要策划、美术及程序部门共同讨论决定。

首先，美术风格要跟游戏的主体规划相符，这需要参考策划部门的意见，如果游戏策划中项目描述是一款中国古代背景的游戏，那么就不能将美术风格设计为西式或者现代风格。另外，美术部门所选定的游戏风格及画面表现效果还要在技术范畴之内，这需要与程序部门协调沟通，如果想象太过于天马行空，而现有技术水平却无法实现，那么这样的方案也是行不通的。下面简单介绍一下游戏美术的风格及分类。

其次，从游戏题材上可分为幻想风格、写实风格及Q版风格。例如，日本FALCOM公司的《英雄传说》系列就属于幻想风格的游戏，游戏中的场景和建筑都要根据游戏世界观的设定进行艺术的想象和加工处理。

著名战争类游戏《使命召唤》则属于写实风格的游戏，游戏中的美术元素要参考现实生活中人们的环境，甚至要复制现实中的城市、街道和建筑来制作。此外，日本《最终幻想》系列游戏是介于幻想和写实之间的一种独立风格。

Q版风格是指将游戏中的建筑、角色和道具等美术元素的比例进行卡通艺术化的夸张处理。例如，Q版的角色都是4头身、3头身甚至2头身的比例，Q版建筑通常为倒三角形或者倒梯形的设计（见图6-1）。如今大多数的网络游戏都被设计为Q版风格，如《石器时代》《泡泡堂》《跑跑卡丁车》等，其卡通可爱的特点能够迅速吸引众多玩家，进而风靡市场。

最后，从游戏的画面类型来分，游戏画面通常分为像素、2D、2.5D和3D四种风格。像素风格是指游戏画面是由像素图像单元拼接而成的游戏场景，像

图 6-1　Q 版风格的游戏设定

FC 平台游戏基本都属于像素画面风格，如《超级马里奥》。

2D 风格是指采用平视或者俯视画面的游戏，其实 3D 游戏以外的所有游戏画面效果都可以统称为 2D 画面，在 3D 技术出现以前的游戏都属于 2D 游戏。为了区分，这里我们所说的 2D 风格游戏是指较像素画面有大幅度提升的精细 2D 图像效果的游戏。

2.5D 风格又称为仿 3D，是指玩家视角与游戏场景成一定角度的固定画面，通常为倾斜 45° 视角。2.5D 风格也是如今较为常用的游戏画面效果，很多 2D 类的单机游戏或者网络游戏都采用这种画面效果，如《剑侠情缘》《大话西游》（见图 6-2）等。

图 6-2　2.5D 的游戏画面效果

3D 风格是指由 3D 软件制作出的、可以随意改变游戏视角的游戏画面效果，这也是当今主流的游戏画面风格。现在绝大部分的 JAVA 手机游戏都是像素画面，智能手机和网页游戏基本都是 2D 或者 2.5D，大型的 MMO 客户端网络游戏通常为 3D 或者 2.5D。

随着科技的进步和技术的提升，游戏从最初的单机游戏发展为网络游戏，画面效果也从像素图像发展为如今全 3D 的视觉效果，但这种发展并不是遵循淘汰制的发展规律，即使在当下 3D 技术大行其道的网络游戏时代，像素和 2D 画面类型的游戏仍然占有一定的市场份额。例如，韩国 NEOPLE 公司研发的著名网游《地下城与勇士》就是像素化的 2D 网游，国内在线人数最多的网游排行前十中有一半都是 2D 或者 2.5D 画面的游戏。

另外，从游戏世界观背景来区分，又可以把游戏美术风格分为西式、中式和日韩风格。西式风格就是以西方欧美国家为背景设计的游戏画面美术风格，这里所说的背景不仅是指环境场景的风格，它还包括游戏所设定年代、世界观等游戏文化方面的内容。中式风格就是指以中国传统文化为背景所设计的游戏画面美术风格，这也是国内大多数游戏所常用的画面风格。日韩风格是一个笼统的概念，主要指日本和韩国游戏公司所制作的游戏画面美术风格，他们多以幻想题材来设定游戏的世界观，并且善于将西方风格与东方文化相结合，所创作出的游戏都带有明显标志特色，我们将这种游戏画面风格定义为日韩风格。

育碧公司的著名次时代动作单机游戏《刺客信条》和暴雪公司的《魔兽争霸》都属于

西式风格，大宇公司著名的"双剑"系列——《仙剑奇侠传》和《轩辕剑》属于中式风格（见图 6-3），韩国 EyedentityGames 公司的 3D 动作网游《龙之谷》则属于日韩风格的范畴。

图 6-3　中国古代风格游戏画面

6.2　游戏美术发展简述

游戏美术行业是依托于计算机图像技术发展起来的。计算机图像技术是电脑游戏技术的核心内容，决定计算机图像技术发展的主要因素则是计算机硬件技术的发展。电脑游戏从诞生之初到今天，计算机图像技术基本经历了像素图像时代、精细 2D 图像时代与 3D 图像时代三大发展阶段。与此同时，游戏美术制作技术则遵循这个规律同样经历了程序绘图时代、软件绘图时代与游戏引擎时代这三个对应的阶段。下面我们就来简单讲述一下游戏美术技术的发展。

在游戏发展初期，由于受硬件技术的限制，游戏图像只能显示为像素画面。当时并没有像今天真正意义上的游戏美术师，游戏图像绘制工作基本都是由程序员担任，而游戏中所有的图像均为程序代码生成的低分辨率像素图像。当时的游戏制作基本上属于程序员的行业。所以，我们将这一时期的游戏美术制作称为程序绘图时代。

程序绘图时代大概就是从电脑游戏诞生之初到 MS-DOS 发展到中后期这一时间段。MS-DOS 操作系统诞生之后，在其垄断 PC 平台的 20 年里，虚拟游戏的发展达到了一个新的高度，新类型的游戏层出不穷，游戏获得了比以往更加出色的声光效果。在获得更绚丽的游戏效果的同时，硬件技术也在这种需求当中不断更新换代升级：IBM PC 也从 286 升级到 386，再到后来的 486（见图 6-4）；CPU 从 16 位升级到了 32 位；内存方面经过了从 FP DRAM → EDO DRAM → SDRAM → RDRAM/DDR-SDRAM 的进化过程；储存介质也从最初的软盘变为了如今

图 6-4　Intel 公司的 486 计算机芯片

还在继续使用的光盘；图像的分辨率也在不断提高。

随着各领域技术的升级，这时的电脑游戏制作流程和技术要求也有了进一步的发展，电脑游戏早已不再是最初仅仅遵循一个简单的规则去控制像素色块的单纯游戏。随着技术的整体提升，电脑游戏制作要求有更为复杂的内容设定，在规则与对象之外甚至需要剧本，这也要求游戏有更多的图像内容来完善其完整性，仅仅依靠程序员不再能够满足游戏制作的需求，游戏制作团队也需要更多的人员加入进来，这时便衍生出了一个全新的职业——游戏美术师。

游戏美术师就是专注于游戏视觉图像制作的研发人员，随着游戏美术工作量的不断增加，游戏美术又逐渐细分为原画设定、场景制作、角色制作、动画制作、特效制作等不同的工作岗位。在以前，虽然游戏美术有了如此多的分工，但总的来说游戏美术仍旧是处理像素图像这样单一的工作，只不过随着图像分辨率的提升，图像的精细度变得越来越高。

随着新时代硬件技术的发展及 Windows 时代的全面到来，计算机图像技术也得到了极大的发展和提升。随着计算机图像分辨率的提升，电脑游戏从最初 DOS 时期极限分辨率的 480×320，到后来 Windows 时期标准化的分辨率 640×480，再到后来的 800×600、1024×768 等高精细图像，游戏画面日趋华丽丰富，同时更多的图像特效技术加入到了游戏当中，这时的像素图像已经精细到用肉眼很难分辨其图像边缘的像素化细节，最初的大面积像素色块的游戏图像被现在华丽精细的 2D 游戏图像所取代，从这时开始游戏美术进入了精细 2D 图像时代（见图 6-5）。

图 6-5 640×480 分辨率下的 2D 游戏图像效果

这时的游戏制作不再是仅靠程序员就能完成的工作了，游戏美术工作量日益庞大，游戏美术的工作分工日益细化，原画设定、场景制作、角色制作、动画制作、特效制作等专业游戏美术岗位相继出现并成为游戏图像开发中必不可缺的重要职业，游戏图像从先前的程序绘图时代进入到了软件绘图时代。

在这一时期，游戏美术师需要借助专业的 2D 图像绘制软件，同时利用自己深厚的艺术修养和美术功底来完成游戏图像的绘制工作，以 Coreldraw 为代表的像素图像绘制软件和后来发展成为主流的综合型绘图软件的 Photoshop 都逐渐成为了主要的游戏图像制作软件。由于游戏美术师的出现，游戏图像等方面的工作变得更加独立，程序员也有了更多的时间来处理和研究游戏图像跟计算机硬件之间的复杂问题。

在 DOS 时代，程序员们最为头疼的就是和底层的硬件设备打交道，简单来说，程序员们写程序时不仅要告诉计算机做什么，还要告诉计算机怎么做，而针对不同的硬件设备，做法还各有不同。进入 Windows 时代，对于程序员们来说最大的好处就是 API 的广泛应用，使得 Windows 下的编程相对于 DOS 变得更为简单。

1996年，随着3dfx公司 Voodoo 3D 显卡的上市，计算机图像技术开始进入了 3D 时代。在程序美术时代和软件美术时代，游戏美术师只是负责根据游戏内容的需要，将自己创造的美术作品元素提供给程序设计师，然后由程序设计师将所有元素整合汇集到一起，最后形成完整的电脑游戏作品。随着游戏引擎越来越广泛地引入到游戏制作领域，如今的电脑游戏制作流程和职能分工也逐渐发生着改变，现在要制作一款 3D 电脑游戏，需要更多的人员和部门进行通力协作，即使是游戏美术的制作也不再是一个部门就可以独立完成的工作。

在过去，游戏制作的前期准备一般是指游戏企划师编撰游戏剧本和完成游戏内容的整体规划，而现在电脑游戏的前期制作除此之外，还包括游戏程序设计团队为整个游戏设计制作具有完整功能的游戏引擎，如核心程序模组、企划和美工等各部门的应用程序模组、引擎地图编辑器等（见图6-6）。

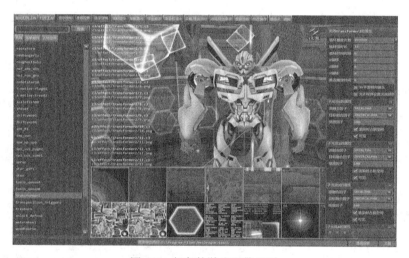

图6-6　复杂的游戏引擎界面

制作中期相对于以前改变不大，这段时间一般就是由游戏美术师设计制作游戏所需的各种美术元素，包括游戏场景和角色模型的设计制作、贴图的绘制、角色动作动画的制作、各种粒子和特效效果的制作等。

制作后期相较以前也发生了很大的改变，过去游戏制作的后期主要是由程序员完成对游戏元素整合的过程，而现在游戏制作后期不单单是程序设计部门独自的工作，越来越多的工作内容要求游戏美术师加入其中，主要包括利用引擎的应用程序工具将游戏模型导入到引擎当中；利用引擎地图编辑器完成对整个游戏场景地图的制作；对引擎内的游戏模型赋予合适的属性并为其添加交互事件和程序脚本；为游戏场景添加各种粒子特效等。而程序员则需要在这个过程中完成对游戏的整体优化。

随着游戏引擎和更多专业设计工具的出现，游戏美术师的职业要求不仅没有降低，反

156

而表现出更多专业化、高端化的特点，这要求游戏美术师不仅要掌握更多的专业技术知识，还要广泛地学习与游戏设计有关的相关学科知识，要更加扎实地磨炼自己的美术基本功。要成为一名合格的游戏美术设计师非一朝一夕之功，不可急于求成，但只要找到合适的学习方法，勤于实践和练习，要进入游戏美术制作行业也并非难事。

6.3　游戏美术的职能分工

在前面我们已经介绍过关于游戏研发团队内部的职能与分工，这里我们将要专门针对游戏研发团队中的美术部门，来讲解游戏美术师的不同岗位的职能与作用。

6.3.1　游戏原画美术师

游戏原画美术师是指在游戏研发阶段负责游戏美术原画设计的人员。在实际游戏美术元素制作前，首先要由美术团队中的原画设计师根据策划的文案描述进行原画设定的工作。原画设定是对游戏整体美术风格的设定和对游戏中所有美术元素的设计绘图。从类型上来看，游戏原画又可分为概念类原画设定和制作类原画设定。

概念类游戏原画是指原画设计人员针对游戏策划的文案描述进行整体美术风格和游戏环境基调设计的原画类型（见图6-7）。游戏原画师会根据策划人员的构思和设想，对游戏中的环境、场景和角色进行创意设计和绘制。概念原画不要求绘制得十分精细，但要综合游戏的世界观背景、游戏剧情、环境色彩、光影变化等因素，确定游戏整体的风格和基调。相对于制作类原画的精准设计，概念类原画更加笼统，这也是将其命名为概念原画的原因。

图6-7　游戏场景概念原画

在概念原画确定之后，游戏基本的美术风格就确立下来了，之后就要进入实际的游戏美术制作阶段，这时就需要开始制作类原画的设计和绘制。制作类原画是指对游戏中美术元素的细节进行设计和绘制的原画类型，制作类原画又分为场景原画、角色原画（见图6-8）和道具原画，分别负责对游戏场景、游戏角色及游戏道具的设定。制作类原画不仅要在整体上表现出清晰的物体结构，更要对设计对象的细节进行详细描述，这样才能便于后期美术制作人员进行实际美术元素的制作。

图 6-8 所示为一张游戏角色原画设定图。图中设计的是一位身穿铠甲的武士，设定图利用正面清晰地描绘了游戏角色的体型、身高、面貌及所穿的装备和服饰。图片中的角色为同一个人物形象，然后穿着了不同的盔甲装备，每一个细节都绘制得十分详细具体。通过这样的原画设定图，后

图 6-8　游戏角色原画设定图

期的 3D 制作人员可以很清楚地了解自己要制作的游戏角色的所有细节，这也恰恰是游戏原画在游戏研发中的作用和意义。

游戏原画美术师需要有扎实的绘画基础和美术表现能力，要具备很强的手绘功底和美术造型能力，同时能熟练运用 2D 美术软件对文字描述内容进行充分的美术还原和艺术再创作。其次，游戏原画美术师还必须具备丰富的创作想象力，因为游戏原画与传统的美术绘画创作不同，游戏原画并不是要求对现实事物的客观描绘，它需要在现实元素的基础上进行虚构的创意和设计，所以天马行空的想象力也是游戏原画美术师不可或缺的素质和能力。另外，游戏原画美术师还必须掌握其他相关学科一定的理论知识，拿游戏场景原画设计来说，如果要设计一座欧洲中世纪哥特风格的建筑，那么就必须要具备一定的建筑学知识和欧洲历史文化背景知识，对于其他类型的原画设计来说也同样如此。

6.3.2　2D 美术设计师

2D 美术设计师是指在游戏美术团队中负责平面美术元素制作的人员，这是游戏美术团队中必不可缺的职位，无论是 2D 游戏项目还是 3D 游戏项目，都必须要有 2D 美术设计师参与制作。

一切与平面美术相关的工作都属于 2D 美术设计师的工作范畴，所以严格来说，游戏原画师也是 2D 美术设计师，另外，像 UI 界面设计师也可以算作 2D 美术设计师。在游戏 2D 美术设计中，以上两者都属于设计类的岗位。除此以外，2D 美术设计师更多的是负责实际制作类的工作。

通常游戏 2D 美术设计师要根据策划的描述文案或者游戏原画设定来进行制作，在 2D 游戏项目中，2D 美术设计师主要来制作游戏中各种美术元素，包括游戏平面场景、游

戏地图、游戏角色形象及游戏中用到的各种 2D 素材。例如，在像素或 2D 类型的游戏中，游戏场景地图是由一定数量的图块（Tile）拼接而成的，其原理类似于铺地板，每一块 Tile 中包含不同的像素图形，通过不同 Tile 的自由组合和拼接就构成了画面中不同的美术元素，通常来说平视或俯视 2D 游戏中的 Tile 是矩形的，2.5D 的游戏中 Tile 是菱形的（见图 6-9），而 2D 游戏美术师的工作就是负责绘制每一块 Tile，并利用组合制作出各种游戏场景素材（见图 6-10）。

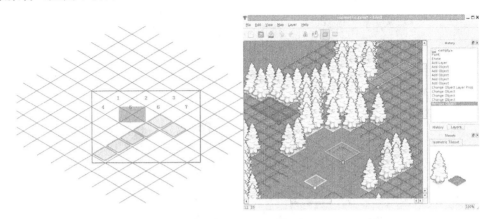

图 6-9　2D 游戏场景的制作原理

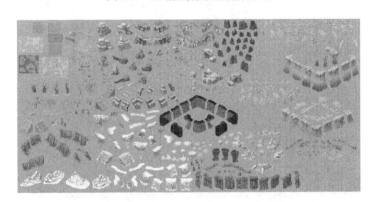

图 6-10　各种 2D 游戏场景素材

　　而对于像素或者 2D 游戏中的角色来说，通常我们看到的角色行走、奔跑、攻击等动作都是利用关键帧动画来制作的，需要分别绘制出角色每一帧的姿态图片，然后将所有图片连续播放就实现了角色的运动效果。图 6-11 所示为像素游戏角色的技能动作动画序列帧，所有序列中的每一个关键帧的图片都是需要 2D 美术设计师来制作的。

　　在 3D 游戏项目中，2D 美术设计师主要负责平面地图、角色平面头像（见图 6-12）及各种模型贴图等的绘制。

　　另外，游戏 UI 设计也是游戏 2D 美术设计中必不可少的工作内容。所谓用户界面（User Interface，UI）设计则是指对软件的人机交互、操作逻辑、界面美观的整体设计（见图 6-13）。

图 6-11　像素游戏角色动画序列帧

图 6-12　不同表情的游戏角色头像

图 6-13　游戏 UI 设计

　　游戏 UI 是一个系统的统称，它包括 GUI、UE、ID 三大部分，其中与美术最为相关的是 GUI 及 UE 两大部分。GUI 指的是图形用户界面，也就是游戏画面中的各种界面、窗口、图标、角色头像、游戏字体等美术元素。UE 指的是用户体验，也就是玩家通过图形界面来实现交互过程的体验感受。好的 UI 设计不仅可以让游戏画面变得有个性、有风格、有品位，更是让游戏的操作和人机交互过程变得舒适、简单、自由和流畅，这也就需要设计者了解目标用户的喜好、使用习惯、同类产品设计方案等，也就是说，游戏 UI 的设计要和用户紧密结合（见图6-14）。

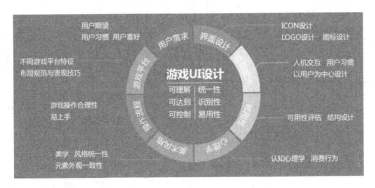

图6-14 游戏UI的设计要点

6.3.3 3D美术设计师

3D美术设计师是指在游戏美术团队中负责3D美术元素制作的人员。3D美术设计师是在3D游戏出现后才发展出的制作岗位，同时也是3D游戏开发团队中的核心制作人员。在3D游戏项目中，3D美术设计师主要负责各种3D模型的制作及角色动画的制作。

对于一款3D电脑游戏来说，最主要的工作量就是对3D模型的设计制作，包括3D场景模型、3D角色模型及各种游戏道具模型等。除了在制作的前期需要给Demo的制作提供基础3D模型，在中后期更需要大量的3D模型来充实和完善整个游戏主体内容，所以在3D游戏制作领域，有大量的人力资源被要求分配到这个岗位，这些人员就是3D模型师。3D美术设计师应当具备较高的专业技能，不仅要熟练掌握各种复杂的高端3D制作软件，更要有极强的美术塑形能力（见图6-15）。在国外专业的游戏3D美术师大多都是美术雕塑专业或建筑专业出身。除此之外，游戏3D美术设计师还需要具备大量的相关学科知识，如建筑学、物理学、生物学、历史学等。

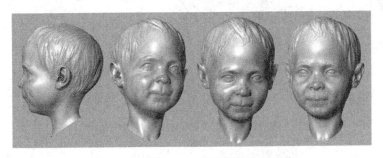

图6-15 利用Zbrush软件塑造角色形象

除了3D模型师外，3D美术设计师还包括3D动画师。这里所谓的动画制作并不是指游戏片头动画或过场动画等预渲染动画内容的制作，而是指游戏中实际应用的动画内容，包括角色动作和场景动画等。角色动作主要指的是游戏中所有角色（包括主角、NPC、怪物、BOSS等）的动作流程，游戏中每一个角色都包含大量已经制作完成的规定套路动作，通过不同动作的衔接组合就形成了一个个具有完整能动性的游戏角色，而玩家控制的主角的动作中还包括大量人机交互内容。3D动画师的工作就是负责每个独立动作的调节和制作，如角色的跑步、走路、挥剑、释放法术等（见图6-16）。场景动画主要指的是游戏场景中需要应用的动画内容，如流水、落叶、雾气、火焰等这样的环境氛围动画，还包括场景中指定物体的动画效果，如门的开闭、宝箱的开启、触发机关等。

图6-16　3D角色动作调节

6.3.4　游戏特效美术师

一款游戏产品除了基本的互动娱乐体验外，更加注重整体的声光视觉效果，游戏中的这些光影效果就属于游戏特效的范畴。游戏特效美术师就是负责丰富和制作游戏中的各种光影视觉效果，包括角色技能、刀光剑影、场景光效、火焰闪电及其他各种粒子特效等（见图6-17）。

游戏特效美术师在游戏美术制作团队中有一定的特殊性，既难将其归类于2D美术设计人员，也难将其归类于3D美术设计人员。因为游戏特效的设计和制作同时涉及2D和3D美术的范畴，

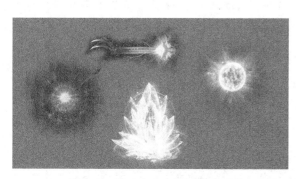

图6-17　游戏中的各种技能特效

另外在具体制作流程上又与其他美术设计有所区别。

对于3D游戏特效制作来说，首先要利用3ds Max等3D制作软件创建出粒子系统，然后将事先制作的3D特效模型绑定到粒子系统上，此后还要针对粒子系统进行贴图的绘制（贴图通常要制作为带有镂空效果的Alpha贴图），有时还要制作贴图的序列帧动画，之后还要将制作完成的素材导入到游戏引擎特效编辑器中，对特效进行整合和细节调整。如果是制作角色技能特效，还要根据角色的动作提前设定特效施放的流程，如图6-18所示。

图 6-18　角色技能特效设计思路和流程

游戏特效美术师不仅要掌握 3D 制作软件的操作技能，还要对 3D 粒子系统有深入研究，同时还要具备良好的绘画功底和修图能力，另外还要掌握游戏动画的设计和制作。所以，游戏特效美术师是一个具有复杂性和综合性的游戏美术设计岗位，是游戏开发中必不可少的职位，同时入门门槛也比较高，需要从业者具备高水平的专业能力。在一线的游戏研发公司中，游戏特效美术师通常都是具有多年制作经验的资深从业人员，相应所得到的薪水待遇也高于其他游戏美术设计人员。

6.3.5　地图编辑美术师

地图编辑美术师是指在游戏美术团队中利用游戏引擎地图编辑器来编辑和制作游戏地图场景的美术设计人员，也被称为地编设计师。成熟化的 3D 游戏商业引擎普及之前，在早期的 3D 游戏开发中，游戏场景所有美术资源的制作都是在 3D 软件中完成的，除了场景道具、场景建筑模型以外，甚至包括游戏中的地形山脉都是利用模型来制作的。而一个完整的 3D 游戏场景包括众多的美术资源，所以用这样的方法来制作的游戏场景模型会产生数量巨大的多边形面数，如图 6-19 所示，这样一个场景用到的模型面数超过了 15 万，不仅导入游戏的过程十分烦琐，而且制作过程中 3D 软件本身就承担了巨大的负载，经常会出现系统崩溃、软件跳出的现象。

随着技术的发展，在进入到游戏引擎时代以后，以上所有的问题都得到了完美的解决，游戏引擎编辑器不仅可以帮助我们制作出地形和山脉的效果，除此之外，水面、天空、大气、光效等很难利用 3D 软件制作的元素都可以通过游戏引擎来完成。尤其是野外游戏场景的制作，我们只需要利用 3D 软件来制作独立的模型元素，其余 80% 的场景工作任务都可以通过游戏引擎地图编辑器来整合和制作，而其中负责这部分工作的美术人员就是地图编辑美术师。

地编设计师利用游戏引擎地图编辑器制作游戏地图场景，主要包括以下几方面的内容。

（1）场景地形地表的编辑和制作。

（2）场景模型元素的添加和导入。

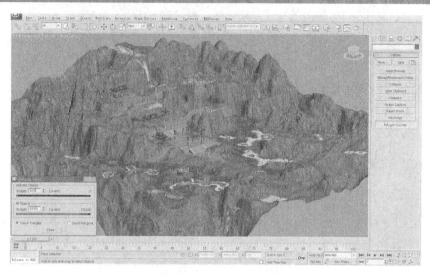

图 6-19　利用 3D 软件制作的大型山地场景

（3）游戏场景环境效果的设置，包括日光、大气、天空、水面等方面。

（4）游戏场景灯光效果的添加和设置。

（5）游戏场景特效的添加与设置。

（6）游戏场景物体效果的设置。

其中，大量的工作时间都集中在游戏场景地形地表的编辑制作上。利用游戏引擎编辑器制作场景地形其实分为两大部分——地表和山体，地表是指游戏虚拟 3D 空间中起伏较小的地面模型，山体则是指起伏较大的山脉模型。地表和山体是对引擎编辑器所创建同一地形的不同区域进行编辑制作的结果，两者是统一的整体并不对立存在。

引擎地图编辑器制作山脉的原理是将地表平面划分为若干分段的网格模型，然后利用笔刷进行控制，实现垂直拉高形成的山体效果或者塌陷形成的盆地效果，然后再通过类似于 Photoshop 的笔刷绘制方法来对地表进行贴图材质的绘制，最终实现自然的场景地形效果（见图 6-20）。

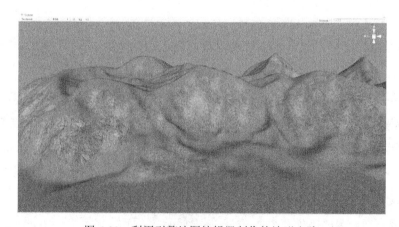

图 6-20　利用引擎地图编辑器制作的地形山脉

如果要制作高耸的山体往往要借助于 3D 模型才能实现，场景中海拔过高的山体部分利用 3D 模型来制作，然后将模型坐落在地形山体之上，两者的相互配合实现了很好的效果（见图 6-21）。另外，在有些场景中地形也起到了衔接的效果，例如，让山体模型直接坐落在海水中，那么模型与水面相接的地方会显得非常生硬，利用起伏的地形包围住

图 6-21　利用 3D 模型制作的山体效果

山体模型，这样就能利用地表的过渡与水面进行完美衔接。

在实际 3D 游戏项目的制作中，利用游戏引擎编辑器制作游戏场景的第一步就是要创建场景地形。场景地形是游戏场景制作和整合的基础，它为 3D 虚拟化空间搭建出了具象的平台，所有的场景美术元素都要依托于这个平台来进行编辑和整合。所以，地图编辑美术师在如今的 3D 游戏开发中占有了十分重要的地位和作用，而一个出色的地编设计师不仅要掌握 3D 场景制作的知识和技能，更要对自然环境和地理知识有深入的了解和认识，只有这样才能让自己制作的地图场景更加真实、自然，贴近于游戏需求的效果。

游戏美术师的职业素质

6.4　游戏美术设计制作流程

游戏美术团队在游戏项目制作的整个过程中，其实每个阶段都有不同的工作任务。例如，在游戏项目制作前期，游戏美术团队主要负责制作各种基本的美术元素以供给 Demo 的制作和使用。在游戏项目后期，美术团队可能也会直接参与游戏版本的测试，并对测试产生的问题进行修改和完善。在游戏项目制作中期，是美术团队最为忙碌的阶段，而我们本节所说的美术设计制作流程主要就是这个阶段的工作内容。

对于 3D 游戏项目的开发来说，游戏美术团队下设原画设计组、3D 模型制作组、游戏特效组、引擎地图编辑组等几个部门，不同小组负责各自不同的工作任务，小组与小组之间同时也要紧密协调配合，这样才能共同完成游戏项目美术部分的工作。图 6-22 所示的是游戏项目美术设计制作的基本流程。

游戏美术团队在接到策划部门的文案后进入美术设计阶段。首先，原画设计组分别开始进行概念、角色及场景的游戏原画设定工作。之后，原画设计组将设计完成的原画对应交给 3D 模型制作组，然后分别开始游戏角色模型和游戏场景模型的制作，其中角色模型制作完成

后还要由 3D 动画师来进行角色骨骼绑定和动作动画的调节，同时地形编辑美术师还要对游戏引擎编辑器中的游戏整体氛围、环境等元素进行设置。接下来，游戏特效组同步将游戏角色、场景特效添加给游戏角色并导入到游戏引擎地图编辑器中。最后，美术团队将制作的所有美术元素交给程序部门进行整合和完善。以上就是一般 3D 游戏项目美术设计制作的基本流程。

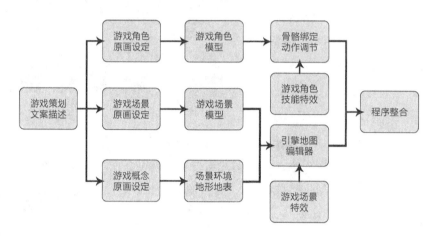

图 6-22　游戏美术设计制作流程

上面只是一个基本的流程简介。随着游戏技术的发展，游戏的视觉画面效果日益精细，尤其对于类似《刺客信条》《使命召唤》这样的次时代游戏来说，无论在内容和储存容量上都成倍增加，相应地游戏项目在制作流程上也更为复杂，同时各制作部门也必须深化职能分工，只有这样才能保证项目进程高效有序地进行。下面我们以 3D 游戏场景制作为例，来介绍一下游戏美术制作流程中的细节分工。

在实际游戏项目的场景制作中，3D 场景美术设计师的工作并不是独立进行的，由于场景模型最终要应用到游戏引擎编辑器中，所以在模型的制作过程中场景模型师要与地图编辑美术师需要相互协调配合，而整体制作流程通常也是一个循环往复的过程。图 6-23所示为游戏场景模型制作的流程工序。

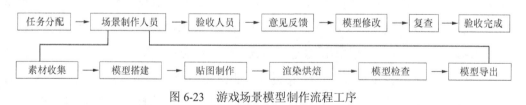

图 6-23　游戏场景模型制作流程工序

3D 场景模型师在接到分配的工作任务后开始尽量搜集素材，然后结合场景原画设定图开始模型的搭建制作，模型完成后开始制作贴图，在有些项目中还需要将模型进行渲染烘焙，最后将模型按照检验标准进行整体检查后再完成导出。导出的模型会提交给地图编辑美术师进行验收，他们会根据地形场景使用的要求提出意见，然后反馈给模型制作人员进行修改，复查后再提交给地编人员完成模型的验收，经过反复修改的场景模型最终才会被应用到游戏引擎地图场景中。以下是 3D 场景模型在导出前对模型各方面的检验标准。

场景模型检验表		
1	模型部分	场景单位设置是否正确
2		模型比例是否正确
3		模型命名是否规范
4		模型轴心是否设置正确，坐标系是否归零
5		场景内是否有空物体存在
6		带通道的模型是否独立出来
7		模型结构是否完整
8		模型是否塌陷并接合为一个整体
9		模型是否存在多余废面
10		模型面数是否复合要求
11	材质贴图	材质贴图类型是否规范
12		贴图命名是否规范
13		贴图格式是否为 DDS
14		贴图尺寸是否规范
15		模型贴图坐标是否正确
16		纹理比例是否合理
17		材质贴图有无重名
18		是否有双面材质
19	整体效果	光影关系是否统一
20		色彩搭配是否协调
21		场景道具的摆放是否合理
22		整体关系是否一致
23	模型导出	模型导出前是否转换为 Edit Poly 模式
24		是否按指定的格式进行导出
25		导出后是否进行优化处理
26	文件管理	项目文件夹是否按规范建立
27		模型制作过程中是否按规范进行备份

游戏项目的研发流程

6.5 游戏美术常用软件

所谓"工欲善其事，必先利其器"，对于游戏制作人员来说熟练掌握各类制作软件是今后踏入游戏制作领域最基础的条件，因为只有熟练掌握软件技术才能将自己的创意和想法淋漓尽致地展现在游戏世界当中。其实游戏美术设计常用的软件并没有很多，游戏美术设计不同于计算机动画设计，计算机动画制作是要尽可能地发挥软件自身的功能和效果，而游戏美术设计是要制作出服务于游戏引擎或者程序的美术设计元素，最终效果都要通过游戏引擎才能实现，所以游戏美术工作更加侧重于中间环节。

图 6-24 所示的各种 LOGO 基本涵盖了游戏美术设计常用的制作软件，从左往右依次为 Photoshop、3ds Max、Maya、Zbrush、Painter 和 Deep Paint 3D。游戏美术制作软件一般分为 3D 美术软件和 2D 美术软件，下面就从这两个方面来具体了解一下常用的游戏美术设计和制作软件。

图 6-24　各种游戏美术设计和制作软件

1. 游戏 3D 美术软件

游戏美术设计用到的 3D 制作软件主要就是 3ds Max 和 Maya，这同样也是 3D 动画主流的制作软件。在欧美和日本的电脑游戏制作中通常使用 Maya（见图 6-25），而在国内，

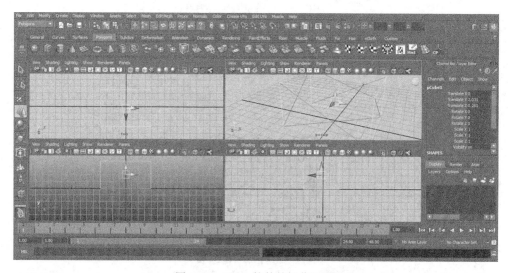

图 6-25　Maya 软件的操作界面

大多数游戏制作公司主要使用 3ds Max 作为主要的 3D 模型制作软件。这主要是由游戏引擎技术和程序接口技术所决定的，虽然这两款软件同为 Autodesk 公司旗下的产品，但在功能界面和操作方式上还是有着很大的不同。

3ds Max 软件在电脑游戏美术制作中主要用于模型制作、动画制作和粒子特效的制作，这也是 3D 美术设计师主要应用的制作软件，制作过程中可能也需要用到一些相关插件来提升制作效率和整体效果，如高速植被制作软件 Speed tree、角色动画制作系统 Character Studio、贴图绘制插件 Deep Paint 3D 等。

近几年随着次时代引擎技术的飞速发展，以法线贴图技术为主流技术的游戏大行其道，同时也成为未来游戏美术制作的主要方向。所谓的法线贴图是可以应用到 3D 模型表面的特殊纹理，它可以让平面的贴图变得更加立体、真实。法线贴图作为凹凸纹理的扩展，它包括了每个像素的高度值，内含许多细节的表面信息，能够在平平无奇的物体上，创建出许多种特殊的立体外形。你可以把法线贴图想象成与原表面垂直的点，所有点组成另一个不同的表面。对于视觉效果而言，它的效率比原有的表面更高，若在特定位置上应用光源，可以生成精确的光照方向和反射，通过 Zbrush 3D 雕刻软件深化模型细节使之成为具有高细节的 3D 模型，然后通过映射烘焙出法线贴图，并将其贴在低端模型的法线贴图通道上，使之拥有法线贴图的渲染效果。这样可以大大降低渲染时需要的面数和计算内容，同时达到优化动画渲染和游戏渲染的效果（见图 6-26）。

图 6-26　游戏法线贴图技术

2. 游戏 2D 美术软件

2D 美术软件在电脑游戏美术制作中，主要用于游戏原画美术师绘制原画设定、UI 设计师制作游戏界面图形、3D 美术师绘制模型贴图等。常用的 2D 美术软件主要有 Photoshop 和 Painter，Painter 凭借其强大的笔刷功能主要用于游戏原画的绘制，Photoshop 作为通用的标准化 2D 图形设计软件主要用于游戏界面像素图形的绘制和模型贴图的绘制，另外也可以通过 Deep Paint 3D 和 Body Paint 3D 等插件来绘制 3D 模型贴图（见图 6-27）。

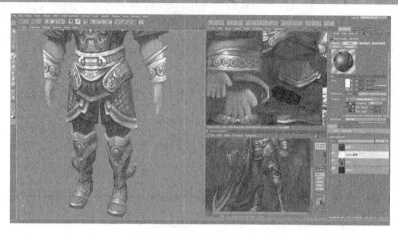

图 6-27　利用 Body Paint 3D 绘制角色模型贴图

游戏美术师应该掌握的软件

第 7 章

游戏程序

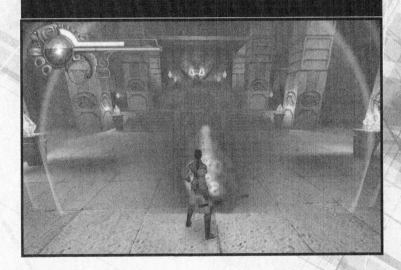

7.1 游戏程序的定义

在学习游戏程序前，我们必须要了解一个问题——什么是程序（计算机程序）？计算机不是万能的，它并不会自动进行所有工作，计算机的每一个操作都是根据人们事先指定的指令进行的。例如，用一条指令要求计算机进行一次加法运算，用另一条指令要求计算机将某一运算结果输出到显示屏，等等。为了使计算机执行一系列的操作，必须事先编好一条条指令，输入到计算机中。以上所提到的这种能够被计算机识别并执行的指令就是计算机程序。

计算机程序可以是单一的一条指令，也可以是众多指令的集合，只要让计算机执行程序，计算机就会自动地执行各条指令，有条不紊地进行工作。为了使计算机系统能实现各种功能，需要成千上万个程序，这些程序大多是计算机软件设计人员根据需要设计好的，作为计算机的软件系统的一部分提供给用户使用。

具体到游戏领域来说，游戏程序就是为了完成虚拟游戏体验，而对计算机预先设置下达的各种指令的集合。游戏程序的最终面向对象是游戏玩家，游戏程序指令的编辑和下达者就是游戏研发团队中的游戏程序员。

7.2 游戏程序员的职业素质

游戏编程的学习是一个非常漫长和复杂的过程，在成为职业游戏程序员之前，必须通过不断的学习逐一掌握一些必要的基本技能。首先，游戏编程属于计算机学科的扩展，所以掌握一定的计算机基础理论是十分必要的。其次，程序员必须具备良好的逻辑思维能力，计算机编程依托于各种数学和物理学原理，对于这些基础学科知识的学习和掌握是成为程序员的基础条件。

任何受过专业训练的程序员，对"数据结构"这门学科中涉及的各种理论都不会陌生，然而在实际的编程工作中，大部分的数据结构都不会用到，虽然如此，深入地理解基本数据结构的概念和实现细节，仍然是每个程序员的任务。因为，对于计算机语言背后实现细节的求知欲是每个优秀程序员所应具备的基本素质。

对于程序员来说，计算机语言是必须要掌握的核心技能。计算机语言就是人与计算机之间沟通的"桥梁"，我们通过与人类使用的自然语言比较接近的高级程序设计语言对计算机下达各种指令。对于计算机语言的熟练掌握决定了程序开发人员对计算机本身的理解与对软件开发工作的态度。

对于职业的程序开发人员来说至少要掌握两种以上的计算机语言，这是程序员的立身之本。其中，C语言、C++语言及JAVA语言是需要重点掌握的开发工具，C语言和C++

语言以其高效率和高度的灵活性成为开发工具中的利器，JAVA 语言的跨平台及与网页很好的结合能力是其优势所在。其次，还要掌握一些简便的可视化开发语言，如 VB、Power Builder、Delphi、CBuilder 等，这些开发工具减小了开发难度，并能够强化程序员对象模型的概念。

在掌握了计算机语言后还必须要选择相应编译器，我们所编写的程序或者说是计算机语言源代码只是一种文本显示，如果想要实现其最终效果还需要将其转化为可执行的文件，这一工作就是通过编译器来完成的。简单来说，编译器就是程序员利用计算机语言进行编程的工具软件，是能够有效地将计算机语言转化为可执行程序的一种工具（见图 7-1）。

图 7-1　编译器的工作原理

作为程序员还需要掌握数据库技能，因为很多应用程序都是以数据库的数据为中心的。而数据库的产品也有不少，其中关系型数据库仍是主流形式，所以程序员至少要熟练掌握一两种数据库，对关系型数据库的关键元素要非常清楚，要熟练掌握 SQL 的基本语法。虽然很多数据库产品提供了可视化的数据库管理工具，但 SQL 是基础，是通用的数据库操作方法。

程序员在掌握了计算机语言和编译器等专业技能后，还需要熟悉开发环境，简单来说就是要熟悉不同的操作系统平台。当前主流的计算机操作系统是 Windows、Mac 和 Linux/UNIX，熟练地使用这些操作系统是必需的，但只有这些还远远不够。要想成为一个真正的编程高手，需要深入了解操作系统，了解它的内存管理机制、进程 / 线程调度、信号、内核对象、系统调用、协议栈实现等。Linux 作为开放源代码的操作系统，是一个很好的学习平台，它几乎具备了所有现代操作系统的特征。但如果想在游戏行业中做得很专业，或者有更多的人能玩你的游戏，就需要选择 Windows 平台，同时需要掌握现在主流的 DirectX 开发技术。另外，随着智能手机的普及，移动平台游戏逐渐发展为主流，这就需要程序员熟悉和掌握 iOS 和 Android 等平台的开发技术（见图 7-2）。

以上我们主要介绍了作为程序员所应具备的专业技能和素质，下面来简单概括一下一般程序员职业技能发展的几个阶段。

（1）第一阶段。此阶段主要是能熟练地使用某种计算机语言。这就相当于练武中的套路和架式这些表面的东西。

173

图 7-2　不同的开发平台

（2）第二阶段。此阶段能精通基于某种开发平台的接口及所对应语言自身的库函数。到达这个阶段后，也就相当于可以进行实战了，可以真正地在实践中做些程序应用。

（3）第三阶段。此阶段能深入地了解某个操作平台系统的底层，已经具有了初级的"内功"和能力，也就是"手中有剑，心中无剑"。

（4）第四阶段。在这一阶段中，程序员能直接在平台上进行比较深层次的开发，基本上能达到这个层次就可以说是进入了高层次，这时已经不再有计算机语言技术层面的束缚。语言只是一种工具，即使要用自己不会的语言进行开发，也只是简单地熟悉一下，就能够手到擒来，完全不像是第一阶段的时候学习语言的那种情况。

（5）第五阶段。此阶段就已经不再局限于简单的技术上的问题了，而是能从全局上把握和设计一个比较大的系统体系结构，从内核到外层界面。到了这个阶段以后，能对市面上的任何软件进行剖析，并能按自己的要求进行设计，就算是大型软件，只要有充足的时间，也一定会设计出来。

（6）第六阶段。这一阶段是程序员在技术层面的最高境界，这时候任何问题就纯粹变成了一个思路的问题，只要有了思路任何技术层面的问题都能迎刃而解。

除了专业技能外，程序员还必须要具备需求理解能力，程序员要能正确理解任务单中描述的需求，这不仅仅是软件的功能需求，还应注意软件的性能需求，要能正确评估自己的模块对整个项目中的影响及潜在的问题。模块化的思维能力对于程序员也同样重要，作为一个优秀的程序员，他的思想不能在局限于当前的工作任务，还要想想看自己写的模块是否可以脱离当前系统存在，通过简单的封装在其他系统中或其他模块中直接使用。这样做可以使代码能重复利用，减少重复劳动，也能使系统结构越趋合理。模块化思维能力的提高是一个程序员的技术水平提高的一项重要指标。

在进入一线研发团队后，团队精神和协作能力也是程序员所应具备的关键素质。当今的软件开发已经不再是简单的程序编写了，而是系统化的团队工程，程序员应当将自己单打独斗的思维模式转化为团队协作理念，这样才能让自身适应一线的职业领域。甚至可以毫不夸张地说，这种素质是一个程序员乃至一个团队发展之根本。

7.3 常用的游戏编程语言

在计算机诞生之后，计算机语言也随之出现，发展到今天，计算机语言的种类已经很多，总的来看可以将其分为机器语言、汇编语言及高级语言。实际上机器语言我们都很少用到，我们与计算机的沟通更多地是通过汇编语言和高级语言（BASIC、C、C++、JAVA等）来实现的。下面就来简单介绍一下常用的计算机编程语言（见图7-3）。

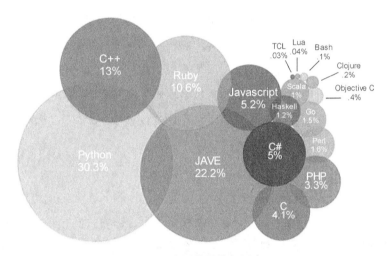

图 7-3　常用的计算机语言

1．汇编语言

汇编语言（Assembly Language）是面向机器的程序设计语言。它是一种功能很强的程序设计语言，也是可以充分利用计算机所有硬件特性并能直接控制硬件的语言。相对于机器语言来说，在汇编语言中，用助记符（Mnemonics）代替操作码，用地址符号（Symbol）或标号（Label）代替地址码。这样用符号代替机器语言的二进制码，就把机器语言变成了汇编语言，于是汇编语言亦称为符号语言。

使用汇编语言编写的程序，机器不能直接识别，要由一种程序将汇编语言翻译成机器语言，这种起翻译作用的程序叫汇编程序（也被称作汇编器），汇编程序是系统软件中的语言处理系统软件。汇编程序把汇编语言翻译成机器语言的过程称为汇编，对应于高级程序设计语言的编译，而汇编程序也就对应于高级语言的编译程序。

现在主流的汇编器如 MASM（Microsoft Macro Assembler 的缩写）、TASM 等为我们编写汇编程序提供了很多类似于高级语言的特征。在这样的环境中编写的汇编程序，有很大一部分是面向汇编器的伪指令，已经类同于高级语言。现在的汇编环境已经如此高级，即使全部用汇编语言来编写 Windows 的应用程序也不是一件难事，但这并不是汇编语言的长处，汇编语言的长处在于编写高效且需要对机器硬件精确控制的程序。大多数情况下，C 语

175

言程序员不需要使用汇编语言，因为即便是硬件驱动这样的底层程序在操作系统中也可以完全用 C 语言来实现，再加上 GCC 这样一些优秀的编译器目前已经能够对最终生成的代码进行很好的优化，的确有足够的理由让我们可以暂时将汇编语言抛在一边，放进历史博物馆了。但实际情况是，C 语言程序员有时还是需要使用汇编，或者不得不使用汇编，理由很简单：汇编语言精简、高效，同时与库无关。特别是当今越来越流行的嵌入式硬件环境下的开发，首先必然面临如何减少系统大小、提高执行效率等问题，而这正是汇编语言的用武之地。

2．C 语言

C 语言是丹尼斯·里奇在 20 世纪 70 年代创建的。作为一种计算机程序设计语言，它既具有高级语言的面向过程的特点，又具有汇编语言的面向底层的特点。它可以作为操作系统设计语言，编写系统应用程序；也可以作为应用程序设计语言，编写不依赖于计算机硬件的应用程序。因此，它的应用范围非常广泛，不仅仅是在软件开发上，而且各类科研工作都需要用到 C 语言。C 语言被设计成了一个比它的前辈更精巧、更简单的版本，也是第一个使得系统级代码移植成为可能的编程语言。

3．C++ 语言

说到 C 语言，就不得不提到 C++ 语言，单单从它们的名字上，就可以看出它们之间的亲戚关系。C++ 语言是一种优秀的面向对象程序的设计语言，它是在 C 语言的基础上增加了一些现代程序设计语言的机制（如面向对象思想、异常处理等）发展而来的，但它比 C 语言更容易为人们所学习和掌握。C++ 以其独特的语言机制在计算机科学的各个领域中得到了广泛的应用。相对于 C 语言的面向过程的设计方法，C++ 的面向对象的设计思想让它有了一个质的飞跃，使得 C++ 更加适合于对性能要求较高的、大型的复杂系统的开发。

4．JAVA 语言

JAVA 语言诞生于 1991 年，起初被称为 OAK 语言。JAVA 平台是 SUN 公司为一些消费性电子产品而设计的一个通用环境，他们最初只是为了开发一种独立于平台的软件技术，而且在网络出现之前，OAK 可以说是默默无闻的，甚至差点夭折。但是，网络的出现改变了 OAK 的命运，从此改称 JAVA 且与网络结下了不解之缘。

要全面地介绍 JAVA，我们需要用到很多定语：它是一种简单的、跨平台的、面向对象的、分布式的、解释执行的、健壮安全的、结构中立的、可移植的、性能优异的、多线程的、动态的高级程序设计语言。在众多的计算机程序设计语言中，JAVA 确实是一颗耀眼的明星。当 1995 年 SUN 正式推出 JAVA 语言之后，全世界的目光都被这个神奇的语言所吸引了。

5．Pascal 语言

Pascal 语言是由尼古拉斯·沃思在 20 世纪 70 年代早期设计的，Pascal 语言被设计来强行使用结构化编程。最初的 Pascal 被严格设计成教学之用，最终，大量的拥护者促使它闯入了商业编程的行列。当 Borland 发布 IBMPC 上的 Turbo Pascal 时，Pascal 辉煌一时，

176

集成的编辑器、闪电般的编译器加上低廉的价格使之变得不可抵抗，Pascal 便成了为 MS-DOS 编写小程序的首选语言。然而时日不久，C 编译器变得更快，并具有优秀的内置编辑器和调试器，使得 Pascal 在 1990 年 Windows 开始流行时走到了尽头，Borland 放弃了 Pascal 而把目光转向了为 Windows 编写程序的 C++，Turbo Pascal 很快被人遗忘。基本上，Pascal 比 C 语言简单，虽然语法类似，但它缺乏很多 C 语言有的简洁操作符。这既是好事又是坏事，虽然很难写出难以理解的"聪明"代码，它同时也使得一些低级操作（如位操作）变得困难起来。

尽管人们多次试图创造一种通用的计算机语言，却没有一次尝试是成功的。各种语言都有自己的特点，也都有自己的应用领域，并没有高低优劣之分。我们能做的，就是根据各种语言的特点，根据自己的需要，根据自己的应用场景，来选择合适的语言。

7.4　游戏程序的职能分工

在早期的游戏研发中，游戏作品的整体制作主要依靠程序员，甚至一个程序员就可以完成一整个游戏，这就要求程序员不仅精通编程还要极富想象力和创造力。时至今日，游戏研发已经发展到了团队化和模块化阶段，其中的游戏程序部门同样如此，不同的程序员各自负责不同的技术任务和工作。随着行业的不断成熟和规范，程序员的职能体系会更加深入和细致，因为行业规范的过程，就是岗位职能明确的过程。

在一线游戏研发公司中，相对于美术部门来说，程序部门的人员配置要少得多，其职能岗位通常分为主程序、游戏引擎程序员、客户端程序员、服务器端程序员和逻辑程序员等。下面我们分别介绍下各种程序员在研发团队中的职能分工。

1. 主程序

在一线游戏研发团队中，主程序相当于程序团队的主管，也就是程序部门的最高领导。主程序与美术部门中的主美术及游戏策划部门中的主企划一样，都属于游戏研发团队中的管理者，他们并不会直接参与某一项具体的工作任务。他们的工作是负责制订部门的工作进度表、负责游戏程序的整体构架、参与技术开发文档的设计、管理和指导团队人员的开发工作，保证整个团队部门的开发进度等。如果把程序部门比作一辆火车，那么主程序就是火车头，他的核心地位和关键作用无可替代。

2. 游戏引擎程序员

游戏引擎程序员是游戏研发前期负责构建和设计开发游戏引擎的编程人员，他们的工作相当于构建游戏的基础开发平台，与其他程序员相比，他们会将更多的时间和目光放在对游戏逻辑和游戏内核的研制和封装上。在游戏引擎技术大行其道的今天，引擎俨然已成为整个开发流程中的核心，这也表明了游戏引擎程序员在程序团队中的重要地位。他们主要负责创建支持游戏开发的各种工具。

策划创造游戏的玩法，美术创造游戏的画面，而程序的职责是为他们提供帮助。这种帮助主要就是给他们提供工具。在游戏开发流水线越来越进化的今天，工具的好坏对游戏的质量起着决定性的作用。所以，除了搭建游戏引擎内核和游戏基础平台外，游戏引擎程序员还要负责创建支持游戏开发的各种工具，用来给美术和企划部门使用。一些典型的工具包括地形编辑器、场景编辑器、脚本编辑器、粒子编辑器等。

3. 客户端程序员

客户端程序员通常负责游戏客户端的研发，他们更强调游戏的画面表现和一些人机界面的效果，如网络游戏中需要下载的客户端，就是这些程序人员的工作成果。近年来随着游戏3D化的持续进行，客户端程序员也开始从之前的2D美术效果转向为3D美术。通常来说，客户端程序员都是强调画面和图形的，因此站在纯程序员的角度分类，客户端程序员也可以称为图形程序员（Graphics Programmers）。

图形程序主要负责游戏画面的显示，对于3D游戏来说，图形渲染包括模型、材质、贴图的显示，光照和阴影的效果等，这可以说是游戏编程中技术含量最高的部分。从事图形程序需要良好的3D数学训练，线性代数、图形学是最需要攻克的课程。此外，现在业界主流使用DirectX作为底层库，这也是比较基础的技能。

4. 服务器端程序员

与客户端程序员相对应的是服务器端程序员，他们负责网络游戏服务器端的研发工作。由于网络游戏的特点，服务器端程序员往往更强调对游戏数据的处理和计算，而对游戏的画面表现并不在意，服务器端程序员必须让自己的程序能够接收和发送来自客户端的数据包，同时还要对这些数据进行相关的计算。

相比较而言，服务器端程序员更强调对游戏引擎的掌握，因为游戏的服务器端是否稳定，是真正决定一款游戏能否被广泛接受的主要原因之一，同时服务器端程序的好坏，直接关系到对游戏系统的维护和优化，甚至关系到外挂等网络游戏常见的相关问题。

5. 逻辑程序员

逻辑程序员对于一般人来说其实是个比较抽象的概念，他们的工作任务其实就是控制游戏世界的规则。举个简单的例子，在《俄罗斯方块》这一游戏中，一个规则是如果方块落下之后发现有一行满了，就会消掉这些行，然后上面没有被消掉的行会按位置下降。在游戏世界中，你能看到的一切游戏玩法都要依赖逻辑程序来控制，在绝大多数情况下，逻辑程序在代码数量上占据了游戏程序的主体。

除了上述几种编程人员之外，程序员还可以根据工作的内容，分为负责编写人机界面的界面程序员、负责网络数据交换及优化的网络程序员、负责实现游戏人工智能的AI程序员、负责将音乐音效添加到游戏中的音频程序员及负责测试和保障游戏软件质量的测试程序员等。当然，并不是所有的游戏公司都会如此细致地对程序人员进行职能划分，行业的不成熟性让游戏公司在对岗位职能的描述过程中，充满了灵活性和模糊性，正如前文所说的那样，行业规范的过程，就是岗位职能明确的过程。

7.5　游戏引擎的定义

"引擎"（Engine）这个词汇最早出现在汽车领域，引擎是汽车的动力来源，它就好比汽车的心脏，决定着汽车的性能和稳定性，汽车的速度、操纵感等这些直接与驾驶相关的指标都是建立在引擎的基础上的。电脑游戏也是如此，玩家所体验到的剧情、关卡、美工、音乐、操作等内容都是由游戏的引擎直接控制的，它扮演着中场发动机的角色，把游戏中的所有元素捆绑在一起，在后台指挥它们同步有序的工作（见图7-4）。

图7-4　游戏引擎如同汽车引擎一样精密复杂

例如，在某游戏的一个场景中，玩家控制的角色躲藏在屋子里，敌人正在屋子外面搜索玩家。突然，玩家控制的士兵碰倒了桌子上的一个杯子，杯子坠地发出破碎声，敌人在听到屋子里的声音之后聚集到玩家所在位置，玩家开枪射击敌人，子弹引爆了周围的易燃物，产生爆炸效果。在这一系列的过程中，都是游戏引擎在后台起着作用，控制着游戏中的一举一动。简单来说，游戏引擎就是用于控制所有游戏功能的主程序，从模型控制到计算碰撞、物理系统和物体的相对位置，再到接收玩家的输入，按照正确的音量输出声音等都属于游戏引擎的功能范畴。

无论是2D游戏还是3D游戏，无论是角色扮演游戏、即时策略游戏、冒险解谜游戏或是动作射击游戏，哪怕是一个只有1MB的桌面小游戏，都有这样一段起控制作用的代码，这段代码我们就可以笼统地称为引擎。或许在早期的像素游戏时代，一段简单的程序编码我们也可以称它为引擎，但随着电脑游戏技术的发展，经过不断的进化，如今的游戏引擎已经发展为一套由多个子系统共同构成的复杂系统，从建模、动画到光影、粒子特效，从物理系统、碰撞检测到文件管理、网络特性，还有专业的编辑工具和插件，几乎涵盖了开发过程中的所有重要环节，这一切所构成的集合系统才是我们今天真正意义上的游戏引擎，而一套完整成熟的游戏引擎也必须包含以下几方面的功能。

（1）首先是光影效果，即场景中的光源对所有物体的影响方式。游戏的光影效果完全是由引擎控制的，折射、反射等基本的光学原理及动态光源、彩色光源等高级效果都是通过游戏引擎的不同编程技术实现的。

（2）其次是动画。目前游戏所采用的动画系统可以分为两种：一种是骨骼动画系统，另一种是模型动画系统。前者用内置的骨骼带动物体产生运动，比较常见；后者则是在模型的基础上直接进行变形。游戏引擎通过这两种动画系统的结合，能够使动画师为游戏中的对象制作出更加丰富的动画效果。

（3）游戏引擎的另一重要功能是提供物理系统。它可以使物体的运动遵循固定的规律，例如，当角色跳起的时候，系统内定的重力值将决定他能跳多高，他下落的速度有多快；另外，如子弹的飞行轨迹、车辆的颠簸方式等也都是由物理系统决定的。

碰撞探测是物理系统的核心部分，它可以探测游戏中各物体的物理边缘。当两个3D物体撞在一起的时候，这种技术可以防止它们相互穿过，这就确保了当你撞在墙上的时候，不会穿墙而过，也不会把墙撞倒，因为碰撞探测会根据角色和墙之间的特性确定两者的位置和相互的作用关系。

（4）渲染是游戏引擎最重要的功能之一。当3D模型制作完毕后，游戏美术师会为模型添加材质和贴图，最后再通过引擎渲染把模型、动画、光影、特效等所有效果实时计算出来并展示在屏幕上，渲染模块在游戏引擎的所有部件当中是最复杂的，它的强大与否直接决定着最终游戏画面的质量。

（5）游戏引擎还有一个重要的职责就是负责玩家与计算机之间的沟通，包括处理来自键盘、鼠标、摇杆和其他外设的输入信号。如果游戏支持联网特性的话，网络代码也会被集成在引擎中，用于管理客户端与服务器之间的通信。

时至今日，游戏引擎已从早期游戏开发的附属变成了今日的中流砥柱，对于一款游戏来说，能实现什么样的效果，很大程度上取决于所使用游戏引擎的能力。下面我们就来总结一下优秀游戏引擎所具备的优点。

1．完整的游戏功能

随着游戏要求的提高，现在的游戏引擎不再是一个简单的3D图形引擎，而是涵盖了3D图形、音效处理、AI运算、物理碰撞等游戏中的各个组件，所以齐全的各项功能和模块化的组件设计是游戏引擎所必须实现的。

2．强大的编辑器和第三方插件

优秀的游戏引擎还要具备强大的编辑器，包括场景编辑、模型编辑、动画编辑、特效编辑等。编辑器的功能越强大，美工人员可发挥的余地就越大，做出的效果也越多。而插件的存在，使得第三方软件如3ds Max、Maya等可以与引擎对接，无缝实现模型的导入导出。

3．简洁有效的 SDK 接口

优秀的引擎会把复杂的图像算法封装在模块内，对外提供的则是简洁有效的SDK接口，有助于游戏开发人员迅速上手。这一点就像各种编程语言一样，越高级的语言越容易使用。

4．其他辅助支持

优秀的游戏引擎还提供网络、数据库、脚本等功能，这一点对于面向网游的引擎来说更为重要，因为网游要考虑服务器端的状况，要在保证优异画质的同时降低服务器端的极高压力。

以上四条对于今天大多数的游戏引擎来说都已不是什么问题，但当我们回顾过去的游戏引擎时，便会发现这些功能也都是从无到有慢慢发展起来的。虽然早期的游戏引擎在今天看来已经没有什么优势，但正是这些先行者推动了游戏制作的发展。

7.6　游戏引擎的发展史

从最早的游戏引擎的诞生到今天，游戏引擎已经有 20 多年的发展历史，在这期间引擎的功能不断增强，与之相应的游戏画面和技术也日新月异。下面我们就来简单回顾一下游戏引擎的发展历程，同时对国内游戏制作领域对于引擎的使用状况进行讲解。

7.6.1　引擎的诞生（1991 ～ 1993 年）

1992 年，美国 Apogee 软件公司代理发行了一款名叫《德军司令部》的射击游戏（见图 7-5）。游戏的容量只有 2MB，以现在的眼光来看这款游戏只能算是微型小游戏，但在当时，即使是使用"革命"这一极富煽动色彩的词语也无法形容出它在整个电脑游戏发展史上占据的重要地位。稍有资历的玩家可能都还记得当初接触它时的兴奋心情，这部游戏开创了第一人称射击游戏的先河，更重要的是，它在由宽度 X 轴和高度 Y 轴构成的图像平面上增加了一个前后纵深的 Z 轴，这根 Z 轴正是 3D 游戏的核心与基础，它的出现标志着 3D 游戏时代的萌芽与到来。

图 7-5　当时具有革命性画面的《德军司令部》

《德军司令部》游戏的核心程序代码，也就是我们今天所说的游戏引擎的作者正是如今大名鼎鼎的约翰·卡马克，他在世界游戏引擎发展史上的地位无可替代。1991 年他创办了 id Software 公司，正是凭借《德军司令部》的 Wolfenstein 3D 游戏引擎让这位当初名不见经传的程序员在游戏圈中站稳了脚跟，之后 id Software 公司凭借《毁灭战士》《雷神之锤》等系列游戏作品成为了当今世界最为著名的 3D 游戏研发公司，而约翰·卡马克也被奉为游戏编程大师。

随着《德军司令部》的大获成功，id Software 公司于 1993 年发布了自主研发的第二款 3D 游戏《毁灭战士》，Doom 引擎在技术上大大超越了 Wolfenstein 3D 引擎。

虽然 Doom 的引擎在今天看来仍然缺乏细节，但开发者在当时条件下的设计表现却让人叹服。另外，更值得一提的是，Doom 引擎是第一个被正式用于授权的游戏引擎。1993 年年底，Raven 公司采用改进后的 Doom 引擎开发了一款名为《投影者》的游戏，这是世界游戏史上第一例成功的"嫁接手术"。1994 年 Raven 公司又采用 Doom 引擎开发了《异教徒》游戏，为引擎增加了飞行的特性，成为跳跃动作的前身。1995 年 Raven 公司再次采用 Doom 引擎开发了《毁灭巫师》，加入了新的音效技术、脚本技术及一种类似集线器的关卡设计，使玩家可以在不同关卡之间自由移动。Raven 公司与 id Software 公司之间的一系列合作充分说明，引擎的授权无论对于使用者还是开发者来说都是大有裨益的，只有把自己的引擎交给更多的人去使用才能使游戏引擎不断地成熟和发展起来。

7.6.2　引擎的发展（1994～1997 年）

虽然在如今的游戏时代，游戏引擎可以用于各种类型游戏的研发设计，但从世界游戏引擎发展史来看，引擎却总是伴随着 FPS（第一人称射击）游戏的发展而进化，无论是第一款游戏引擎的诞生，还是次时代引擎的出现，游戏引擎往往都是依托于 FPS 游戏、作为载体展现的世人面前的，这已然成为了游戏引擎发展的一条定律。

在引擎的进化过程中，肯·西尔弗曼于 1994 年为 3D Realms 公司开发的 Build 引擎是一个重要的里程碑，Build 引擎的前身就家喻户晓的《毁灭公爵》（见图 7-6）。《毁灭公爵》已经具备了今天第一人称射击游戏的所有标准内容，如跳跃、360 度环视及下蹲和游泳等特性，此外还把《异教徒》里的飞行换成了喷气背包，甚至加入了角色缩小等令人耳目一

新的内容。在 Build 引擎的基础上先后诞生过 14 款游戏，如《农夫也疯狂》《阴影武士》和《血兆》等，还有艾生资讯开发的《七侠五义》，这是当时国内为数不多的几款 3D 游戏之一。Build 引擎的授权业务大约为 3D Realms 公司带来了 100 多万美元的额外收入，3D Realms 公司也由此而成为了引擎授权市场上最早的受益者。但是从总体上来看，Build 引擎并没有为 3D 引擎的发展带来实质性的变化，

图 7-6　相对于第一款 3D 游戏《毁灭公爵》的画面有了明显进步

突破的任务最终由 id Software 公司的《雷神之锤》完成了。

随着时代的变革和发展，游戏公司对于游戏引擎的重视程度日益提高，《雷神之锤》

系列作为 3D 游戏史上最伟大的游戏系列之一，其创造者——游戏编程大师约翰·卡马克，对游戏引擎技术的发展做出了前无古人的卓越贡献。从 1996 年《雷神之锤 1》的问世，到《雷神之锤 2》再到后来风靡世界的《雷神之锤 3》（见图 7-7），每一次的更新换代都把游戏引擎技术推向了一个新的极致。在《雷神之锤 3》之后，卡马克将《雷神之锤》的引擎源代码公开发布，将自己辛苦研发的引擎技术贡献给了全世界。虽然现在 Quake 引擎已经淹没在了浩瀚的历史长河中，但无数程序员都坦然承认卡马克的引擎源代码对于自己学习和成长的重要性。

（a）《雷神之锤 1》　　　　　　　　（b）《雷神之锤 3》

图 7-7　从《雷神之锤 1》到《雷神之锤 3》画面的发展

　　Quake 引擎是当时第一款完全支持多边形模型、动画和粒子特效的真正意义上的 3D 引擎，而不是像 Doom、Build 那样的 2.5D 引擎。此外，Quake 引擎还是多人连线游戏的始作俑者，尽管几年前的《毁灭战士》也能通过调制解调器连线对战，但最终把网络游戏带入大众的视野之中的是《雷神之锤》，也是它促成了世界电子竞技产业的形成。

　　一年之后，id Software 公司推出《雷神之锤 2》，一举确定了自己在 3D 引擎市场上的霸主地位。《雷神之锤 2》采用了一套全新的引擎，可以更充分地利用 3D 加速和 OpenGL 技术，在图像和网络方面与前作相比有了质的飞跃，Raven 公司的《异教徒 2》和《军事冒险家》、Ritual 公司的《原罪》、Xatrix 娱乐公司的《首脑：犯罪生涯》及离子风暴工作室的《安纳克朗诺克斯》都采用了 Quake II 引擎。

　　在《雷神之锤 2》还在独霸市场的时候，一家后起之秀——Epic 公司宣布由它研发制作的《虚幻》（见图 7-8）问世，尽管当时只是在 300×200 的分辨

图 7-8　《虚幻》1 代游戏画面

率下运行的这款游戏,但游戏中的许多特效即便在今天看来依然很出色:荡漾的水波、美丽的天空、庞大的关卡、逼真的火焰、烟雾和力场效果等。从单纯的画面效果来看,《虚幻》是当时当之无愧的佼佼者,其震撼力完全可以与人们第一次见到《德军司令部》时的感受相媲美。

谁都没有想到这款用游戏名字命名的游戏引擎在日后的引擎大战中发展成了一股强大的力量,Unreal 引擎在推出后的两年内就有 18 款游戏与 Epic 公司签订了许可协议,这还不包括 Epic 公司自己开发的《虚幻》资料片《重返纳帕利》、第三人称动作游戏《北欧神符》、角色扮演游戏《杀出重围》及最终也没有上市的第一人称射击游戏《永远的毁灭公爵》等。Unreal 引擎的应用范围不限于游戏制作,还涵盖了教育、建筑等其他领域,Digital Design 公司曾与联合国教科文组织的世界文化遗产分部合作,采用 Unreal 引擎制作了巴黎圣母院的内部虚拟演示,ZenTao 公司采用 Unreal 引擎为空手道选手制作过武术训练软件,另一家软件开发商 Vito Miliano 公司也采用 Unreal 引擎开发了一套名为 "Unrealty" 的建筑设计软件,用于房地产的演示。现如今,Unreal 引擎早已经从激烈的竞争中脱颖而出,成为当下主流的次时代游戏引擎。

7.6.3　引擎的革命（1998 ～ 2000 年）

在虚幻引擎诞生后,引擎在游戏图像技术上的发展出现了暂时的瓶颈,例如,所有采用 Doom 引擎制作的游戏,无论是《异教徒》还是《毁灭战士》都有着相似的内容,甚至连情节设定都如出一辙,玩家开始对端着枪跑来跑去的单调模式感到厌倦,开发者们不得不从其他方面寻求突破,由此掀起了 FPS 游戏的一个新高潮。

两部划时代的作品同时出现在 1998 年——Valve 公司的《半条命》和 LookingGlass 工作室的《神偷:暗黑计划》(见图 7-9),尽管此前的很多游戏也为引擎技术带来过许多新的特性,但没有哪款游戏能像《半条命》和《神偷》那样对后来的作品及引擎技术的进化造成如此深远的影响。曾获得无数大奖的《半条命》采用的是 Quake 和 Quake Ⅱ 引擎的混合体,Valve 公司在这两部引擎的基础上加入了两个很重要的特性:一是脚本序列技术,这一技术可以令游戏通过触动事件的方式让玩家真实地体验游戏情节的发展,这对于自诞生以来就很少注重情节的 FPS 游戏来说无疑是一次伟大的革命。第二个特性是对 AI 人工智能引擎的改进,敌人的行动与以往相比有了更为复杂和智能化的变化,不再是单纯地扑向枪口。这两个特点赋予了《半条命》引擎鲜明的个性,在此基础上诞生的《要塞小分队》《反恐精英》和《毁灭之日》等优秀作品又通过网络代码的加入令《半条命》引擎焕发出了更为夺目的光芒。

（a）《半条命》　　　　　　　　（b）《神偷：暗黑计划》

图 7-9 《半条命》和《神偷：暗黑计划》的游戏画面

在人工智能方面真正取得突破的游戏是 Looking Glass 工作室的《神偷：暗黑计划》。游戏的故事发生在中世纪，玩家扮演一名盗贼，任务是进入不同的场所，在尽量不引起别人注意的情况下窃取物品。《神偷》采用的是 Looking Glass 工作室自行开发的 Dark 引擎，Dark 引擎在图像方面比不上《雷神之锤 2》或《虚幻》，但它在人工智能方面的水准却远远高于后两者。游戏中的敌人懂得根据声音辨认玩家的方位。能够分辨出不同地面上的脚步声，在不同的光照环境下有不同的判断，发现同伴的尸体后会进入警戒状态，还会针对玩家的行动做出各种合理的反应，玩家必须躲在暗处不被敌人发现才有可能完成任务，这在以往那些纯粹的杀戮射击游戏中是根本见不到的。遗憾的是，由于 Looking Glass 工作室的过早倒闭，Dark 引擎未能发扬光大，除了《神偷：暗黑计划》外，采用这一引擎的只有《神偷 2：金属时代》和《系统震撼 2》等少数几款游戏。

受《半条命》和《神偷：暗黑计划》两款游戏的启发，越来越多的开发者开始把注意力从单纯的视觉效果转向更具变化的游戏内容，其中比较值得一提的是离子风暴工作室出品的《杀出重围》（见图 7-10）。《杀出重围》采用的是 Unreal 引擎，尽管画面效果十分出众，但在人工智能方面它无法达到《神偷》系列的水准，游戏中的敌人更多地是依靠预先设定的脚本做出反应。即便如此，视觉图像的品质抵消了人工智

图 7-10 《杀出重围》的游戏画面

能方面的缺陷，而真正帮助《杀出重围》在众多射击游戏中脱颖而出的是它独特的游戏风格，游戏含有浓重的角色扮演成分，人物可以积累经验、提高技能，还有丰富的对话和曲折的情节。同《半条命》一样，《杀出重围》的成功说明了叙事对第一人称射击游戏的重要性，能否更好地支持游戏的叙事能力成为了衡量引擎的一个新标准。

从 2000 年开始，3D 引擎朝着两个不同的方向分化，一是像《半条命》《神偷》和《杀出重围》那样通过融入更多的叙事成分、角色扮演成分及加强人工智能来提高游戏的可玩性；二是朝着纯粹的网络模式发展。在这一方面 id Software 公司再次走到了整个行业的最前沿，它在 Quake II 出色的图像引擎基础上加入更多的网络互动方式，破天荒地推出了一款完全没有单人过关模式的网络游戏——《雷神之锤 3 竞技场》，它与 Epic 公司之后推出的《虚幻竞技场》（见图 7-11）一同成为引擎发展史上一个新的转折点。

Epic 公司的《虚幻竞技场》虽然比《雷神之锤 3 竞技场》落后了一步，但如果仔细比较就会发现它的表现其实要略胜一筹：从画面方面看两者几乎相等，但在联网模式上，它不仅提供有死亡竞赛模式，还提供有团队合作等多种网络对战模式；而且，虚幻引擎不仅可以应用在动作射击游戏中，还可以为大型多人游戏、即时策略游戏和角色扮演游戏提供强有力的 3D 支持。Unreal 引擎在许可业务方面的表现也超过了 Quake III，迄今为止采用 Unreal 引擎制作的游戏大约已经有上百款，其中包括《星际迷航深空九号：坠落》《新传说》和《塞拉菲姆》等。

在 1998 ～ 2000 年期间迅速崛起的另一款引擎是 Monolith 公司的 LithTech 引擎（见图 7-12），这款引擎最初是用在机甲射击游戏《升刚》上的。LithTech 引擎的开发共花了整整 5 年的时间，耗资 700 万美元。1998 年 LithTech 引擎的第一个版本推出之后立即引起了业界的主意，为当时处于白热化状态下的《雷神之锤 2》与《虚幻》之争泼了一盆冷水。采用 LithTech 第一代引擎制作的游戏包括《血兆 2》和《清醒》等。

图 7-11　奠定新时代 3D 游戏标杆的《虚幻竞技场》

图 7-12　LithTech 引擎 LOGO

2000 年上市的 LithTech 的 2.0 版本和 2.5 版本，加入了骨骼动画和高级地形系统，给人留下深刻印象的《无人永生》及《全球行动》采用的就是 LithTech 2.5 引擎，此时的 LithTech 已经从一名有益的补充者变成了一款同 Quake III 和 Unreal Tournament 平起平坐的引擎。之后 LithTech 引擎的 3.0 版本也已经发布，并且衍生出了"木星（Jupiter）""鹰爪（Talon）""深蓝（Cobalt）"和"探索（Discovery）"四大系统，其中"鹰爪"被用于开

发《异形大战掠夺者 2》，"木星"则用于《无人永生 2》的开发，"深蓝"用于开发 PS2
版《无人永生》。曾有业内人士评价，用 LithTech 引擎开发的游戏，无一例外都是 3D 类
游戏的顶尖之作。

要说游戏引擎发展史上的"黑马"，德国的 Crytek Studios 公司当之无愧，仅凭借一款
《孤岛危机》就在当年的 E3 大展上惊艳四座，其 CryEngine 引擎强大的物理模拟效果和自
然景观技术足以和当时最优秀的游戏引擎相媲美（见图 7-13）。CryEngine 具有许多绘图、
物理和动画的技术及游戏部分的加强，其中包括体积云、即时动态光影、场景光线吸收、
3D 海洋技术、场景深度、物件真实的动态半影、真实的脸部动画、光通过半透明物体时
的散射、可破坏的建筑物、可破坏的树木、进阶的物理效果让树木对于风（雨）和玩家的
动作能有更真实的反应、载具不同部位造成的伤害、高动态光照渲染、可互动和破坏的环
境、进阶的粒子系统（例如，火和雨会被外力所影响而改变方向）、日夜变换效果、光芒
特效并且可以产生水底的折射效果、以视差贴图创造非常高分辨率的材质表面、16 公里
远距离的视野、人体骨骼模拟、程序上运动弯曲模型等。

图 7-13　CryEngine 引擎创造的逼真自然景观

对比来看，似乎 Crytek 与 Epic 有着很多共同点，都是因为一款游戏而获得世界瞩目，
都是用游戏名字命名了游戏引擎，也同样都是在日后的发展中由单纯的电脑游戏制作公司
转型为专业的游戏引擎研发公司。我们很难去评论这样的发展之路是否是通向成功的唯一
途径，但我们都能看到的却是游戏引擎技术在当今电脑游戏领域中无可替代的核心作用，
过去单纯依靠程序、美工的时代已经结束，以游戏引擎为中心的集体合作时代已经到来，
这也就是当今游戏技术领域我们所称之为的游戏引擎时代。

7.6.4　国内游戏引擎发展简述

中国的电脑游戏制作行业起步并不算晚，早在 20 世纪 80 年代，在欧美电脑游戏和日
本电视游戏的冲击下，中国电脑游戏制作业就进入了起步发展时期。1984 年，由第三波

公司创办的"金软件排行榜",以优厚的奖金鼓励国人自制游戏,推动了中文原创游戏从无到有的过程,同时更为国产游戏培养了大批优秀的人才,早期的三大游戏公司(精讯科技、大宇资讯、智冠科技)便是在这个时候成立并且发展起来的。大宇公司蔡明宏(大宇轩辕剑系列的创始人)于1987年在苹果机平台制作的《屠龙战记》,20世纪80年代末90年代初期精讯公司发行的《侠客英雄传》和智冠公司的《神州八剑》都是中国最早的一批电脑游戏作品。

进入90年代后,国内自主研发的电脑游戏作品日益增多,与国外游戏制作产业发展不同的是,在当时国内电脑游戏主要以RPG(角色扮演类游戏)为主,游戏的制作都是以汇编语言作为基础,利用QBASIC语言编写的DOS游戏,同时加上美术贴图和任务文本共同组成。游戏引擎对于当时的国内游戏制作业而言还是一个完全陌生的词汇,这种情况一直持续到了90年代后期。

在2000年前后,经历了国内第一次游戏产业泡沫覆灭的洗礼,国内的游戏制作公司逐渐进入稳定阶段,一些知名的游戏工作室相继推出了自己的经典作品,例如,金山公司西山居工作室的《剑侠情缘2》、大宇DOMO工作室的《轩辕剑3》、大宇狂徒工作室的《仙剑奇侠传2》等。在完全摆脱了DOS平台后,针对Windows平台游戏的开发,各个公司都引入了全新的制作技术,更重要的是,在欧美引擎技术和理念的影响下,各个公司都开始了自主游戏引擎的研发,例如,DOMO工作室自主研发的游戏引擎就应用到了《仙剑奇侠传2》《大富翁4》和《轩辕剑3》等游戏的制作中,从此国内游戏制作领域正式开启了引擎技术制作的时代。

2000年后,国产游戏如雨后春笋般竞相问世,其中不乏一些精品——大宇公司的仙剑系列、轩辕剑系列、大富翁系列及金山公司的剑侠情缘系列等。2003年,大宇公司制作发行的《仙剑奇侠传3》和一年后的资料片《仙剑奇侠传3:问情篇》(见图7-14),这两款经典国产RPG都获得了当年的众多单机游戏大奖。游戏利用了大宇自主研发的Gamebox3D游戏引擎制作,GameBox在功能上注重强化色彩和形体的处理,加入了增强画面表现力的技术,如全局生成LightMap、柔性皮肤系统、即时粒子系统等,很适合国产武侠游戏的唯美风格。

图7-14　利用Gamebox引擎制作的《仙剑奇侠传3》

成功研发出Gamebox引擎后,大宇旗下众多游戏也陆续使用了该引擎,但是在2005年之后由于Gamebox引擎没有取得进一步的增强和维护更新,最终被"打入冷宫"。与此同时,国内许多游戏公司开始引进国外引擎来开发游戏,金山公司重金购买id Software公司的Tech引擎而开发的3D动作游戏《天王》,成为最早引入国外引擎技术制作的单机游戏（见图7-15）。

到了2004年，国内很多游戏都还是基于DX7.0的渲染模式，水面、纹理、光影效果都很不理想，而此时id Software公司的Tech引擎已经发展到了第四代，支持最新的DX9.0图像技术，其代表作《毁灭战士3》成为了这一个时期领导软硬件发展的方向标。在Tech引擎春风得意之时，Epic公司的虚幻竞技场引擎Unreal，就是我们俗称的虚幻引擎也已

图7-15　国内第一款自主研发的3D动作游戏《天王》

然崛起。虚幻引擎在物理碰撞、声音效果、碰撞检测等方面表现出色，集成度很高，几乎涵盖所有游戏制作方向和内容。对比来看，国外游戏公司非常重视游戏引擎的使用和后期发展，而国内游戏引擎到了后期则无人维护和开发更新，国产单机游戏逐步陷入了发展的窘境当中。

既然自主研发的游戏引擎达不到游戏制作的要求，2005年以后，国内游戏制作公司基本都开始购买外国游戏引擎来制作游戏，如大宇公司的《仙剑4》和《仙剑5》（见图7-16）就是采用了第三方游戏引擎——RenderWare。虽然该引擎名气不如虚幻和CryEngine引擎，但RenderWare引擎曾用于500多款游戏制作，如《侠盗猎车手》《真人快打》《实况足球》等，其优点是支持多游戏平台，提供主流的动态光影、材质纹理细节特效、方便的导出插件等。RenderWare引擎无论是在光影效果、角色骨骼系统、场景管理功能上，还是在卡通渲染及材质特效上，都拥有着非常出色的表现。

图7-16　利用RenderWare引擎制作的《仙剑5》画面有了显著提升

2005年以后，国内的单机游戏市场基本被网络游戏所取代，大多数游戏制作公司都纷纷转型为网络游戏开发商。中国早期的网络游戏以2.5D的游戏画面为主，主要是使用OGRE引擎，这是一个开源的图形引擎，并不具备成熟游戏引擎的全面功能，但是它有很方便的接口可以与其他功能引擎接入。所以这个开源、免费、拓展性强的图像引擎，在很

长一段时间内都是国产网游的首选引擎，其代表游戏是搜狐公司的《天龙八部》，而同时代的国产 3D 游戏大多也都是采用 OGRE 引擎制作的。由于是免费的开源图形引擎，所以很多国产游戏所谓的自主研发游戏引擎都是通过 OGRE 引擎改造而来的。

此时国内一些有实力的游戏制作公司也花重金购入了如 Unreal、CryEngine 等世界一流的商业游戏引擎，但由于这些引擎是以 FPS 游戏为基础研发制作而来的，对于国内的 MMORPG 并不具备完全的适应性，往往要为了降低硬件配置要求而删减部分特效，即便如此其画面表现力仍然高于同类游戏产品。另外 Unreal、CryEngine 等引擎主要是用于单机游戏的开发，在网络适应性和稳定性方面要弱于专门的网游引擎，面对这个问题，搜狐畅游公司的《鹿鼎记》率先打破一个游戏只用一款游戏引擎的传统，在网络端采用 BigWorld 引擎来提升服务器性能和支持网游特性，在画面方面采用虚幻 3 引擎制作，以保障具备优势的画面表现力。

2008 年以后，国内游戏制作公司逐渐意识到一个问题，那就是如果采用购买的游戏引擎来开发游戏，每制作一款游戏都要支付高额的引擎授权费用，面对巨大的成本支出远不如自主研发游戏引擎，于是众多一线游戏制作公司纷纷回归了利用自主引擎来开发游戏的传统思路上，这种抉择无疑是日后公司发展的正确之路。

完美世界公司通过借鉴其他引擎技术整合开发出 Angelica 引擎，并凭借这款引擎打造了不少成功的网游之作：《完美世界》《诛仙》《赤壁》等。目标软件公司利用多年技术研发的 OverMax 引擎是国内第一款自主研发并进行国外授权的商业游戏引擎，OverMax 引擎包含众多开发模块，如图形引擎、网络引擎、多媒体引擎、文字引擎、输入引擎及 AI 引擎等，目标软件公司利用 OverMax 开发的游戏包括《精英战队》《傲视三国》《秦殇》《天骄 3》（见图 7-17）、《傲视 online》及《龙腾世界》等。

图 7-17　目标软件公司利用自主引擎研发的具有欧美风格的《天骄 3》

另外，网易游戏公司和搜狐畅游分别自主研发了 Next-Gen 游戏引擎和黑火引擎，两个引擎分别投入到了网易的次世代网游《龙剑》及轩辕剑系列正统续作推出的第一款网游《轩辕剑 7》的研发当中。虽然无论是 NG 还是黑火，都曾被指出借鉴外国游戏引擎公司的技术，但这至少证明了国内游戏公司对于自主发展游戏底层技术的意愿和决心。从两款游戏的视觉画面效果来看，都确实已经拥有了次世代游戏的样貌，自主研发引擎的最大优势，就是在于游戏策划可以更加深层次地进行功能定制，做出更符合本地玩家喜爱和习惯的画面效果，这一点在《轩辕剑7》上体现得更加明显。

虽然一款游戏的成功与否不能由使用的游戏引擎来决定，但游戏引擎对于游戏本身所发挥的作用却不可小视。目前国内自主研发的引擎依然不够成熟，这种不成熟体现在工具、硬件兼容性、性能及功能完整性等诸多方面。但越来越多自主引擎开发游戏的成功，让我们对国内自主研发的游戏引擎有了更高的期待，相信随着游戏产业的发展及游戏厂商对自主引擎的重视程度越来越高，国产游戏引擎终有登上世界舞台的那一天。

7.7　世界主流游戏引擎介绍

世界游戏制作产业发展进入到游戏引擎时代后，人们普遍明白了游戏引擎对于游戏制作的重要性，于是各家厂商都开始了自主引擎的设计与研发，到目前为止，全世界已经署名并成功研发出游戏作品的引擎有几十种，这其中有将近10款的世界级主流游戏引擎（所谓主流引擎就是指在世界范围内成功进行过多次软件授权的成熟商业游戏引擎）。下面我们就来介绍几款世界知名的主流游戏引擎。

7.7.1　Unreal（虚幻）引擎

自1999年具有历史意义的《虚幻竞技场》发布以来，该系列一直引领着世界FPS游戏的潮流，完全不输于同期风头正盛的《雷神之锤》系列，从第一代虚幻引擎就展现了Epic公司对于游戏引擎技术研发的坚定决心。2006年，虚幻3引擎的问世，彻底奠定了虚幻作为世界级主流引擎及Epic公司作为世界顶级引擎生产商的地位。2014年，虚幻4引擎（Unreal Engine 4）正式发布，拉开了次世代游戏引擎的序幕（见图7-18）。

虚幻4引擎是一套以DirectX 11图像技术为基础，为PC、Xbox One、PlayStation 4平台准备的完整游戏开发构架，提供了大量的核心技术阵列及内容编辑工具，支持高端开发团队的基础项目建设。虚幻4引擎的所有制作理念都是为了更加容易地进行制作和编程的开发，为了让所有的美术人员尽量在牵扯最少的程序开发内容的情况下使用辅助工具来自由创建虚拟环境，同时提供

图7-18　虚幻4引擎 LOGO

程序编写者高效率的模块和可扩展的开发构架，用来创建、测试和完成各种类型的游戏制作。

作为虚幻3引擎的升级版，虚幻4可以处理极其细腻的模型，通常游戏的人物模型由

几百至几千个多边形面组成,而虚幻 4 引擎可以创建一个数百万多边形面组成的超精细模型,并对模型进行细致渲染,然后得到一张高品质的法线贴图。这张法线贴图中记录了高精度模型的所有光照信息和通道信息,在游戏最终运行的时候,游戏会自动将这张带有全部渲染信息的法线贴图应用到一个低多边形面数(通常多边形面在 15000 ～ 30000)的模型上。这样最终的效果就是游戏模型虽然多边形面数较少但却拥有高精度的模型细节,保证效果的同时在最大程度上节省了硬件的计算资源,这就是现在次时代游戏制作中常用的"法线贴图"技术,而虚幻引擎也是世界范围内法线贴图技术的最早引领者(见图 7-19)。

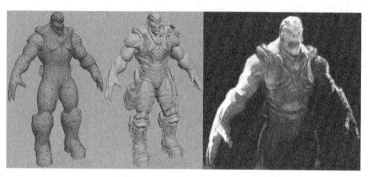

图 7-19　利用高模映射烘焙是制作法线贴图的技术原理

除此之外,虚幻 4 引擎还具备新的材料流水线、蓝图视觉化脚本、直观蓝图调试、内容浏览器、人物动画、Matinee 影院级工具集、全新地形和植被、后期处理效果、热重载(Hot Reload)、模拟与沉浸式视角、即时游戏预览、AI 人工智能、音频、中间件集成等一系列全新特性。

虚幻引擎是近几年世界上最为流行的游戏引擎,基于它开发的大作无数,包括《战争机器》《使命召唤》《彩虹六号》《虚幻竞技场》《荣誉勋章》《镜之边缘》《质量效应》《蝙蝠侠:阿卡姆疯人院》《流星蝴蝶剑 OL》等。

虚幻 4 引擎在刚发布的时候采用了付费授权的模式,开发者只需每月支付 19 美元的订阅费,就可以获得虚幻 4 全部的功能、工具、文档、更新及托管在 GitHub 上完整的 C++ 源码。然而时隔一年,2015 年 3 月,Epic Games 宣布虚幻 4 引擎的授权将完全免费,所有开发者均可免费获得虚幻 4 的所有工具、功能、平台可用性及全部源代码、完整项目、范例内容、常规更新和 Bug 修复等。开发的游戏产品在实现商业化销售后,如果在每季度首次盈利超 3000 美元后才需支付 5% 的版权费用,而对于诸如建筑、模拟和可视化的电影项目、承包项目和咨询项目,则不必支付版权费用。如此开放化的政策为游戏研发团队和个人提供了最为实际的推动力,对于日后整个游戏研发领域的发展也起到了十分积极的作用。

虚幻 4 引擎展示

7.7.2　CryEngine 引擎

2004 年德国一家名叫 Crytek 的游戏工作室发行了自己制作的第一款 FPS 游戏《孤岛惊魂》，这款游戏采用的是其自主研发的 CryEngine 引擎，这款游戏在当年的美国 E3 大展亮相时便获得了广泛的关注，其游戏引擎制作出的场景效果更称得上是惊艳。CryEngine 引擎擅长超远视距的渲染，同时拥有先进的植被渲染系统，此外玩家在游戏关卡中不需要暂停来加载附近的地形，对于室内和室外的地形也可无缝过渡，游戏大量使用像素着色器，借助 Crytek PolyBump 法线贴图技术，使游戏中室内和室外的水平特征细节也得到了大幅提高。游戏引擎内置的实时沙盘编辑器（Sandbox Editor），可以让玩家很容易地创建大型户外关卡和加载测试自定义的游戏关卡，并即时看到游戏中的特效变化。虽然当时的 CryEngine 引擎与世界顶级的游戏引擎还有一定的距离，但所有人都看到了 CryEngine 引擎的巨大潜力。

2007 年，美国 EA 公司发行了 Crytek 公司制作的第二部 FPS 游戏《孤岛危机》（见图 7-20），孤岛危机使用的是 Crytek 自主游戏引擎的第 2 代——CryEngine 2。采用 CryEngine 2 引擎所创造出来的世界可以说是一个惊为天人的游戏世界，它引入了白天和黑夜交替设计，静物与动植物的破坏、拣拾和丢弃系统，物体的重力效应，人或风力对植物、海浪的形变效应，爆炸的冲击波效应等一系列的场景特效，其视觉效果直逼真实世界。

图 7-20　《孤岛危机》游戏画面

CryEngine 2 引擎的首要特征就是卓越的图像处理能力，在 DirectX 10 的帮助下，引擎提供了实时光照和动态柔和阴影渲染支持，这一技术无需提前准备纹理贴图，就可以模拟白天和动态的天气情况下的光影变化，同时能够生成高分辨率、带透视矫正的容积化阴影效果，而创造出的这些效果则是得益于引擎中所采用的容积化、多层次及远视距雾化技术。

同时，引擎还整合了灵活的物理引擎，使得具备可破坏性特征的环境创建成为可能，大至房屋建筑、小至树木都可以在外力的作用实现坍塌、断裂等毁坏效果，树木植被甚至是桥梁在风向或水流的影响下都能做出相应的力学弯曲反应。

另外，引擎还具备真实的动画系统，可以让动作捕捉器获得的动画数据与手工动画数据相融合。CryEngine 2 采用 CCD-IK、分析 IK、样本 IK 等程序化算法及物理模拟来增强预设定动画，结合运动变形技术来保留原本基础运动的方式，使得原本生硬的计算机生成动画比真人动作捕捉混合动画看起来更加自然逼真，甚至连跑动转向的重心调整都表现了出来，而上下坡行走动作也同在平地上的动作有了区别。

Sandbox（沙盒）游戏编辑器为游戏设计者和关卡设计师们提供了协同、实时的工作环境，工具中还包含有地形编辑、视觉特征编程、AI、特效创建、面部动画、音响设计及代码管理等工具，无需代码编译过程，游戏就可以在目标平台上进行生成和测试。

2011 年，《孤岛危机 2》开始发售，与之相应的，Crytek 公布了全新的 CryEngine 3 引擎（见图 7-21）。作为升级版，CryEngine 3 引擎最大的特点是一站式的

图 7-21　CryEngine 3 引擎 LOGO

解决方案，面向 Xbox、PS 平台及 MMO 网游，并可随时升级至下一代技术平台。另外，除了画面质量的全面提升外，CryEngine 3 引擎内含全新一代的 Sandbox 关卡编辑器——第三代"所见即所玩（WYSIWYP）"技术，面向专业游戏开发群体。开发人员不仅可以在 PC 上即时预览跨平台游戏，而且一旦在 PC 的沙盒上对原始艺术资源内容进行更改，CryEngine 3 引擎就会立即自动对其进行转换、压缩和优化，并更新所有支持平台的输出结果，开发人员也能立刻看到光影、材料、模型的改变效果。

CryEngine 3 引擎展示

7.7.3　Frostbite（寒霜）引擎

Frostbite 引擎是 EA DICE 开发的一款 3D 游戏引擎，主要应用于军事射击类游戏《战地》系列。该引擎从 2006 年起开始研发，第一款使用寒霜引擎的游戏是 2008 年上市的《战地：叛逆连队》。寒霜系列引擎至今为止共经历了三个版本发展：寒霜 1.0、寒霜 1.5 和现在的寒霜 2.0。

寒霜 1.0 引擎的首次使用是在 2008 年的《战地：叛逆连队》中，其中，HDR Audio 系统允许调整不同种类音效的音量，让玩家能在嘈杂的环境中听得更清楚；Destruction1.0 摧毁系统则允许玩家破坏某些特定的建筑物。寒霜 1.5 引擎首次应用在 2009 年的《战地 1943》中，引擎中的摧毁系统提升到了 2.0 版（Destruction 2.0），允许玩家破坏整栋建筑而不仅仅是一堵墙。2010 年的《战地：叛逆连队 2》也使用了这个引擎，同时也是该引擎第一次登陆 Windows 平台。Windows 版部分支持了 DirectX 11 的纹理特性，同年的《荣誉勋章》多人游戏模式也使用了该引擎。

最新一版寒霜 2.0 引擎随《战地 3》一同发布，它完全利用了 DirectX 11 API 和 Shader Model 5 及 64 位性能，并不再支持 DirectX 9，也意味着采用寒霜 2.0 游戏引擎开发的游戏将不能在 XP 系统下进行游戏。寒霜 2.0 支持目前业界中最大的材质分辨率，在 DirectX 11 模式下材质的分辨率支持度可以达到 16384×16384。寒霜 2.0 所采用的是 Havok 物理引擎中增强的第三代摧毁系统 Destruction 3.0，应用了非传统的碰撞检测系统，可以制造动态的破坏，物体被破坏的细节可以完全由系统实时演算并渲染产生而非事先预设定。寒霜 2.0 引擎理论上支持 100% 物体破坏，包括载具、建筑、草木枝叶、普通物体、地形等（见图 7-22），是名副其实的次时代游戏引擎。

图 7-22　《战地 3》中的 Destruction 3.0 摧毁系统画面效果

使用寒霜引擎制作的游戏						
名称	时间	版本	平台	DX9.0C	DX10	DX11
《战地：叛逆连队》	2008	1.0	Xbox360、PS3	√	×	×
《战地 1943》	2009	1.5	Xbox360、PS3	√	×	×
《战地：叛逆连队 2》	2010	1.5	Xbox360、PS3、PC	√	√	√
《荣誉勋章》	2010	1.5	Xbox360、PS3、PC	√	√	√
《战地：叛逆连队 2 越南》	2010	1.5	Xbox360、PS3、PC	√	√	√
《战地 3》	2011	2.0	Xbox360、PS3、PC	×	√	√
《极品飞车：亡命天涯》	2011	2.0	Xbox360、PS3、PC	×	√	√

7.7.4　Gamebryo 引擎

Gamebryo 引擎相比于以上两款游戏引擎在玩家中的知名度略低，但提起《辐射 3》（见图 7-23）、《辐射：新维加斯》《上古卷轴 4》及《地球帝国》系列这几款大名鼎鼎的游戏作品相信无人不知，而这几款游戏作品正是使用 Gamebryo 游戏引擎制作出来的。Gamebryo 引擎是 NetImmerse 引擎的后继版本，最初是由 Numerical Design Limited 开发的游戏中间层，在与 Emergent Game Technologies 公司合并后，引擎改名为 Gamebryo。

图 7-23　利用 Gamebryo 引擎制作的《辐射 3》游戏画面

　　Gamebryo 游戏引擎是由 C++ 语言编写的多平台游戏引擎，支持的平台有 Windows、Wii、PlayStation 2、PlayStation 3、Xbox 和 Xbox 360。Gamebryo 是一个灵活多变、支持跨平台创作的游戏引擎和工具系统，无论是制作 RPG 或 FPS 游戏，或是一款小型桌面游戏，也无论游戏平台是 PC、Playstation 3、Wii 或者 Xbox 360，Gamebryo 游戏引擎都能在设计制作过程中起到极大的辅助作用，提升整个项目计划的进程效率。

　　灵活性是 Gamebryo 引擎设计原则的核心。由于 Gamebryo 游戏引擎具备超过 10 年的技术积累，使更多的功能开发工具以模块化的方式呈现，所以能够让开发者根据自己的需求开发各种不同类型的游戏。另外，Gamebryo 的程序库允许开发者在不需修改源代码的情况下做最大限度的个性化制作。强大的动画整合也是 Gamebryo 引擎的特色，引擎几乎可以自动处理所有的动画值，这些动画值可从当今热门的 DCC 工具中导出。此外，Gamebryo 的 Animation Tool 可让您混合任意数量的动画序列，创造出具有行业标准的产品，结合 Gamebryo 引擎中所提供的渲染、动画及特技效果功能，来制作任何风格的游戏。

　　凭借着 Gamebryo 引擎具备的简易操作及高效特性，不但在单机游戏上，在网络游戏上也有越来越多的游戏产品应用了这一便捷实用的商业化游戏引擎，在保持画面优质视觉效果的前提下，能更好地保持游戏的可玩性及寿命。利用 Gamebryo 引擎制作的游戏有《轴心国和同盟军》《邪神的呼唤：地球黑暗角落》《卡米洛特的黑暗年代》《上古卷轴 4：湮没》《上古卷轴 4：战栗孤岛》《地球帝国 2、3》《辐射 3》《辐射：新维加斯》《可汗 2：战争之王》《红海》《文明 4》《席德梅尔的海盗》《战锤 Online：决战世纪》《动物园大亨 2》等。此外，国内许多游戏制作公司也引进 Gamebryo 引擎制作了许多游戏作品，包括腾讯公司的《御龙在天》《轩辕传奇》《QQ 飞车》、烛龙科技的《古剑奇谭》、久游的《宠物森林》等。

7.7.5 BigWorld 引擎

大多数游戏引擎的诞生及应用更多地是对于单机游戏，而单机游戏引擎大多都不能直接对应网络或多人互动功能，需要加载另外的附件工具来实现，而 BigWorld 游戏引擎则恰恰是针对于网络游戏提供的一套完整的技术解决方案。BigWorld 引擎全称为"BigWorld MMO Technology Suite"，这一方案无缝集成了专为快速高效开发 MMO 游戏而设计的高性能服务器应用软件、工具集、高级 3D 客户端和应用程序编程接口（API）。

与大多数的游戏引擎生产商不同，BigWorld 引擎并不是由游戏公司开发出来的——Big World Pty Ltd 是一家私人控股公司，总部位于澳大利亚，专门从事互动引擎技术开发，并在世界范围寻找适合的游戏制作公司，提供引擎授权合作服务。

BigWorld 游戏引擎被人们所知晓的原因是它造就了世界上最成功 MMORPG——《魔兽世界》，而且 BigWorld 游戏引擎也是目前世界上唯一一套完整的服务器、客户端 MMOG 解决方案，整体引擎套件由服务器软件、内容创建工具、3D 客户端引擎、服务器端实时管理工具组成，让整个游戏开发项目避免了未知、昂贵和耗时的软件研发风险，从而使授权客户能够专注于游戏本质的创作。

作为一款专为网游而诞生的游戏引擎，其主要的特点都是以网游的服务端及客户端之间的性能平衡为重心，BigWorld 游戏引擎有强大且具弹性的服务器架构，整个服务器端的系统会根据需要，以不被玩家察觉的方式重新动态分配各个服务器单元的作业负载流程，在达到平衡的同时不会造成任何的运作停顿并保持系统的运行连贯。应用引擎中的内容创建工具能快速实现游戏场景空间的构建，并且使用世界编辑器、模型编辑器及粒子编辑器在减少重复操作的情况下创建出高品质的游戏内容。

新一代 BigWorld 2.0 游戏引擎在服务器端、客户端及编辑器上都有更多的改进。在服务器端上，增加支持 64 位操作系统和更多的第三方软件进行整合，增强了动态负载均衡和容错技术，大大增加了服务器的稳定性。在客户端上内嵌了 Web 浏览器，可以在游戏的任何位置显示网页，支持标准的 HTML/CSS/JavaScript/Flash 在游戏世界里的应用，优化了多核技术的效果，使玩家计算机中每个处理器核心的性能都发挥得淋漓尽致。而在编辑器上则强化了对景深、局部对比增益、颜色色调映射、非真实效果、卡通风格边缘判断、马赛克、发光效果、夜视模拟等一些特效的支持，优化对象查找的功能让开发者可以更好地管理游戏中的对象。

国内许多网络游戏都是利用 BigWorld 引擎制作出来的，其中包括《天下 2》《天下 3》《创世西游》《鬼吹灯 OL》《三国群英传 OL2》《侠客列传》《海战传奇》《坦克世界》《创世 OL》《天地决》《神仙世界》《奇幻 OL》《神骑世界》《魔剑世界》《西游释厄传 OL》《星际奇舰》《霸道 OL》等。

7.7.6　id Tech 引擎

有人说 IT 行业是一个充满传奇的领域，诸如微软公司的比尔·盖茨、苹果公司的乔布斯，在行业不同时期的发展中总会诞生一些充满传奇色彩的人物，如果把盖茨和乔布斯看作传统计算机行业的传奇人物，那么约翰·卡马克就是世界游戏产业发展史上不输于以上两位的传奇。

1996 年《雷神之锤》问世，约翰·卡马克带领他的 id Software 创造了 3D 游戏历史上的里程碑，他们将研发《雷神之锤》的游戏编程技术命名为 id Tech 引擎，世界上第一款真正的 3D 游戏引擎就这样诞生了，在随后每一代《雷神之锤》系列的研发过程中，id Tech 引擎也在不断进化。

《雷神之锤 2》所应用的 id Tech 2 引擎对硬件加速的显卡进行了全方位的支持，当时较为知名的 3D API 是 OpenGL，id Tech 2 引擎也因此重点优化了 OpenGL 性能，这也奠定了 id Software 公司系列游戏多为 OpenGL 渲染的基础。引擎同时对动态链接库（DLL）进行支持，从而实现了同时支持软件和 OpenGL 渲染的方式，可以在载入 / 卸载不同链接库的时候进行切换。利用 id Tech 2 引擎制作的代表游戏有《雷神之锤 2》《时空传说》《大刀》《命运战士》等。约翰·卡马克在遵循 GNU 和 GPL 准则的情况下，于 2001 年 12 月 22 日公布了此引擎的全部源代码。

1999 年，伴随着《雷神之锤 3》的发布，id Tech 3 引擎成为当时风靡世界的主流游戏引擎，id Tech 3 引擎已经不再支持软件渲染，必须要有硬件 3D 加速显卡才能运行。引擎增加了 32bit 材质的支持，还直接支持高细节模型和动态光影，同时，引擎在地图中的各种材质、模型上都表现出了极好的真实光线效果，Quake III 革命性地使用了 MD3 格式的人物模型，模型的采光使用了顶点光影（vertex animation）技术，每一个人物都被分为不同段（头、身体等），并由玩家在游戏中的移动而改变实际的造型，游戏真实感更为强烈。Quake III 拥有游戏内命令行的方式，几乎所有使用这款引擎的游戏都可以用 "～" 键调出游戏命令行界面，通过指令的形式对游戏进行修改，增强了引擎的灵活性。Quake III 是一款十分优秀的游戏引擎，即使是放到今天来讲，这款引擎仍有可取之处，即使画质可能不是第一流的了，但是其优秀的移植性、易用性和灵活性使得它仍能作为游戏引擎发挥余热。使用 Quake III 引擎的游戏数量众多，如早期的《使命召唤》系列、《荣誉勋章》《绝地武士 2》《星球大战》《佣兵战场 2》《007》《重返德军总部 2》等。2005 年 8 月 19 日，id Software 在遵循 GPL 许可证准则的情况下开放了 id Tech 3 引擎的全部核心代码。

2004 年 id Software 公司的著名系列游戏《毁灭战士 3》发布（见图 7-24），其研发引擎 id Tech 4 再次引起人们的广泛关注。在《毁灭战士 3》中，即时光影效果成了主旋律，它不仅实现了静态光源下的即时光影，最重要的是通过 Shadow Volume（阴影锥）技术让 id Tech 4 引擎实现了动态光源下的即时光影，这种技术在游戏中被大规模的使用。除了

Shadow Volume 技术之外，《毁灭战士 3》中的凹凸贴图、多边形、贴图、物理引擎和音效

图 7-24 《毁灭战士 3》在当时是名副其实的显卡杀手

也都是非常出色的，可以说 2004 年《毁灭战士 3》一出，当时的显卡市场可谓一片哀嚎，GeForce FX 5800/Radeon 9700 以下的显卡基本丧失了高画质下流畅运行的能力，其强悍能力也只有现在的《弧岛危机》能与之相比。由于 id Tech 4 引擎的优秀，后续有一大批游戏都使用了这款引擎，包括《毁灭战士 3》资料片《邪恶复苏》《雷神之锤 4》《Prey》《敌占区：雷神战争》和《重返德军总部》等。2011 年 id Software 公司再次决定将 id Tech 4 引擎的源代码进行开源共享。

id Software 公司从没有停止过对游戏引擎技术探索的脚步，在 id Tech 4 引擎后又成功研发出了功能更为强大的 id Tech 5 引擎。虽然随着网络游戏时代的兴起，id Tech 引擎可能不再如以前那样熠熠闪光，甚至会逐渐淡出人们的视野，但约翰·卡马克和 id Software 公司对于世界游戏产业的贡献永远值得人们尊敬，他们对于技术资源的共享精神也值得全世界所有游戏开发者学习。

7.7.7 Source（起源）引擎

Valve（威乐）公司在开发第一代《半条命》游戏的时候采用了 Quake 引擎，但当他

图 7-25 Source 引擎 LOGO

们决定开发续作《半条命 2》之时，Quake 引擎已经略显老态，于是他们决定自己开发游戏引擎，这也成就了另一款知名的引擎——Source 引擎（见图 7-25）。

Source 引擎是一个真 3D 的游戏引擎，可以提供关于渲染、声效、动画、抗锯齿、界面、网络、美工创意和物理模拟等全方面的支持。Source 引擎的特性是大幅度提升了物理系统的真实性和渲染效果，数码肌肉的应用让游戏中人物的动作神情更为逼真。Source 引擎可以让游戏中的人物模拟情感和表达，每个人物的语言系统都是独立的，在编码文件的帮助下，和虚拟角色间的交流就像真实世界中一样。Valve 在每个人物的脸部上面添加了 42 块“数码肌肉”来实现这一功能，嘴唇的翕动也是一大特性，因为根据所说话语的不同，嘴的形状也是不同的。同时为了与表情配合，Valve 公司还创建了一套基于文本文件的半自动声音识别系统（VRS），Source 引擎制作的游戏可以利用 VRS 在角色说话时调用事先设计好的单词口形，再配合表情系统实现精确的发音口形。Source 引擎的另外一个特性就是 3D 沙盒系统，可以让地图外的空间展

示为类似于 3D 效果的画面，而不是以前呆板的平面贴图，这样增强了地图的纵深感觉，可以让远处的景物展示在玩家面前而不用进行渲染。Source 的物理引擎是基于 Havok 引擎的，但是进行了大量的、几乎重写性质的改写，增添了游戏的额外交互感觉体验。人物的死亡可以用称为"布娃娃物理系统"的部分控制，引擎可以模拟物体在真实世界中的交互作用而不会占用大量资源空间。

以 Source 引擎为核心搭建的多人游戏平台——Steam 是世界上最大规模的联机游戏平台，包括《胜利之日：起源》《反恐精英：起源》和《军团要塞 2》，也是世界上最大的网上游戏文化聚集地之一。Source 引擎所制作的游戏支持强大的网络连接和多人游戏功能，甚至支持高达 64 名玩家进行局域网和互联网游戏，同时它也集成了服务器浏览器、语音通话和文字信息发送等一系列功能。

利用 Source 引擎开发的代表游戏有《半条命 2》三部曲、《反恐精英：起源》《求生之路》系列、《胜利之日：起源》《吸血鬼》《军团要塞 2》《SiN Episodes》等。

7.7.8　Unity 引擎

随着智能手机在世界范围的普及，手机游戏成为网络游戏之后游戏领域另一个发展的主流趋势，过去手机平台上利用 JAVA 语言开发的平面像素游戏已经不能满足人们的需要，手机玩家需要获得与 PC 平台同样的游戏视觉画面，就这样 3D 类手机游戏应运而生。

虽然像 Unreal 这类大型的 3D 游戏引擎也可以用于 3D 手机游戏的开发，但无论从工作流程、资源配置还是发布平台来看，大型 3D 引擎操作复杂、工作流程烦琐、需要硬件支持高，本来自身的优势在手游平台上反而成了弱势。由于手机游戏具有容量小、流程短、操作性强、单机化等特点，这决定了手游 3D 引擎在保证视觉画面的同时要尽可能对引擎自身和软件操作流程进行简化，最终这一目标被 Unity Technologies 公司所研发的 Unity 3D 引擎所实现。

Unity 3D 引擎自身具备所有大型 3D 游戏引擎的基本功能，如高质量渲染系统、高级光照系统、粒子系统、动画系统、地形编辑系统、UI 系统、物理引擎等，而且整体的视觉效果也不亚于现在市面上的主流大型 3D 引擎。在此基础上，Unity 3D 引擎最大的优势在于多平台的发布支持和低廉的软件授权费用。Unity 3D 引擎不仅支持苹果 iOS 和安卓平台的发布，同时也支持对 PC、MAC、PS、Wii、Xbox 等平台的发布。

除了授权版本外，Unity 3D 还提供了免费版本，虽然简化了一些功能，但却为开发者提供了 Union 和 Asset Store 的销售平台，任何游戏制作者都可以把自己的作品放到 Union 商城上销售，而专业版 Unity 3D Pro 的授权费用也足以让个人开发者承担得起，这对于很多独立游戏制作者无疑是最大的实惠。Unity 3D 引擎的这些优势让不少单机游戏厂商也选择用其来开发游戏产品（见图 7-26）。

图 7-26 利用 Unity 3D 引擎开发的《仙剑奇侠传 6》

目前，Unity 3D 引擎在手游研发市场所占的份额已经超过 50%。除了用作手机游戏的研发外，Unity 3D 还用于网页游戏的制作，甚至许多大型单机游戏也逐渐开始购买 Unity 3D 的引擎授权。虽然今天的 Unity 3D 还无法跟 Unreal、CryEngine、Gamebryo 等知名引擎平起平坐，但我们可以肯定 Unity 3D 引擎的巨大潜力。

利用 Unity 3D 引擎开发的手游和页游代表有《神庙逃亡 2》《武士 2 复仇》《极限摩托车 2》《王者之剑》《绝命武装》《AVP：革命》《坦克英雄》《新仙剑 OL》《绝代双骄》《天神传》《梦幻国度 2》等。

经过多年的积淀，Unity 开发商决定加入次世代引擎的竞争当中，2015 年 3 月，在备受瞩目的 GDC 2015 游戏开发者大会上，Unity Technologies 正式发布了次时代多平台引擎开发工具 Unity 5（见图 7-27）。

图 7-27 Unity 5 引擎 LOGO

Unity 5 包含大量新内容，例如，整合了 Enlighten 即时光源系统及带有物理特性的 Shader，未来的作品将能呈现令人惊艳的高品质角色、环境、照明和效果。另外，由于采用了全新的整合着色架构，Unity 5 可以即时从编辑器中预览光照贴图，提升 Asset 打包效率。Unity 5 还有一个针对音效设计师所开发的全新音源混音系统，可以让开发者创造动态音乐和音效。在 Unity 5 版本发布时，整合了 Unity Cloud 广告互享网路服务，让手机游戏可以交互推广彼此的广告。此外，Unity 5 还将整合 WebGL 发布，这样未来发布到网页的项目将不再需要安装播放器插件，为原本已经非常强大的多平台发布再添优势。

Unity 游戏演示

7.8 游戏引擎编辑器的基本功能

游戏引擎是一个十分复杂的综合概念，其中包括众多的内容，既有抽象的逻辑程序概念，也包括具象的实际操作平台，引擎编辑器就是游戏引擎中最为直观的交互平台，它承载了企划、美术制作人员与游戏程序的衔接任务。一套成熟完整的游戏引擎编辑器一般包含以下几部分：场景地图编辑器、场景模型编辑器、角色模型编辑器、动画特效编辑器和任务编辑器，不同的编辑器负责不同的制作任务，以供不同的游戏制作人员使用。

在以上所有的引擎编辑器中，最为重要的就是场景地图编辑器，因为其他编辑器制作完成的对象最后都要加入到场景地图编辑器中，也可以说整个游戏内容的搭建和制作都是在场景地图编辑器中完成的。笼统地说，地图编辑器就是一种即时渲染显示的游戏场景地图制作工具，可以用来设计制作和管理游戏的场景地图数据，它的主要任务就是将所有的游戏美术元素整合起来完成游戏整体场景的搭建、制作和最终输出。现在世界上所有先进的商业游戏引擎都会把场景地图编辑器作为重点设计对象，将一切高尖端技术加入到其中，因为引擎地图编辑器的优劣就决定了最终游戏整体视觉效果的好坏。下面我们就详细介绍一下游戏引擎场景地图编辑器及它所包括的各种具体功能。

1. 地形编辑功能

地形编辑功能是引擎地图编辑器的重要功能之一，也是其最为基础的功能，通常来说3D游戏野外场景中的大部分地形、地表、山体等并非 3ds Max 制作的模型，而是利用场景地图编辑器生成并编辑制作完成的（见图 7-28）。下面我们通过一块简单的地图地形的制作来了解地图编辑器的地形编辑功能。

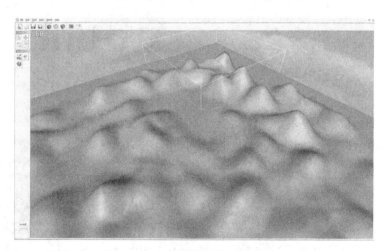

图 7-28　游戏引擎地图编辑器

根据游戏规划的内容，在确定了一块场景地图的大小之后，我们就可以通过场景地图编辑器正式开始场景地图的制作。首先，我们需要根据规划的尺寸来生成一块地图区块，其实地图编辑器中的地图区块就相当于 3ds Max 中 Plane 模型，地图中包含若干相同数量的横向和纵向的分段（Segment），分段之间所构成的一个矩形小格就是衡量地图区块的最小单位，我们就可以以此为标准来生成既定尺寸的场景地图。在生成场景地图区块之前，我们要对整个地图的基本地形环境有所把握，因为初始地图区块并不是独立生成的光秃秃的地理平面，而是伴随整个地图的地形环境而生成的。下面我们利用 3ds Max 来模拟讲解这一过程。

在游戏引擎地图编辑器中可以导入一张黑白位图，这张位图中的黑白像素可以控制整个地图区块的基本地形面貌，如图 7-29 所示，图中右侧就是我们导入的位图，而左侧就是根据位图生成的地图区块，可以看到地图区块中已经随即生成了与位图相对应的基本地形，位图中的白色区域在地表区块中被生成为隆起的地形，利用位图生成地形是为了下一步可以更加快捷地编辑局部的地形地貌。

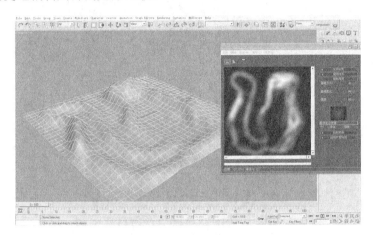

图 7-29　利用黑白位图生成地形的大致地貌

接下来我们要进入地表局部细节的编辑与制作，这里我们仍然利用 3ds Max 来模拟制作。在 3ds Max 编辑多边形命令层级菜单下方有 Paint Deformation（变形绘制）面板，其实这项功能的原理与游戏引擎地图编辑器中的地形编辑功能如出一辙，都是利用绘制的方式来编辑多边形的点、线、面。图 7-30 所示的是地形绘制的三种最基本的笔刷模式，左边是拉起地形操作，中间为塌陷地形操作，右侧为踏平操作，通过这三种基本的绘制方式再加上柔化笔刷就可以完成游戏场景中不同地形的编辑与制作。

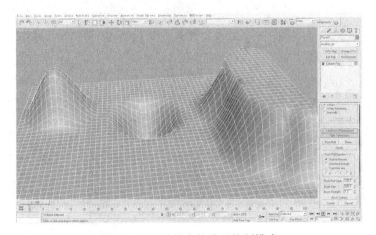

图 7-30　三种基本的地形绘制模式

引擎地图编辑器的地形编辑功能除了对地形地表的操作外，另一个重要的功能就是地形贴图的绘制。贴图绘制和模型编辑在场景地形制作上是相辅相成的，在模型编辑的同时还要考虑地形贴图的特点，只有相互配合才能最终完成场景地表形态的制作，图 7-31 所示的雪山山体的岩石肌理和山脊上的残雪都是利用地图编辑器的地表贴图绘制功能实现的。下面我们就来看一下地表贴图绘制的流程和基本原理。

图 7-31　利用引擎地图编辑器制作的雪山地形

从功能上来说，地图编辑器的笔刷分为两种：地形笔刷和材质笔刷。地形笔刷就是上面地表编辑功能中讲到过的，另外还可以把笔刷切换为材质笔刷，这样就可以为编辑完成的地表模型绘制贴图材质。在地图编辑器中包含一个地表材质库，我们可以将自己制作的贴图导入其中，这些贴图必须为四方连续贴图，通常尺寸为 1024×1024 或者 512×512，之后就可以在场景地图编辑器中调用这些贴图来绘制地表了。

在上面的内容中讲过，场景地图中的地形区块其实就相当于 3ds Max 中的 Plane 模型，上面包含着众多的点、线、面，而地图编辑器绘制地表贴图的原理恰恰就是利用这些点、线、面，材质笔刷就是将贴图绘制在模型的顶点上。引擎程序通过计算顶点与顶点之间，还可以模拟出羽化的效果，形成地表贴图之间的完美衔接。

因为要考虑到硬件和引擎运算的负担，场景地表模型的每一个顶点上不能同时绘制太多的贴图，一般来说同一顶点上的贴图数量不超过 4 张，如果已经存在了 4 张贴图，那么就无法绘制上第 5 张贴图，不同的游戏引擎在这方面都有不同的要求和限制。下面我们就简单模拟一下在同一张地表区块上绘制不同地表贴图的效果，如图 7-32 所示。

我们用图 7-32 左侧的贴图来代表地表材质库中的 4 张贴图，左上角的沙石地面为地表基本材质，我

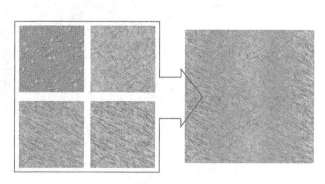

图 7-32　地表贴图的绘制原理

们要在地表中间绘制出右上角的道路纹理，还要在两侧绘制出两种颜色衔接的草地，图中右侧就是模拟的最终效果。具体绘制的方法非常简单，材质笔刷就类似于 Photoshop 中的羽化笔刷，可以调节笔刷的强度、大小范围和贴图的透明度，根据地形的起伏，在不同的地表结构上选择合适的地表贴图来绘制。

场景地图地表的编辑制作难点并不在引擎编辑器的使用上，其原理功能和具体操作都非常简单易学，关键是对于自然场景实际风貌的了解及艺术塑造的把握，要想将场景地表地形制作得真实自然，就要通过图片、视频甚至身临其境去感受和了解自然场景的风格特点，然后利用自己的艺术能力去加以塑造，让知识与实际相结合，自然与艺术相融合，这便是野外场景制作的精髓所在。

2. 模型的导入

在场景地图编辑器中完成地表的编辑制作后，就需要将模型导入到地图编辑器中，进行局部场景的编辑和整合，这就是引擎地图编辑器的另一重要功能——模型导入。在 3ds Max 中制作完成模型之后，通常要将模型的重心归置到模型的中心，并将其归位到坐标系的中心位置，还要根据各自引擎和游戏的要求调整模型的大小比例，之后就要利用游戏引擎提供的导出工具，将模型从 3ds Max 导出为引擎需要的格式文件，然后将这种特定格式的文件导入到游戏引擎的模型库中，这样场景地图编辑器就可以在场景地图中随时导入和调用模型了。图 7-33 所示为虚幻 3 游戏引擎的场景地图编辑器操作界面，右侧的图形和列表窗口就是引擎的模型库，我们可以在场景编辑器中随时调用需要的模型，来进一步完成局部细节的场景制作。

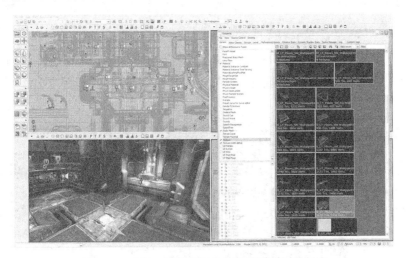

图 7-33　虚幻 3 引擎的场景地图编辑器操作界面

3. 添加粒子及动画特效

当场景地图的制作大致完成后，通常我们需要对场景进行修饰和润色，最基本的手段就是添加粒子特效和场景动画，这也是在场景地图编辑器中完成的。其实粒子特效和场景动画的编辑和制作并不是在场景地图编辑器中进行的，游戏引擎会提供专门的特效动画编辑器，具体特效和动画的制作都是在这个编辑器中来完成。之后与模型的操作方式和原理相同，就是把特效和动画导出为特定的格式文件，然后导入到游戏引擎的特效动画库中以供地图编辑器使用，地图编辑器中对特效动画的操作与普通场景模型的操作方式基本相同，都是对操作对象完成缩放、旋转、移动等基本操作，来配合整个场景的编辑、整合与制作。图 7-34 所示为虚幻 3 引擎的特效编辑器。

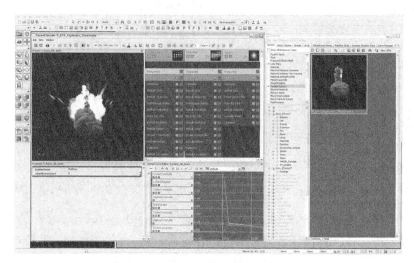

图 7-34　虚幻 3 引擎特效编辑器操作界面

4．设置物体属性

游戏引擎场景地图编辑器的另外一项功能就是设置模型物体的属性，这通常是高级游戏引擎会具备的一项功能，主要是对场景地图中的模型物体进行更加复杂的属性设置（见图 7-35），如通过 Shader 来设置模型的反光度、透明度、自发光或者水体、玻璃、冰的折射率等参数，通过这些高级的属性设置可以让游戏场景更加真实自然，同时也能体现游戏引擎的先进程度。

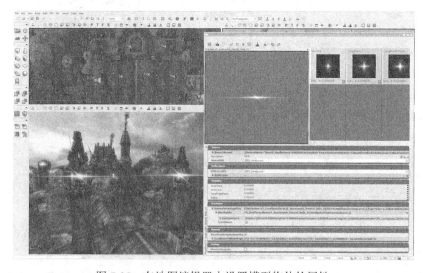

图 7-35　在地图编辑器中设置模型物体的属性

5．设置触发事件和摄像机动画

　　设置触发事件和摄像机动画是属于游戏引擎的高级应用功能，通常是根据游戏剧情的需要来设置玩家与 NPC 的互动事件，或者是需要利用镜头来展示特定场景。这类似于游戏引擎的"导演系统"，玩家可以通过场景编辑器中的功能，将场景模型、角色模型和游戏摄像机根据自己的需要进行编排，根据游戏剧本来完成一场戏剧化的演出。这些功能通常都是游戏引擎中最为高端和复杂的部分，不同的游戏引擎都有各自的制作模式，而现在成熟的游戏引擎都为商业化引擎，我们很难去学习具体的操作过程，这里我们只是先进行简单了解。图 7-36 所示为虚幻引擎的导演控制系统。

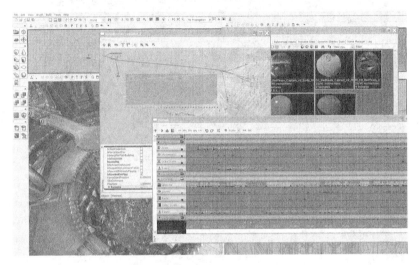

图 7-36　虚幻引擎的导演控制系统

第 8 章

游戏产业及
市场发展

　　回顾人类文化的发展历史，任何一种新的娱乐文化方式的兴起，都不可避免地包含着想象力和技术这两种因素，并在不断的演化中成为受到大众喜爱的一种文化形态，而其中少数更将这种形态上升成为一门艺术，就如同我们今天称之为"第九艺术"的电子游戏一样，它的出现说明了我们的社会正在进入一个文化革新的时代。

　　从世界上第一款电脑游戏诞生到今天，虚拟游戏已经经历了几十年的发展历程，虽然与同属视觉艺术的电影及动漫相比，游戏业还属于新兴的文化艺术产业，但游戏产业的发展速度与未来的发展潜力却是其他行业所无法比拟的。本章将带领大家认识和了解全球游戏产业及中国游戏业的发展现状，同时了解新兴移动游戏产业的发展及游戏制作业的就业前景。另外，还将对国内外知名的游戏公司进行简单介绍。

8.1　世界游戏产业三大阵营

　　2013年全球游戏市场爆发式增长，游戏行业全球化和移动化的趋势逐渐凸显。目前，全球的游戏市场被划分成三大阵营，主要以美国、日本和韩国为代表，游戏产业在其国内高速发展，并凭借强劲的发展规模、较高的付费习惯和高质量的游戏产品成为超级游戏大国。除此以外，中国较快的经济增长速度及人口优势成为全球游戏产业最大的新兴市场，巨大的市场潜力吸引了三大阵营众多的游戏厂商。下面我们就分别来介绍和讲解各国游戏产业的现状和发展。

8.1.1　美国游戏产业

　　游戏作为电子时代的高科技产物，在欧美发展极为迅速，已经成为其主流的文化和娱乐产业。美国交互软件协会（IDSA）最近的调查表明，目前美国人最喜欢的家庭娱乐项目是电子或电脑游戏，在被调查的1600多人中占34%；第二位是电视，仅占18%；第三位是电影，仅占16%；上网与读书则分别占第四位和第五位。过去几年中，娱乐软件行业一直保持着两位数的增长势头，已经成长为市场巨大的商业化产业，不论对儿童或成人，男性或女性，都成为了最吸引人的娱乐活动。

　　如今美国玩电子游戏和电脑游戏的人群与从前相比年龄更大，教育程度更高，经济上更富有。虚拟游戏不只是孩子们的玩物，实际上3/4的计算机娱乐软件使用者是18岁以上的成年人。其中，39%的年龄大于36岁，82%的年龄在25～55岁；女性玩家也比从前增多了，占到总人数的38%；玩家教育程度普遍较高，75%上过大专院校；51%年收入高于5万美元；其中1/3的互联网用户常玩网络联机游戏。游戏已经成为美国文化娱乐业的主流，游戏产业正在对社会各方面产生积极的催化作用，并且在一定程度上变革传统的娱乐和计算机产业。它将传统的情节和角色刻画集成到一个交互的计算机软件环境中，体现了一种全新的娱乐模式，并发展了与之配套的新兴表现手法和方式。

美国电子游戏诞生于 20 世纪 60 年代，期间经历了街机、家用电视游戏、电脑游戏和移动客户端游戏等几个阶段。据美国娱乐软件协会（ESA）的相关报告表明，电脑游戏和家用视频游戏行业为美国直接或间接创造了 12000 个工作岗位。而游戏行业中的娱乐软件行业是美国这几年来几个发展比较迅速的行业之一，2005 ~ 2009 年，该行业为美国创造的直接工作岗位年均增速 8.6%。与此同时，该行业 2009 年贡献给美国 GDP 的增加值达 49 亿美元，2005 ~ 2009 年其年均增速超过 10%，而同期整个美国经济体增速低于 2%。

据《2011 年美国游戏行业发展报告》的统计数据表明，2011 年消费者花在整个游戏产业上的支出达到 247.5 亿美元，其中在硬件、软件和外设产品方面的支出分别达 55.59 亿美元、16.54 亿美元和 26.2 亿美元。另外，2011 年美国电脑游戏和电视游戏销售收入达 166 亿美元。目前，家用视频游戏市场占据了美国的绝大部分游戏市场（家用视频游戏是指以家用游戏机为平台的游戏），其在 2011 年的占比超过 50%。

美国拥有全球最大的电子游戏产业，虽然其网络游戏产业占比不高，但整体市场规模仍相当可观。从全球市场占有率来看，2009 年全美市场占有率达到 32.83%（见图 8-1）。美国是游戏文化积淀十分深厚的国家，拥有庞大的游戏用户基础，2012 年美国游戏用户数是 1.57 亿，在这其中有 8600 万用户在不同的游戏平台中进行过消费。

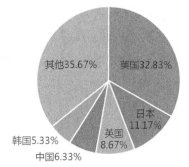

图 8-1　2009 年各国游戏产业全球市场份额

2011 年和 2012 年，美国电脑游戏和家用视频游戏的销售收入分别达到 166 亿美元和 148 亿美元，虽然 2012 年降幅达到 10%，但据 Digi-Capital 最新的报告显示，2012 年美国仍是全球最大的市场，其份额达到 26%。图 8-2 所示为近年美国游戏产品销售收入增长情况。考虑美国整体的人口情况，全美游戏行业人均消费支出在 2012 年达到 47.09 美元，达到人均可支配收入的 0.12%，虽然小幅度下滑，但整体来看这一支出数据处于逐步上升的阶段。从历年的数据来看，美国的游戏消费支出在总支出中的比例逐步上升，在 2010 年达到最高比例 0.15%，其后经历小幅下降（见图 8-3）。

美国游戏业建立的是以开发商为基础、发行商为核心环节的商业链条。发行商投资开发游戏，进而获得对该项目一定的控制权。投资通常采用版税金预付的方式，支付给开发商的版税率通常在 15% ~ 25% 之间，低可至 10%，高可达 45%。这一比率通常以产品的净营业额为基础。版税率的高低一般受到发行商的投资额度、产品潜在销量、知识产权归属等因素的影响。此外，开发商预付部分资金的同时，会安排专门的项目经理监控游戏的开发进度，根据进度注入资金，如果开发状况与预期偏差太大，发行商可以要求返工或终止投资。母盘制作完成、开发工作结束后，发行商通常还要承担本土化、生产、市场推广、公关、分销等后续工作。

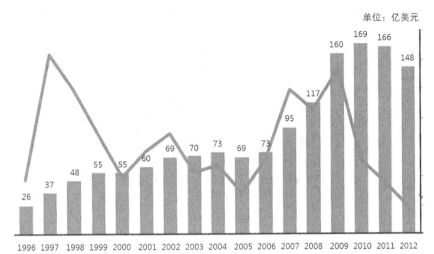

单位：亿美元

图 8-2 美国游戏产品销售收入增长情况

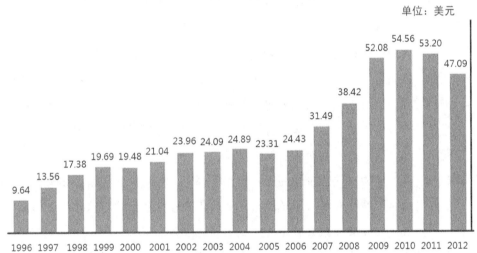

单位：美元

图 8-3 美国游戏行业人均消费支出

这种商业模式使得众多开发企业甚至小的开发团队没有经营方面的后顾之忧，有助于规避不必要的风险，令其能够专注于游戏开发这一最重要的环节上。而发行商在承担巨大风险的同时，也能够享受到成功的产品所带来的巨大收益，使产业良性循环下去。在这条产业链中，游戏产业不仅提供直接满足终端消费的产品和服务，还拓展了游戏的内涵，将游戏创意活动引入到其他产品和服务的生产过程中，从而形成了复合型的游戏产业链。

在成功游戏的基础之上，游戏设计者正试图将游戏产业进行特别的延伸，将元素融合到影视、出版、IT 甚至传统制造业当中。例如，暴雪公司以其最成功的 FPS 游戏作品《使命召唤》系列为原型推出了主题电影；迪士尼 2012 年底推出的第 52 部动画电影《无敌破坏王》集合了众多经典的游戏角色（见图 8-4）；迪士尼利用 iPhone 游戏《RhinoBall》来宣传 3D 动画电影《Bolt》;《愤怒的小鸟》在美国市场同时还涉及服装、玩具、餐饮等领域,使得游戏开发商芬兰 Rovio 公司在衍生品产品授权方面收入达 7000 万美元。

图 8-4 《无敌破坏王》中众多经典的游戏角色

数字游戏产业属于版权产业,对版权产业的保护是美国政府发展创意产业的基本经验。在美国的政府机构中设有负责版权登记、申请、审核等工作的版权办公室,负责知识产权方面的国际贸易谈判的美国贸易代表署,负责知识产品的进出口审核的海关及商务部国际贸易局和科技局、版权税审查庭等相关的行政部门。在版权立法方面,先后制定并通过了《版权法》《跨世纪数字版权法》《电子盗版禁止法》《录音制品数字表演权法(DPRA)》《家庭娱乐与版权法案》《表演权法案》等一系列立足版权保护、体现数字时代特征的法律法规,构建了保护范围广泛、相关规定详尽的法律系统,并根据时代发展要求不断完善版权保护制度,为创意产业的发展提供了制度保障。

美国电子游戏产业的成熟还表现在行业自律管理上,游戏产业的出品和销售两个层面都分别有着各自的全国性行业组织。游戏出品商的全国性行业组织是总部位于华盛顿的娱乐软件联合会(Entertainment Software Association,ESA),该联合会成立于 1994 年,原名"互动数字软件联合会"为非营利机构,其成员包括电子艺界、微软、索尼电脑娱乐、威旺迪等游戏行业巨头,可以说代表了美国游戏市场的主体企业。它的主要职责是代表行业利益,服务行业发展和实行行业自律。

游戏销售商的全国性行业组织是"互动娱乐经销商联合会"(Interactive Entertainment Merchants Association,IEMA),该组织也是非营利机构,成立于 1997 年,成员包括了几乎全部主要游戏经销商,其成员的销售额占据北美地区游戏软件全部销售额的 90% 左右。互动娱乐经销商联合会的宗旨与娱乐软件联合会类似,主要也是行业服务和自律,并代表游戏经销商利益处理涉及政府、议会和公众的事务。

美国电子游戏产业的成熟还表现在游戏分级体系上。美国许多游戏作品中充斥着暴力、赌博、性等内容,青少年群体同样面临着游戏沉迷的问题,对此,美国政府在不同级别的法规中采取对游戏作品分级等措施来规范游戏的发行与使用行为。目前采取的分级

第8章　游戏产业及市场发展

体系是由娱乐软件分级委员会（Entertainment Software Rating Board，ESRB）所制定的分级系统。该分级系统将电子游戏分为 EC、E、E10＋、T、M、AO、RP 七个等级（见图 8-5），采取两种相等的分级表述形式即分级标志（Rating Symbols）和描述词表（Content Descriptors），所有游戏作品的分类情况都可以从 ESRB 的官方网站进行查询。美国政府采取 ESRB 的分级系统，加大了对违反相关政策者的处罚力度，在很大程度上很好地保护了未成年人的健康成长。

图 8-5　美国游戏等级划分标志

8.1.2　日本游戏产业

在日本，动漫和游戏不仅是传统的文化娱乐产业，同时也是整个国家重要的经济产业，尤其在全球家用游戏机市场，日本更是全球最重要的生产国家和消费市场。日本的游戏产业真正意义上的兴起应该起源于日本任天堂公司（NINTENDO）于 1983 年推出的家用游戏机 Family Computer（FC），也正是这款游戏机终结了雅达利公司在美国市场的地位。之后 FC 凭借诸如《马里奥》《塞尔达》《勇者斗恶龙》等畅销游戏风靡全球，到 90 年代初已累计实现全球销量 6291 万台，其中日本本土市场 1935 万台，海外市场 4256 万台，对应的游戏软件销量共计 5 亿套。电子游戏产业率先在日本形成了游戏硬件与软件相辅相成的产业体系，日本国内外的相关消费市场也逐渐形成，一条完整的游戏产业链雏形基本形成。

随着世界消费电子巨头索尼公司介入游戏产业，日本游戏市场进一步活性化，索尼公司于 1994 年年底推出的 PlayStation 游戏主机以其超高的机能与低廉的价格迅速在市场站稳了脚跟，与日本老牌的任天堂、世嘉等游戏公司形成了三大硬件商分庭抗礼的业界格局。在当时全球游戏机硬件市场除日本之外没有任何一个国家得到世界游戏消费者的认可。

在全球家用机软件市场，日本厂商也获得了绝对的主导地位，KONAMI、CAPCOM、SQUARE 等第三方游戏软件商开发实力位居世界前列，创造了《潜龙谍影》《生化危机》《最终幻想》等一系列销量惊人的游戏品牌。1998 年，日本游戏产业进入全盛期，占领了全球电子游戏硬件市场的 90% 以上，软件市场的 50% 以上。SQUARE 公司出品的《最终幻想 7》历时 3 年开发，花费 2000 多万美元，最终全球销量达 600 多万套，市场销售额达 3 亿美元（见图 8-6）。于 1994 年进入游戏业的索尼公司，经过 7 年的努力后，游戏软硬件销售已成为其集团业绩最大的收入来源，2001 年占索尼集团总收益的 38%，超过了索尼家电 36% 的收益。

数字游戏产业基本是随着信息技术的发展潮流而动的，它本身又是一种文化娱乐的产业，所以游戏产业的发展并不只是依靠科技含量高的硬件设备，其软件内容才是推动市场消费的核心要素。游戏产业由于其文化娱乐特性，不同于完全的消费电子，海外市场在壮大的同时开始追求自身文化认同的游戏内容，世界各国的消费

图 8-6 《最终幻想 7》蓝光版游戏封面

者开始对游戏主机的内容提供产生了多元化的需求，但日本游戏厂商总是徘徊在传统的日式 RPG 的形式上，没有对其他游戏类型投入更多的挖掘，这种刻板守旧与重复不前使得日本出品的游戏软件内容与市场需求的差距逐渐拉大。

电子游戏主机是非常复杂的高科技产品结晶，日本保持游戏硬件垄断地位的 20 年正是其微电子产业领先世界的 20 年，在 1983 ～ 2001 年间，除日本之外全世界没有一个国家的游戏主机能够占据世界游戏硬件市场的 10%。这种格局在 2001 年被美国微软公司所打破，随着美国信息产业的又一次腾飞，数字内容产业中突飞猛进的游戏产业因其巨大的市场让美国与欧洲国家纷纷加大了对该领域的投入，美国微软公司斥资 30 亿美元研发了 Xbox 游戏主机，在游戏硬件市场上打破了日本的垄断。

另一方面，欧美在游戏开发中的核心技术——游戏引擎的开发上后来居上，并迅速赶超日本。日本的游戏开发技术立足于 5 年左右主机更新换代的频率，这种游戏开发技术是后发式的，而且日本游戏厂商在涉及 FPS、ACT 等对于图形技术要求极高的游戏类型时积累严重不足，这使得在 PS3、Xbox 360 等新一代游戏主机上市后，日本游戏开发商不得不购买欧美游戏厂商的游戏引擎开发技术。

除此以外，日本游戏市场还陷入了游戏软件滞销与游戏硬件萎靡的恶性循环。软件与硬件是支撑游戏市场的两大支柱，游戏硬件市场销量不足直接制约了游戏软件的销售份额，而缺乏有吸引力的游戏软件，消费者也不会有兴趣去买游戏主机。日本游戏市场在经过 20 多年的发展后已经达到基本饱和的状态，而始于 20 世纪 90 年代初的持续的经济低迷限制了日本本土游戏市场的进一步发展空间。另一方面，日本社会越来越严重的少子化与高龄化趋向也导致了日本游戏消费者的减少。日本本土游戏玩家在 90 年代对于《勇者斗恶龙》和《最终幻想》这两大国民游戏的购买量在 400 万～ 600 万套，开发商仅仅依靠日本本土就能收回成本并盈利，而近年来日本市场的萎缩让众多开发商耗时多年花费重金开发的游戏大作甚至连回收成本都变得困难。SE 公司历时 5 年开发的《最终幻想 13》本土销量不到 200 万套，创下史上新低。光荣公司的《真·三国无双》系列游戏在 PS2 时代每推出一个版本都是百万销量级别，而 2008 年发售的《真·三国无双 5》销量仅为 50

万套，这对于针对日本市场的游戏品牌与厂商无疑是巨大的打击。

随着游戏主机更新换代后机能的提升，游戏的表现力接近于电影，并能提供独一无二的互动体验。2005 年后 Xbox 360 与 PS3 等新一代主机先后上市，各类 FPS（第一人称射击）、RAC（竞速）等游戏类型火热升温，欧美游戏市场出现了快速增长，而日本传统游戏在欧美则受到冷落。日本游戏厂商开发出的作品在本土市场销量不足，而在全球市场又没有广泛受众，这使得日本游戏产业逐渐变成一个封闭、落后、保守的游戏孤岛。把数字娱乐提升到文化，发展成一个规模巨大的产业是社会变革的体现，随着数字内容互动游戏体验的不断进步，人们的生活已被注入了新的模式，同时带来的是新的价值寻求，对数字娱乐的需求更是呈现出多样化与个性化。

在欧美市场上，日本所擅长的 RPG 类型，像日本历史题材及高达系列这些在日本具有超高人气的品牌完全无法打开市场，而在新兴的 FPS 等游戏类型方面，日本厂商又大幅落后于欧美。日本游戏市场旺盛，欧美游戏产业资本、技术积累还不足于与日本抗衡的时代已经是过去式。在如今全球化的游戏市场竞争中，欧美已经超越日本并获得了绝对的市场主动权。

然而，作为拥有几十年游戏发展历史的日本，在如今全球游戏市场的竞争中也并非毫无优势可言。首先，作为家用游戏机领域中重要组成部分的便携式掌机，其硬件技术优势仍然被日本厂商所独占，在欧美市场至今没有出现能与之抗衡的主机硬件设备。日本任天堂公司于 2004 年发售的 NDS 掌机（见图 8-7），凭借其独具匠心的双屏、触摸和声控游戏方式打破了人们对电子游戏娱乐方式的认识，简化而又有趣的操作扩大了游戏受众。传统的游戏玩家多半是男性，而 NDS 发售后越来越多的女性甚至老人也加入到了游戏消费者中来。截至 2009 年，NDS 已

图 8-7　任天堂 NDS 掌机

售出 1 亿台，粗略计算相当于全球每 65 人中就有 1 台，并且随着任天堂每年对于硬件的升级和改良，其销售势头仍然良好，或将成为游戏历史上最畅销的掌机。

其次，日本作为全球移动通信行业最为发达的国家之一，其智能手机使用和覆盖率居全球领先水平，而依托于移动平台的手机游戏市场也是全球最为活跃的消费市场之一。近年来，随着全球移动平台游戏的崛起，加上日本在家用机市场的衰退，众多传统的游戏生产厂商都逐渐开设了手游研发部门，甚至将开发重心逐渐由家用机转移向手机游戏，例如，SQUARE 公司在手游项目上的投入和产出已经超过传统家用机游戏项目。而日本 GungHo 公司开发的手游《智龙迷城》（见图 8-8）在日本的下载量已超 1800 万次，在全球更是早已突破 2000 万次，同时也成为了日本首个全球创收突破 10 亿美元大关的手机游戏。未来日本的移动游戏市场将会继续发展，而且极有可能成为日本游戏市场再次崛起的关键突破点。

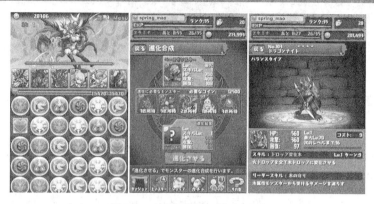

图 8-8 《智龙迷城》游戏画面

另外，在日本有越来越多的独立游戏开发商开始出现。2010 年，在日本 TGS 东京游戏展会中有大量独立游戏工作室参加并展出自己的游戏作品，这标志着日本游戏产业结构变化的新趋势。日本大型游戏企业之所以逐渐落后于欧美厂商，一个重要原因就是日本厂商向来投资谨慎且没有让游戏制作人自由发挥的创作环境，而游戏是属于文化艺术商品，今天游戏市场的成熟正是基于游戏开发者创造的"第九艺术"而逐渐形成的。游戏产品是娱乐商品，同时也包含有其独特的文化特质，事实证明完全从商业角度开发出的游戏并不被市场青睐，电子游戏所提供的不同于电影等其他数字内容产品的游戏体验才是消费者买单的理由，为此游戏开发者的自由创作至关重要。

当前的游戏产业中，游戏发行与开发自主权的分离已是国际大趋势，欧美的独立游戏开发商如 Bungie、Infinity Ward 等开发的作品与大型游戏发行商销售的模式取得了巨大的成功。这种模式正迅速被日本厂商所借鉴，许多优秀的游戏制作人纷纷脱离母公司独立出来，成立自己的游戏开发工作室，例如，蚱蜢、白金、探戈、英灵殿等著名制作人带领的工作室开始在日本游戏产业活跃，独立的游戏开发工作室也许正符合游戏产业的本来面貌，那就是艺术性与商业性的完美结合。独立游戏开发工作室有不受制于大型企业纯商业角度考虑、拘束游戏开发者创造力的环境，日本游戏产业开始进入"产销分离"的时代，独立游戏工作室的兴起也让原本死气沉沉的日本游戏产业焕发出了新的活力。

8.1.3 韩国游戏产业

韩国的游戏业起步相对较晚，在单机游戏时代基本上看不到韩国游戏的身影，但自从进入网络时代后，韩国游戏业飞速发展，到今天，韩国游戏已经具备了成熟完整的产业链，并且在全球具有了较大影响力。在韩国，游戏产业是高附加值的知识型产业，能给国民经济带来丰厚利润，所以游戏产业得到了韩国政府的大力支持，出台了相关政策和举措，其中包括对游戏产业发展基础构成和游戏企业产业化的支持，对游戏专业人员的培养，渠道的完善及流通体制的确立，游戏产业相关法规的制定，提高对游戏产业的社会认识等。

自从1997年亚洲金融风暴中韩国经济遭受沉重打击之后，韩国政府认识到仅仅是依靠汽车制造这样的重型工业来支撑全国经济的做法是片面的，直接导致的后果就是经济发展的单一化，于是科技含量极高、能源消耗却极低的游戏制作及其相关产业在政府的政策鼓励和大量资金投入下走上了振兴发展之路。韩国游戏产业真正意义上的起步始于20世纪90年代后期，发展到今天，韩国本土的游戏制作及经营类公司的总数已经超过了1500家。韩国网游业在全球网络游戏产业当中占有举足轻重的地位，同时所占的市场份额相当大，2003年的比例是整个游戏产业当中48.3%，2004年为61.9%，2005年为50.4%。

韩国的网络游戏产业比较重视海外出口，网络游戏出口几十个国家，最大的出口市场是中国（占26.7%），其次是日本（占20.8%），还有美国、东南亚等地区。虽然近年由于中国本土游戏产业起步和美国的竞争而导致市场开始萎缩，韩国在网游界的霸主地位已经被动摇，但由于根基稳固，韩国游戏产业发展势头依旧十分良好，游戏出口额在2008年已经超过11亿美元，2010年更是达到了16亿美元。在韩国文化信息振兴院公布的《2010年游戏产业动向分析》报告书中显示，2010游戏产业从业人员人均出口额为32700美元，首次突破3万美元大关，这一数据对比韩国全国人均出口额5770美元，整整高出5倍。另外，新浪中国网游排行榜（CGWR）最新数据显示，韩国的《传奇》仅次于《魔兽世界》位列第二，《龙之谷》和《奇迹MU》分别居第四、第五位，韩国网游在全球仍然保持着领先地位。

韩国游戏之所以在短时间内取得了巨大的成功，最关键的原因就是韩国政府的大力支持。韩国政府对游戏产业的支持包括很多方面：首先立足长远，充分重视网络游戏的积极作用和产业价值，把网络游戏产业作为文化产业中的一个重要的支柱性产业来发展；在管理方面，设立游戏产业振兴院，由文化观光部出面组建韩国游戏支援中心，向韩国游戏产业提供从资金到技术上的多方面支援。

韩国政府的政策是"支持但不进行行政性干预"，与纯粹的文化艺术一样，游戏的创意和独创性是至关重要的，而行政性干预会妨碍其发挥。政策重点是帮助游戏业努力扩大国内需求和开拓国外市场，并已成立了培育游戏产业核心的基地——"韩国游戏支援中心"（Korea Game Promotion Center，KGPC）。它是由韩国文化观光部组织的非营利性组织，成立的目的是为促进韩国游戏业的发展提供必要的帮助。从某种意义上讲，KGPC还担负着弘扬韩国文化的重任，韩国政府极力支持制作赋有民族特色和灵魂的游戏，因为一款成功的游戏足可将某种文化意识传播到全世界。韩国游戏支援中心的成立是改变现在人们对游戏的否定、消极的态度，并展望游戏这个尖端性产业的契机。通过帮助游戏公司创业、优秀游戏的制作和进行评选月优秀游戏等各种活动，其中还包括对韩国游戏业的作品走向世界市场提供无偿的帮助，赞助它们去东京及欧美等国的电玩展上参展。

在资金方面，成立游戏投资联盟，并为游戏企业提供长期的低息贷款。设立游戏产业发展基金，为游戏产业服务，减少甚至免除游戏企业的税务负担。为了支持游戏产业的发展，韩国游戏研发和促销协会为缺乏必要资本的公司提供办公场所，这些公司只需要支付公司的运营成本，并且可以以非常低的费用使用协会所提供的设备。

在培养游戏人才的方式上，除了在一些学校开办了游戏专业外，韩国政府为解决游戏开发人才的不足，通过 2 年的时间成立了为构筑其国内游戏的坚实基础，开发、普及 VR 等游戏技术为目的的专业研究机构——"游戏研究所"（Game Academe），同时还确立了提供游戏开发实务性人才的体系，并正在水源地区组建 Arcade 游戏工业园。在政府支持下，在许多国立和私立大学都设立了游戏专业，以大力培养游戏专业人才（见图 8-9），另外还对从事游戏产业的高科技人才免除 2 年的兵役。

正是这些政策让游戏公司有了得以发展的基础，有了适合其成长的沃土。在这样的大背景下，从 1996 年韩国游戏开始了突飞猛进的发展，逐步成为韩国新经济领域中的支柱产业。除了政府的大力支持，游戏业的发展更多地依靠于游戏研发公司自身的不懈努力。

韩国网游研发团队走的是精英化发展之路，通常几人到几十人不等，虽然人数不多，但他们拥有游戏行业中遥遥领先的研发技术，丰富的实践经验，其中骨干人员更是有着多年工作经验的业内精英，拥有数款经典巨作游戏的制作经验。他们或是资历很老的游戏玩家，清楚玩家对于游戏的喜好和需求，或是美术界的高手，能够制作出完美而逼真的画面。例如，《TERA》研发团队中，负责游戏制作的 Bluehole 工作室自身规模并不大，但却开发出了这一款颠覆传统的次世代动作网游（见图 8-10）。

图 8-9　韩国 SBS 游戏培训学校

图 8-10　《TERA》的游戏画面

作为为数不多的老牌游戏大国之一，韩国的游戏产业运营模式日趋成熟，从内容提供到平台供应再到游戏运营，环环相扣，有条不紊。韩国企业尤其重视构筑海外营销网，积极利用网络、外国代理商、开发直销、合作经销等多种手段，为韩国网络游戏产品走向世界开辟途径。

首先，韩国在世界范围内率先使用了道具收费模式。因为互联网是免费的，而依托互联网而生存的诸多行业，一个个纷纷走向免费化的道路，免费模式下争夺的是用户，是流量，是注意力，而运营商可以通过广告，或者通过有限的收费服务或道具，或者通过通道搭载的其他服务，免费的互联网就可以将注意力变成钱。

其次，韩国网游企业敢于打破常规运营模式，诚招分区运营商，这样就避免了许多文化差异和当地的政策审查上的问题，并且在一定程度上规避了风险。当然，更为成功的要数 DawinGame 提出的可双赢的经营模式，DawinGame 靠着自己的门户网站和全球游戏共同体的优势，并结合了游戏网络，向多家合作厂商提出了合理的收益模式。DawinGame 预合作的目标企业是，拥有自己游戏的游戏厂商，拥有一定会员数量的网站，各种言论传媒，可提供创业信息的创业网站及能提供各种项目的企业。这样一来，游戏厂商们可以通过 DawinGame 扩大自己的服务规模，同时可以提高宣传效果和收入保障，会员制网站和各种言论传媒可以提供丰富的游戏内容和创业信息给会员，从而在游戏和创业中均可获得收入。

再就是开发社交游戏。社交游戏是一种通过互动娱乐方式增强人与人之间交流的互动游戏。现实生活中的社交游戏主要分为两类：一类用于亲朋好友之间的休闲娱乐，另一类用于比赛、聚会、旅游、演出等社交场合。随着互联网的普及，社交游戏也慢慢走进了人们的网络生活，社交网络中的社交游戏更重视人与人之间的互动。经典的棋牌游戏在互联网上被快速普及，在互联网发展初期已经形成了相当大的市场规模。社交游戏的成长加速了社交网络的规模化，虚拟礼品、虚拟宠物、恶搞、奴隶系统、投票、评价系统等在社交网络上得到了快速普及。

韩国游戏业由成型逐渐走向成功，这其中除了有政府的大力支持、游戏公司自身不懈的努力外，更是社会舆论导向、完备的网络基础设施建设和公众积极参与的结果。游戏已经是韩国文化的一种表现形式，深受民众喜爱，各种媒体的舆论导向对游戏业的发展起着推波助澜的积极作用。有专门的电视栏目介绍电子游戏，例如，有线电视的 ITV 和 E 频道就提供了有关游戏介绍、动向及游戏公司访谈等各种和游戏相关的报道。在报纸上也有有关游戏的新闻、周边、攻略等和游戏相关的栏目。正式出刊的各种与游戏有关并已注册登记的游戏杂志就有数百种，其内容详尽、覆盖面广，拥有众多的读者群。

从整体上来说，现代社会生活节奏加快，人们压力日益增大，许多人倾向于在网游中寻求安慰，释放压力，因而全球市场对于网游的需求有增无减。局部来看，受文化因素的影响，韩国国内游戏市场需求巨大，韩国每个城市都有数不清的游戏小卖店，在某种程度上来说，已经成为了网络游戏爱好者的天堂。当然，韩国的游戏业如此发达，与韩国国民对游戏的狂热爱好是分不开的，很多父母甚至陪子女到游戏店挑选游戏，这与中国家长的做法大相径庭，这是由韩国的文化与价值取向决定的，韩国人并不把玩游戏看作玩物丧志的表现，而是看作一种良好的休闲方式及兴趣爱好。

韩国也是世界上最早推行职业电子竞技的国家，随着游戏竞技运动的流行，职业竞技玩家成为了韩国备受瞩目的新兴职业（见图 8-11）。在韩国，职业游戏玩家甚至可以完全依靠游戏竞赛过上非常惬意的生活。随着游戏的普及程度在韩国民众中逐渐加深，韩国青少年的首选职业就是既能玩自己喜欢的游戏而且还能挣钱的新兴职业——职业游戏玩家。

根据韩国职业游戏协会以在会注册登记的
83名职业选手为对象进行的一份问卷调查
结果显示，职业玩家的平均年薪在1500万
韩元左右。调查中22个职业游戏玩家选
择了年薪在1500万～2000万韩元，参加
提问的人数中53.7%选择了这一栏，14人
（34.1%）选择了1000万～1500万韩元年
薪，选择2000万韩元以上年薪的职业游戏
玩家只有5人（22.2%）。此外，当问到职

图8-11　正在竞赛中的职业玩家

业游戏玩家一年的收入时，回答在2000万～3000万韩元之间的有11人，1500万～2000
万韩元之间的有12人，5000万韩元以上高收入的有2人（5%）。另外，职业游戏玩家每
天平均进行5～10小时的练习，62.2%的51名选手每天练习5～10小时，练习10小
时以上的选手占20%以上。游戏竞赛奖金的调查结果为：1999年度大会奖金总额是1亿
8860万韩元，2000年度增长了112%达到3亿9960万韩元。有如此众多的公众，以不同
的形式积极参与到了游戏产业之中，这为韩国游戏未来向前发展提供了源动力，同时为韩
国游戏产业向更高的层次迈进提供了契机。

8.2　中国游戏产业发展现状

中国的游戏产业如今也已成为国家的重要文化发展产业，受到国家政策的大力支持，
与动漫产业一样，在短短几年时间里迅速进入大众视野，被社会大多数人所关注。为了专
业型人才的培养，一夜之间全国出现了各种动漫游戏专业、院校及民办培训机构，游戏设
计师成为了新时代热门的就业职位。而伴随着电子竞技影响力的提升，玩游戏也成为了一
种被社会主流所接受的行为。然而10年以前，电子游戏在中国还被当作"电子毒品"而
被社会所批判，所有的家长都不愿子女与游戏扯上关系。前后如此强烈的对比，也正说明
了中国社会在新时代的开放程度和发展进步程度。

面对国家的大力倡导和如今产业的发展现状，或许大多数人都以为动漫和游戏都只
是近几年才发展起来的新兴行业，其实并非如此。中国的传统美术动画，早在20世纪
七八十年代就被世界尊称为"中国学派"，曾经凭借中国水墨和文化底蕴对世界动画界产
生过巨大影响。而中国的游戏业起步也并不晚，中国游戏业起步于80年代，甚至并不比
日本游戏业的起步落后几年。下面将带领大家了解和认识中国游戏制作业的发展历程及如
今中国游戏市场的现状。

8.2.1 中国游戏制作业的发展

1971 年，世界上第一台电子游戏机 Computer Space 问世，从此，20 世纪 70 年代的电子游戏在全球范围内流行。电脑游戏的出现要晚于电子游戏，1976 年，乔布斯所制造的 Apple 计算机横空出世；1977 年，带有彩色显示的 Apple II 计算机上市；随后，IBM 公司推出了 IBM PC，从此开创了全球 PC 时代。

在 20 世纪 70 年代末 80 年代初，除了我们所熟知的 Apple II 和 IBM PC 外，还有与 Apple II 同时推出的 TRS-80、与 IBM PC 同时推出的 Commodore64 及后来出现的雅达利 ST 和 Amiga 等 PC。这些 PC 让玩家在家用游戏机和电子游戏之外，又多了一种选择——电脑游戏。

1978 年，世界上第一款 PC 游戏《冒险岛》在美国问世。这是有史可考的最早的一款 PC 游戏，当时是斯考特·亚当斯为 TRS-80 开发的文字冒险游戏，正是这款不起眼的游戏开启了今天近百亿美元的电脑游戏市场。斯考特·亚当斯在 1978 ～ 1984 年这 6 年里为 TRS-80 和 Apple II 等 PC 开发了数十款文字冒险游戏，这些游戏影响了整整一代人，今天的许多设计师就是在玩了他的游戏后才走上了游戏制作的道路，所以斯考特·亚当斯也被称为"PC 游戏之父"。

由于电子游戏的兴起，中国台湾在 70 年代末就已经出现了各种电子游戏生产商。1980 年，台湾全面禁止电子游戏，导致台湾电子游戏厂商接连倒闭。此时 Apple II PC 正如日中天，许多厂商抓住这根救命稻草，一窝蜂地仿造苹果计算机。1981 年，台湾宏碁公司推出了第一个自创品牌"小教授一号"学习机，同时也是 Apple II 计算机兼容机，宏碁的名气由此打响。之后不久，其竞争对手神通公司也推出了"小神通"学习机。台湾最早的电脑游戏就是在这两台学习机上诞生的，这也是中国最早出现的电脑游戏。

由于仿冒现象愈演愈烈，苹果公司开始在台湾地区采取法律手段，打击 Apple II 兼容产品。神通公司曾花了大气力去修改苹果的操作系统，但效果甚微，为避免法律风险，神通不得不停止生产"小神通"，转向 IBM PC 兼容机。1983 年 10 月，宏碁把旗下的媒体事业部划分出来，成立了第三波文化事业股份有限公司（后改名为第三波资讯股份有限公司），主营期刊、杂志、图书、教育休闲软件和商用软件的代理发行，中国第一家游戏公司由此诞生。

1984 年 4 月，第三波创办"第三波金软件排行榜"，以优厚奖金鼓励大家自主研发游戏，同时还为优秀游戏进行发行销售。这一活动促进了台湾原创游戏的从无到有，后来成为大宇公司策划的施文冯曾凭借游戏获得了高额奖金，还有后来大宇的核心人员——《轩辕剑》主创蔡明宏和智冠科技《吞食天地》的主创刘昭毅，也都是在这一活动中脱颖而出的。

1984 年 6 月，台湾出现了一家叫"精讯资讯"的公司。这家公司由 4 位年轻人组成，其中包括日后大宇资讯的创始人李永进。当时台湾还没有正规的游戏市场，绝大部分电脑游戏软件都是在盗版渠道中流通，而且绝大多数都是英文或日文游戏。由于没有中文说明书，也没有专业的游戏杂志，在面对游戏里的大段外文字母时，玩家往往一筹莫展。正是看准了这一商机，4位年轻人靠计算机和复印机，把游戏内容翻译成中文后印成一本本游戏手册，在当时台湾著名的计算机集散地光华商场内兜售。这些只有二三十页的小册子一上市就受到了玩家的热烈欢迎，鉴于旺盛的市场需求，4位年轻人决定成立一家专门从事中文游戏手册的出版和发行业务的公司，这就是精讯资讯（以下简称"精讯"）。在发行国外游戏说明书的同时，精讯也在积极介入中文游戏的制作。由于没有研发人才，精讯选择了类似于第三波的做法，即与本土游戏开发者签订合同，代理他们的原创游戏。1984年12月，智冠科技有限公司在台湾高雄市成立，之后的数年内，智冠科技和精讯资讯这两家游戏公司在中国台湾形成了南北争霸之势（见图8-12）。

图8-12　精讯和智冠的公司LOGO

1986年，精讯公司发布了第一款自主研发的商业游戏《如意集》。这款小游戏或许并未引起多少人的关注比起同年上市的《冰城传奇2》《巫术3》《创世纪4》和《国王密使3》等欧美游戏，它还显得过于简陋。但以今天的角度审视，我们却能清楚地感受到它的分量。从那时起，中国人学会了用游戏这种全新的艺术形式去表述和传达思想，诠释中国的文化。1987年，精讯公司又推出了原创的第一款角色扮演游戏《星河战士MX-151》和蔡明宏的《屠龙战记》。

中国游戏市场面临的主要问题之一就是盗版游戏，现在是这样，曾经也是如此——80年代盗版光盘泛滥成灾，正版软件40美元左右，而盗版只要2美元——为打开正版游戏市场，智冠公司决定用"比盗版贵一点点的钱来推行正版"。他们的设想是：一款正版游戏只卖3美元，其中成本是1美元，给国外厂商的版税1美元，自己赚1美元。但是，在许多国外厂商眼里，智冠公司提出的条件无异于痴人说梦，智冠公司在美国寻找合作机会的一年里毫无收获。

1986年，美国SSI公司终于表示愿意接受1美元的版税，不过要求智冠公司必须保证销售4000套游戏软件。1986年8月，智冠公司与SSI公司签下了全球第一份授权中文地区产品代理经销的合约，获准为国外游戏制作中文说明书后重新包装游戏并发行。凭借出色的销售策略，智冠公司代理后的首款游戏就卖出5000套，从此打开了代理国外正版游戏的局面。之后的2～3年里，智冠公司又陆续签下美国艺电、雪乐山、动视、LucasArts、Accolade、Microprose、Maxis、Origin、New World Computing等30多家国外游戏公司的代理经销合约，智冠也成为亚洲地区最大的游戏发行商。

1988 年 4 月，精讯创始人之一的李永进宣布脱离精讯，自立门户，创办大宇资讯公司。大宇在创建后不久即招揽来中学刚毕业的蔡明宏、施文冯、郭炳宏和鲍弘修等人，成立了台湾的第一家游戏工作室——DOMO 小组，随后中专毕业的姚壮宪（仙剑之父）也加入了大宇。1989 年，在台湾的本土游戏市场上几乎清一色是大宇公司的作品，包括姚壮宪研发的《大富翁》、DOMO 小组的《灭》、施文冯的《逆袭》等。1 年后，李永进把大宇公司的发展方向确定为自主研发，大宇在此后的 6 年里成为了台湾游戏厂商中唯一一家不做代理、只做研发的游戏公司。大宇的出现带动了台湾的原创游戏的发展，也改变了维持了 3 年的精讯、智冠南北争雄的格局。

80 年代末，台湾游戏代理市场的竞争日益激烈，看到原创游戏制作业的蓬勃兴起，智冠公司也决定介入游戏的研发。1989 年 10 月，智冠组建了自己的第一个游戏研发小组——台北工作室。2 年后，台北工作室的处女作《三国演义》问世，在当时台湾市场上掀起了一股"三国"热潮。据说《三国演义》共售出 17 万套，是当时台湾电脑游戏史上销量最高的产品。《三国演义》问世那年，精讯则推出了中文武侠 RPG 的奠基之作《侠客英雄传》（见图 8-13），阔别游戏界多年的第三波也携日本光荣公司的《三国志 2》回归代理游戏市场，并于数年后取代智冠成为台湾游戏代理界的王者。90 年代初的台湾电脑游戏市场呈现出智冠、第三波、大宇、精讯四方争霸的格局。

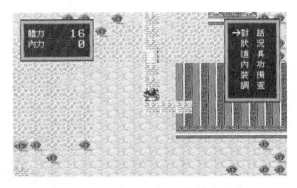

图 8-13　《侠客英雄传》的游戏画面

1987 年宏碁公司举办过一场计算机象棋赛，最终夺冠的是一位年轻人。这位年轻人就是日后光谱资讯的创始人虞希舜，他花了 4 个月时间，用汇编语言设计出了《象棋大师》软件。尽管当时参赛的软件有 16 个之多，但《象棋大师》依然力克群雄最终夺冠，并成为公开场合中第一个击败人类对手的计算机软件。《象棋大师》最后交由第三波发行，而这次比赛也改变了虞希舜的一生。之后虞希舜推出改进版《特级大师》，在不同级别的比赛中多次获奖。

1991 年 7 月，虞希舜独资创立光谱资讯公司，专攻人工智能游戏软件。光谱在 1992 年推出的《将族》就是在《特级大师》的基础上加入故事情节而形成的。《将族》以其精美的 VGA 画面、强悍的计算机 AI 和挑战赛制的游戏模式，令光谱在一夜之间成为了台湾游戏界的新星。《将族》问世那年，汉堂也在台湾成立。汉堂的第一部原创作品《隋唐群雄传》因品质较差而受到玩家的批评，但其在随后推出的第二部作品却将大家的印象一下子扭转了过来，这部作品就是《大时代的故事》，一款以民国军阀混战和抗日战争为背景的战略游戏。《大时代的故事》获得成功后，汉堂的游戏研发步入正轨，并在随后的几年里推出了《天外剑圣录》《炎龙骑士团》《天地劫》（见图 8-14）等一系列经典之作。

图 8-14　汉堂最为经典的《天地劫》系列三部曲

　　1992 年，随着光谱和汉堂等新公司的加入，台湾游戏界"四方争霸"的局面被打破，市场上出现了"百家争鸣"的景象，原创游戏无论在数量上还是在质量上都达到了一定的水准。

　　1993 年是台湾原创游戏丰收的一年。先是全崴公司在 2 月推出格斗游戏《快打至尊》而颇受好评。随后，智冠公司凭借《笑傲江湖》和《射雕英雄传》，以金庸作品代言人的姿态出现。大宇一气推出 8 款游戏，包括《大富翁 2》、第一套国产战棋游戏《天使帝国》（见图 8-15）、动作过关游戏《魔道子》和纵版射击游戏《幻象雷电》。汉堂也接连发布了 4 款风格各异的武侠 RPG：《武林奇侠传》《金箭使者》《决战皇陵》和《天外剑圣录》。精讯则推出了《聊斋志异：幽谷传奇》和《疯狂医院》。此后，《快打至尊》的开发小组离开全崴后成立熊猫资讯，其开山之作《三国志：武将争霸》堪称当时计算机平台上最为优秀的一款格斗游戏。一直以代理

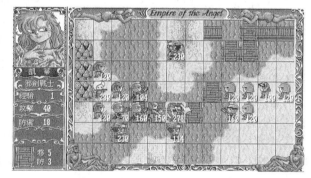

图 8-15　《天使帝国》的游戏画面

光荣游戏为主的第三波公司也决定涉足研发，他们的第一套自制游戏是由第二届"金磁片奖"冠军得主李超军兄弟制作的奇幻 RPG《三界谕：邦沛之谜》，第三波正是凭借这款产品在原创游戏市场上一炮而红。

　　1994 年，台湾游戏市场的主角是大宇和智冠。2 月，DOMO 小组的《轩辕剑 2》率先发售；3 月，智冠接着推出了《倚天屠龙记》；之后大宇又推出了《妖魔道》和《鹿鼎记：皇城争霸》。同年，汉堂的《炎龙骑士团》、精讯的战棋游戏《丛林战争》、大宇的《天使帝国 2》和熊猫的横版过关动作游戏《西游记》等都堪称优秀的游戏作品。

　　1995 年，大宇魔下的"狂徒创作群"推出了中文武侠 RPG 历史上具有里程碑意义的作品——《仙剑奇侠传》（见图 8-16），上市后 5 天内即售出近万套，成为国产原创游戏的一代经典，台湾的电脑游戏制作业也在当时达到巅峰。也正是在台湾游戏业的带动下，

大陆的电脑游戏业拉开了发展的序幕。

1987年1月，国务院出台"放活科研机构，放宽科技人员"的"双放"政策，激发了科研人员的创业热情。当时中关村企业中的1/3以上都是由中科院及其下属研究所创办的，各企业一半以上的科技人员来自中科院。中关村"电子一条街"步入了一个全新的阶段，市面上陆续出现了四通打字机、联想汉卡、北大方正排版系统、太极小型机等中国人自主研发的计算机产品。而陈宇、张淳、求伯君和边晓春等电脑游戏业先驱的故事，就是在这样一种大背景下开始的。

1992年，陈宇从世界知识出版社辞职，改任北京金盘电子有限公司首任主编，由此踏入IT圈。一次偶遇让陈宇认识了军事学者杨南征并说服他加盟金盘，负责公司的游戏部门。随后1994年10月，国内的第一款原创商业游戏《神鹰突击队》问世（见图8-17）。

图8-16　《仙剑奇侠传》游戏画面

图8-17　《神鹰突击队》的游戏光盘封面

1992年从哈尔滨工业大学毕业后，张淳被分配到航天部在上海的一个研究所的计算机组，在无所事事的状态中度过了3个月。1992年10月，张淳决定参加当地的一次人才招聘会，意外地被广州智冠录用。张淳和其他被招进去的人一样，对游戏研发一无所知。智冠也没有派人对他们进行培训，只是做了些简单的指导，张淳他们就分成3个小组做起了项目。摸索了10个月后，张淳这个小组完成了一款射击游戏，但这款游戏因质量太差而没能上市。

1993年8月，张淳离开广州智冠，加入美国的DTMC公司，在那儿他接触了一些美国的游戏开发小组，感受到了游戏业的巨大潜力。半年后，DTMC公司宣告解体，张淳说服投资人来中国发展。最初的投资方是一位英籍华人和一位上海人，两人共同出资在英属维京群岛注册了一家名为"英国汉文软件"的公司，再通过这家公司在珠海设立了一家外资企业。运作一段时间后，张淳决定把公司迁到北京。1995年5月，目标软件正式成立，改注册地为香港。最初两年，目标软件的主要业务是开发教育软件和代工游戏。他们先后为美国游戏公司代工了两款游戏——《雷电之蹄》和《弹珠台》，任务是把游戏从DOS平台移植到Windows平台上，代码部分以修改为主，美术部分需要重新制作。正是其外资背景和早期的对外代工业务，为目标软件日后的发展打下了坚实的基础。

求伯君家乡的西山是浙东名山四明山的支脉，求伯君对西山有很深的感情，在国防科技大学念书的时候就自号"西山居士"，他把第一个打印驱动程序命名为"西山超级文字打印系统"，第一个中文磁盘操作系统命名为"西山DOS"。1989年，求伯君在深圳蔡屋围酒店501房间里单枪匹马写下了数十万行代码组成的WPS，在我国民族软件产业的发展史上竖起了一块重要的里程碑。之后，求伯君以WPS作为核心产品创办了金山软件公司。90年代初正是WPS辉煌的年代，它打败了此前一直在文字处理软件市场上称霸的WordStar，一举拿下了90%以上的市场份额（见图8-18）。

1993年，微软在中国推出Office 95，其中的文字处理软件Word以其强大的功能、漂亮的界面和对Windows 95的良好支持，迅速被市场接受。WPS受到强烈冲击，销量直线下滑。1995年，求伯君借以挑战微软的盘古组件宣告失败，金山陷入低潮。在之后的两年里，WPS在国内市场上几乎销声匿迹。求伯君在吃力地扛起民族大旗的同时，不得不为公司寻找新的出路，西山居就是在这样的背景下诞生的。1995年5月，以原创游戏研发为主业的西山居工作室在珠海成立。1996年1月，西山居创作室的处女作《中关村启示录》发售（见图8-19）。1996年4月，由求伯君亲自策划和开发的游戏《中国民航》仅用了3个月就完成制作，并推向市场。1996年5月，西山居的成名作《剑侠情缘》投入研发。1997年3月，WPS 97发售前半年，《剑侠情缘》问世。《剑侠情缘》的开发成本很低，但最后却获得了2.5万套销量的优异成绩。正是由于西山居的贡献才挽救了一路下滑的金山公司。

图8-18　早期WPS的软件界面

图8-19　《中关村启示录》的游戏启动界面

除了金盘、目标、西山居等公司外，讲到中国游戏业时不得不提的就是前导软件有限公司。1995年3月，前导软件有限公司在北京成立，这是我国最早依靠风险投资起家的一家软件公司，当时大多数人对"风险投资"这个概念还很陌生，其创办者边晓春却认为"得到风险投资，没觉得多难"。前导软件公司的前身是北京先锋卡通公司计算机部。1994年第一季度，先锋公司在8位游戏机方面拥有的技术能力堪称国内第一。其在20世纪90

年代初开发的游戏软件和学习软件，一度非常成功，被国内诸多厂商如"小霸王"公司所购买。当时北京先锋卡通公司计算机部负责软件开发的边晓春等人，组建并领导了具有相当实力的开发队伍，但由于先锋卡通公司的体制相对落后，产权结构模糊，技术开发过于广泛，所以先锋卡通公司一直未能打出成功的品牌，知名度很低，且没有获得一定的市场成功。

1994 年春，先锋卡通公司由于资金缺乏等问题，面临着解散的危险，公司必须重组并转移研究方向。在此情况下，边晓春等人决定把先锋卡通公司计算机部的网络部分独立出去，把激光打印机的生产和销售留给先锋卡通公司，并不再增加汉字技术方面的投入，而集中力量去寻求游戏软件方面的发展和新的资金来源。

此时恰逢国际风险投资公司刚刚进入中国，1992 年，美国国际数据集团（IDG）在中国投资成立了第一个风险投资基金——太平洋技术风险投资基金（PIV- China），主要投资与计算机软硬件、网络工程、通信等领域相关的高科技企业。1994 年 5 月，边晓春等人在朋友处偶遇 PIV-China 的负责人周全，当时周全正在与北京市科委所属的优联公司合作，进行游戏机平台的学习软件与游戏软件的开发，这与边晓春的想法不谋而合。先锋与 PIV-China 的洽谈进行得很顺利，双方于同年 11 月正式签约，由 PTV-China 提供 100 万元人民币、优联出资 100 万元人民币、先锋出资 200 万元人民币，注册资金为 400 万元人民币。1995 年 3 月，北京前导软件公司正式成立，边晓春（见图 8-20）开始了他的第二次创业之路。

1995 年，中国的游戏软件市场还是一片空白，处于种子期的前导软件公司选择的游戏软件制作领域，相对而言难以制作，被列为仅次于操作系统的最难制作的软件。这至少有三方面的原因：首先，它需要最先进的硬件平台和多种软件支撑平台；其次，计算机交互艺术是全新的艺术门类，以高度的交互性为其最主要的艺术特色，它刚刚诞生、尚显幼稚，而艺术也是需要天才的；再次，由于它是文化

图 8-20　中国游戏业的先驱者边晓春

产品，面对的客户是最庞大的、但也是最挑剔的，众口难调。而在 1995 年的中国市场，游戏软件的制作是一个全新的领域，从各方面讲都属于开拓阶段。作为先行者的前导软件公司一方面立足于自己开发结合中国历史与文化的游戏软件，另一方面则以版权方式引入国外的游戏软件。1995 年，前导软件公司开始自行开发一款名为《官渡》的电脑游戏，这对公司而言风险很大，因为当时公司没有人做过游戏软件，但是相对于中国当时的其他公司而言，前导软件公司最具实力。

1996 年，前导的第一款游戏产品《官渡》如期上市，始料不及的是产品上市仅几天，盗版软件铺天盖地，即便如此，前导还是取得了一定的成功，从海外获得了 7 万美元的版税收入。同时，前导软件公司还引进代理了诸如《命令与征服》《移民计划》《凯兰迪亚》等游戏。

其中《命令与征服》在 1996 年年底至 1997 年年初，有过一周之内出货 1 万套且全部结款的销售佳绩，零售量高达 5 万套，使前导软件公司在中国游戏软件市场上站稳了先机。

1996 年，前导公司进入发展期，并及时对发展战略部署进行了调整，不惜更换经营能力比较强的负责人，为公司的进一步发展打下了良好的基础。1997 年，是前导软件公司的扩展期，公司加大了买入产品的力度，并全面开始《齐天大圣》的制作，使制作队伍扩充了一倍。当年上市的《赤壁》（见图 8-21）与联想计算机捆绑销售，并由此率先突破了游戏软件销售量 10 万套的大关。此时，前导的资金需求量迅速增加，但前导

图 8-21 《赤壁》的游戏画面

软件公司寻找新的风险投资的谈判在最后功亏一篑，这是前导软件公司以后危机的开始。

从 1997 年 7 月开始，游戏软件市场迅速下滑，前导软件公司的销售计划全面落空，造成大量库存积压且库存迅速贬值，国内游戏软件市场已经显露出从卖方市场向买方市场转移的迹象。此时，前导公司面临的不仅是外部环境的恶化，而且本身的经营决策也发生了错误。本应在 1997 年年底完成开发的《水浒传之聚义篇》因为人员失误和奖金缺乏而导致延期，错过了电视剧播出的黄金销售季节，同时公司投资的《大众软件》杂志也出现严重亏损。

1997 年年底，前导软件公司总经理边晓春开始策划大型软件批发公司的项目，后与同方公司、新华书店总店等单位联手策划该项目，并得到有关政府部门的支持。但是在该项目的各方股东签署了投资合同时，前导软件公司却因资金问题无力参与，只能坐看良好投资机会丧失。后续风险投资投入的缺乏，是前导软件公司最后挫败的主要原因，这不仅和我国目前软件业盗版猖獗、环境恶劣有关，也和缺乏风险投资资金和退出机制紧密相关。盗版的存在，使进行软件开发的公司不能收回应得的大部分利润回报，最终只能是陷于资金缺乏的泥潭。这也是我国软件行业进行独立开发的公司少，而代理销售外国软件产品公司多的原因所在。

1998 年，国内游戏软件的销售一直低迷，前导软件公司的生存环境日趋恶化。在 4 月下旬，前导软件公司得知，如果前导软件公司的《齐天大圣》中的 3D 格斗部分做得好，将有机会得到数 10 万套的海外捆绑销售订单。于是，前导的游戏开发人员为了公司的生存，不惜最后一搏，在前导开发人员加班加点的努力下，终于使该产品有了重大改进。然而后来，得到的消息却是，前导软件公司的产品仍然不够好，期盼中的订单并未拿到。《齐天大圣》项目占用的人力资源最多、技术难度最大、投入也最大，这次失败直接导致前导软件公司走到了山穷水尽的一步。由于看不到风险投资收回的可能性，投资方不愿再增加投资。1998 年 6 月，前导软件公司被迫解散游戏制作队伍。

　　"混沌初开，游戏进来。一时间，多少英雄豪杰金戈铁马驰骋于大漠荒郊，无数侠客士仗剑执戟横行在天南地北。虚拟人生，应有尽有，得意如此，夫何所求？几番游历，慧眼渐开。纵观三国与魔域，或东洋，或西洋，堂堂中华天国，居然身无长物。千万炎黄子孙，只得投身外番，或缠绵在东洋美女怀中，或沉溺于西欧魔法门里……终于有一天，一群仁人志士拍案怒喝，揭竿而起！金山首先在中关村发难，金盘就鸦片战争反攻倒算；前导在赤壁滩点起烽火硝烟，腾图在水浒寨纠集英雄好汉；尚洋骑着血狮一路奔突，目标开着铁甲四处闯荡；鹰翔祭起生死符，金山展开地雷战！折戟沉沙，国士挥泪；攻城掠地，红毛扬刀。几番搏杀，一片惨淡。暮霭茫茫，悲壮苍凉。一声惊雷，响彻四方。蓦然回首，一片金山！剑侠复出，壮志未酬誓不返；英雄安在，可愿手执倚天屠龙去屠狼？"以上是 1998 年写在金山公司主页上的一段话，它形象地描述了中国国产原创游戏从无到有，后又半路夭折的历程，而这段历程仅用了 3 年时间。

　　1996 年以前，国内比较规范的游戏研发公司只有金盘电子、西山居、前导软件、腾图电子和尚洋电子 5 家及一些外资公司设于中国的制作组，如立地公司旗下的创意鹰翔、北京智冠公司旗下的红蚂蚁等。1996 年是中国游戏市场的黄金时期，当时一款中等以上品质的游戏即可售出 1 万套，品质突出的更是可以卖到 5 万套以上。于是从 1997 年开始，大批公司涌入游戏市场，其中既有出版社、硬件厂商、软件厂商，也有许多根本不具备研发实力的兴趣小组。但在这些队伍当中无论投资者、经营者还是研发者，均缺乏对市场环境和游戏研发的基本认识，这为中国游戏业第一场泡沫的破裂埋下了伏笔。

　　1997 年下半年，国产游戏的大环境急转直下，大批中小公司甚至尚未有产品问世即告解体。这一年，退出者远远超过进入者，吉耐思、捷鸿软件、麦思特电脑、智群软件、辉影软件、大恒光盘、万森电子、鸿达电子、金钟电子、雷神资讯、雄龙公司等十数家公司先后退出，而进入的只有金仕达、苦丁香、金智塔、盘古、北极星等不多的几家。在产业的最底层，还有更多原本就没有资金支持的制作组在苦苦挣扎。1998 年，随着金盘电子、腾图电子和前导软件等知名公司的退出，国产游戏制作业全面亮起红灯，这场产业泡沫正式破裂。

　　在大陆游戏业衰败的同时，台湾游戏业也遭遇了前所未有的颓势。从 1998 年起，大宇知名制作组"狂徒创作群"因内部矛盾而走向衰微，元老相继离去，至 2002 年"狂徒创作群"已名存实亡。1996 年，台湾的许多游戏公司，如天堂鸟资讯、华义国际和欢乐盒等，开始从事日本 PC-98 游戏的移植、汉化和引入，其中大部分产品均为 H-Game（成人游戏）。台湾游戏市场上迅速形成一股 PC-98 热潮，在利润的诱惑下，包括智冠在内的一些老牌公司也开始涉足 H-Game。PC-98 游戏的泛滥，一方面令电脑游戏同 10 多年前的街机游戏一样，被社会公众误解，受到舆论的抨击；另一方面也挤压了原创游戏开发者的生存空间，令辛苦积累数年才有所成长的台湾本土游戏业元气大伤。随后台湾游戏业出现崩盘，前几年如雨后春笋般兴起的各类游戏工作室尽数倒闭，台湾原创游戏进入大萧条时期。

很多人曾认为国产游戏由盛而衰的转折点是在 1997 年 4 月尚洋电子推出的《血狮》（见图 8-22）。由于失实的市场宣传与低劣的产品品质形成巨大反差，造成了许多玩家对国产游戏的不信任感。现在看来，将市场的不景气归咎于某款产品的失败，未免有些偏激。国内游戏开发的资金门槛不高，许多缺乏经验、缺乏必要资源的制作组在利益的驱动下加入进来，这些制作组大多为作坊式经营，仅凭一时兴趣走入游戏制作这一行当，一旦第一款产品无法顺利推出，即会面临解散的危险。而有外部

图 8-22 《血狮》单调的游戏画面

资金支持的研发公司，则由于投资方对市场的未来过于乐观，且对游戏研发的风险缺乏清醒认识，只是抱着短期投机的想法盲目投入，假使项目或环境出现些许变化，亦会迅速撤资。即便投资方有足够的耐心，且研发人员有足够的技术实力，管理经验和市场推广能力的欠缺也往往会成为致命的瓶颈。

1996 年正是盗版如野火般在中国大地上蔓延开来的一年，盗版软件的品种和数量大幅增加，所覆盖的地域越来越广，价格也降至 10 ～ 15 元。尽管政府加大了打击力度，但盗版依然在最短的时间内深入人心，正版软件的销售因此受到极大冲击。与此同时，境外游戏也在这一年大量涌入。1996 年，美国艺电与法国育碧分别在北京和上海设立分支机构，以此为前哨，将自己的产品引进中国。同一时间，以奥美电子和新天地为代表的专业游戏代理公司也先后成立，高品质的欧美游戏开始流入国内市场。据统计，1998 年中国的电脑游戏市场上，国产游戏仅占上市游戏总数的 6%，其余均为引进产品。1998 年中国的正版电脑游戏市场规模在 8000 万元人民币以下，其中绝大部分被境外企业拿走。这样算下来，即便我们把一款游戏的研发费用和管销费用控制在 50 万元以内，当时的市场也只能支撑起不到 10 家本土游戏研发公司。事实证明了这一点，1998 年发售的游戏中，75% 的销量均在 5000 套以下，而自主研发的盈亏点在 1 万套左右。在资金有限的情况下，游戏产品赔钱后企业即无力再维持下去，于是便出现了 1998 年国产游戏制作业全面溃退的现象。泡沫覆灭之后，国产单机游戏制作基本停滞不前，游戏网络化的风潮悄然而至。

在中国进入互联网时代后，MUD 游戏慢慢兴起。最初的中文 MUD 服务器全都架在国外（例如《侠客行》的服务器就架在美国），国内的连接速度很慢。1997 年 1 月，海南的一群 MUD 爱好者以金庸武侠小说为背景，以 ES2 为系统底层开发了《书剑》，《书剑》的服务器是由海南金信华网络公司架设的，这是首款服务器架设在国内的 MUD 游戏。随后，国内先后出现了《夕阳再现》《碧海银沙》《驰骋天下》《笑傲江湖》《鹿鼎记》等一批 MUD 游戏。

这些游戏大多是在 ES2 和《侠客行》的基础上修改而成的，有的干脆直接照搬，因此游戏的质量和耐玩度参差不齐，加之服务器的不稳定和更新速度的缓慢，所以在当时并未获得成功。

图形网络游戏的许多技术是在文字 MUD 的基础上发展起来的，例如，雷爵的《万王之王》和侠客行公司的《侠客天下》，均由同名文字 MUD 演变而来。雷爵的《万王之王》是中国第一款图形网络游戏，它的同名文字 MUD 开放于 1996 年 12 月底，其开发者是一对夫妻博士生陈光明和黄于真。

1998 年，陈光明和黄于真完成分布式系统的 MUD 架构，令《万王之王》的在线人数突破 1000 人。同年，华彩软件决定投入 MUD 图形化的发展阵营，第一个专门开发网络游戏的研发小组——"游戏工厂"正式创建。1999 年，《万王之王》的图形 MUD 研制成功（见图 8-23）。同年 4 月，雷爵资讯股份有限公司正式成立，成为中国第一家应用图形化 MUD 技术于商业消费市场的网络游戏研发公司。

图 8-23 《万王之王》的游戏画面

2001 年，智冠科技成立中华网龙公司，专营在线游戏市场。同年 12 月，第三波裁撤数位娱乐事业处，宣布退出单机版游戏的代理、发行与销售市场。2002 年 10 月，松岗科技裁员 20 人，精简单机游戏部门。同年 12 月，大宇资讯公司宣布裁减 60 名员工。2003 年，汉堂国际资讯暂时退出单机游戏市场，转而开发《炎龙骑士团 Online》。

大陆最早的一批网络游戏是从台湾引进来的。2000 年，雷爵的《万王之王》和智冠的《网络三国》登陆内地，之后华义也携《石器时代》而入，开启了今天数十亿的网络游戏市场。

华义成立于 1993 年，创始人是黄博弘。公司原本以设计商用软件为主业，90 年代中期开始把 PC-98 游戏引入台湾，成为当时台湾最大的 PC- 98 游戏代理商之一。2000 年，华义先后代理了《人在江湖》及《石器时代》两款网络游戏，在刚刚启动的台湾网络游戏市场上占得先机。2000 年 8 月，北京华义国际数码娱乐有限公司成立，将《石器时代》推向大陆市场，并在随后获得了巨大的成功。从《石器时代》《魔力宝贝》的成功到《传奇》《奇迹》的火爆，从 2002 年 8.1 亿的市场规模到 2003 年头两个月 25 款游戏同时测试的盛况，进入 21 世纪后中国游戏业全面转型为以网络游戏为主的游戏产业。

在进入网络时代后，国内现存的游戏公司被分为三大阵营：第一阵营是手中握有巨额资金或投资的游戏代理公司，其中以盛大网络、第九城市、腾讯公司等为代表，它们主要以代理韩国或欧美的世界一线网络游戏为核心业务。第二阵营是大型的网络或电子科技公司收购兼并国内的游戏工作室或制作团队后进行的自主网络游戏的研发，其中以网易、搜狐等公司为代表。例如，2001 年 3 月，网易公司宣布收购天夏科技，并以天夏科技的技术人员为班底，开发了著名的回合制 MMORPG《大话西游 Online》（见图 8-24）。第三阵营则是国内新成立的游戏研发制作公司或转入网络游戏研发的旧有单机游戏公司，由于网络游戏的研发需要耗费大量的人力、物力和财力，所以过去的单机游戏公司仅依靠自身力量大多很难坚持完成一款网游的研发，于是大多走向破产或者被别的公司所兼并。当然，这其中也有少数依靠自身力量逐渐发展壮大起来的游戏研发公司，如完美世界。

图 8-24 《大话西游 Online》的游戏画面

完美世界网络技术有限公司，由中国早期著名的教育软件企业洪恩软件公司创始人池宇峰及其他几位 IT 界人士在北京注册成立，最早注册时公司曾用名"完美时空"，于 2011 年 3 月更名为"完美世界"。完美世界是国内最早的网络游戏开发商之一，自成立之初，就秉承"坚持自主创新、发展民族网游"的宗旨，倾力打造拥有自主知识产权的高质量网游精品。完美世界主要基于自主研发的 Angelica 3D 游戏引擎、Cube 引擎及 EPARCH 2D 引擎为平台研发全 3D 网络游戏，陆续推出了《完美世界》《武林外传》《完美世界国际版》《诛仙》《赤壁》《热舞派对》《口袋西游》《神鬼传奇》《梦幻诛仙》等一系列网络游戏产品，并受到市场广泛好评。如今，完美世界已经从一个单纯的网络游戏软件开发企业，成长为集研发、运营、销售、服务于一体的大型网络游戏平台服务提供商。

同时完美世界从开始就始终坚持走精品路线和海外策略，面向全球开展业务，全面拓展海外市场。目前，完美世界已经成功地将旗下部分产品出口到了海外 100 多个国家和地区，并在美国、日本、荷兰及中国的台湾地区设有全资子公司，正是秉持这种具有远见的发展战略才使得完美世界公司在网络游戏研发领域逐渐做大、做强。

当中国游戏业开始第一次"大洗牌"，金盘、腾图和前导这些国产游戏业曾经的辉煌纷纷覆灭之时，仍然有两支国产力量屹立不倒，并在幸存后于新时代重新绽放光芒，那就是目标软件与金山西山居工作室。其中更有意思的是，这两家公司当时是在同年同月注册成立的，或许冥冥之中真的有一种力量想让我们看到国产原创游戏产业所存在的希望。

在 1999 年中国单机游戏业全面瘫痪、陷入窘境的时候，目标软件并没有放弃原创游戏的研发制作。2000 年 12 月，中国历史上第一款即时战略游戏《傲世三国》上市（见图 8-25），上市当天即售出 10 万套，创造了国产单机游戏销售的传奇。担任制作《傲世三国》的开发小组是制作《铁甲风暴》的奥世工作室，因此对于实时战略游戏整体框架的把握十分到位。除了即时战略的游戏成分，游戏中还包含大量的历史文化内涵。游戏从整体上非常类似于当时微软公司的《帝国时代2》和EA公司的《幕府将军：全面战争》，只是相比之下游戏中的策略管理占有更加重要的角色。在游戏中玩家可以分别选择魏、蜀、吴中的一方，在城市子地图中安排内政、外交、科研、生产、招募人才和军事准备，在战略任务大地图中进行实时战略类型的战斗及对重要资源的抢夺。2000年，《傲世三国》签约国际知名发行商Eidos全球发行，同年5月在美国E3游戏展上

图8-25　《傲世三国》的游戏画面

展出，这是当时中国第一款在E3展出的游戏产品。《傲世三国》累计发行60多个国家和地区，包含16种语言版本，并获得第二届电子出版物国家最高奖。

　　在进入21世纪后，目标公司顺应时代发展的潮流，将单机游戏业务逐渐转型为网络游戏的研发制作。2003年4月，基于单机游戏《秦殇》研发的首款MMORPG《天骄》正式上线运营，凭借出色的游戏设计和历史文化内涵受到国内玩家的喜爱。2004年10月，目标发布了第二款自主研发的网络游戏《天骄2》，并宣布采取自主运营的方式。2004年11月，《天骄2》以8000万元的天价签约连邦游戏公司，并于2005年5月正式进入商业化运营。《天骄2》的成功运营标志着目标软件全面向集研发、运营一体的服务提供商转型。

　　2005年8月，目标软件曾与原国家科学技术委员会联合成立了"网络游戏核心技术开发及平台化"课题组，该课题组也是北京科技计划中的"数字娱乐软件共性技术研发与平台支撑服务"项目的核心部分，项目总金额达3000万元人民币，用于打造国产游戏引擎。在自主原创项目研发过程中，目标软件成功研发出了OverMax游戏引擎，这是国内第一款自主研发并取得商业成功的核心技术产品，也是目前世界领先的游戏开发平台之一。OverMax引擎包含众多开发模块，包括图形引擎、网络引擎、多媒体引擎、文字引擎、输入引擎及AI引擎等，是一款可适用于各种类型游戏或社区产品的完整开发解决方案。如今，OverMax已经成功授权海外多个国家的游戏公司，成为了世界级的成熟商业游戏引擎，而目标软件也在研发和运营基础上再次转型为技术服务提供商。

　　在单机游戏时代，西山居曾经凭借《剑侠情缘》挽回了金山公司日益下滑的业势，与目标公司一样，西山居从没有放弃原创单机游戏的研发。2000年6月，由西山居工作室自主研发的《剑侠情缘2》上市（见图8-26），首发销量近10万套，3个月后游戏累计销量超过15万套，这对于单机游戏几近消失的中国游戏市场来说，可以称得上是一种奇迹。

当然，这与金山公司的销售策略及 38 元的低售价是分不开的。由《剑侠情缘2》所掀起的
武侠 ARPG 风潮迅速席卷全国，无数玩家都沉浸在游戏所构建的武侠世界中，为西山居打开了新的市场，从此西山居游戏工作室成为了金山公司的核心研发部门。

《剑侠情缘2》最终创下了 20 万套的销售佳绩，之后西山居开发了其资料片《剑侠情缘2月影传说》，同样大受玩家欢迎，总销售量超过 10 万套，随后还发行了海外版本，内地中文 RPG 也首次受到国外市场的肯定。在《剑侠情缘2》和

图 8-26 《剑侠情缘2》的游戏画面

资料片后，西山居又将初代的《剑侠情缘》重新制作，使画面得到了大幅度的提升，取得了 12 万套的销量。从此，西山居的《剑侠情缘》系列与大宇公司的《仙剑奇侠传》和《轩辕剑》并称为中文 RPG "三剑客"。

感觉到国产单机游戏市场有所起色的西山居接下来又策划了一系列的单机游戏项目，包括《中关村启示录2》和《剑侠情缘3》。但直到他们看到网络游戏《石器时代》1000 万的单月销售额后，西山居才明白一款出色的网络游戏可以创造出年收入过亿元的市场价值，这对于单机游戏来说是根本无法想象的天文数字。2001 年下半年，除了华义的《石器时代》，另一款在国内网络游戏史上具有重要意义的《传奇》也开始席卷国内市场，由盛大网络所代理的韩国网游《传奇》在 2002 年在线人数超过了 30 万人。此时的西山居终于意识到了自身转型的必要性。2002 年 12 月，西山居研发的最后一款单机游戏《天王》上市，同时《剑侠情缘 Online》开始立项，并取消了原定的《中关村启示录2》和《剑侠情缘3》的开发计划，西山居开始全面转型为网络游戏研发公司。

由单机转型为网游的浪潮在 2002～2003 年间可谓是一浪高过一浪，在《金庸群侠传 Online》《古龙群侠传 Online》《轩辕剑 Online》等游戏失利后，所有的焦点都集中到了《剑侠情缘 Online》身上。虽然西山居如今的游戏研发团队比起单机时代已经扩大了数倍，但网络游戏的研发对于西山居来说却是一次全新的开始，从团队到技术，再到服务器构架，所有的一切都在摸索中前进，这使得《剑侠情缘 Online》的上市日期也一跳再跳。2003 年 5 月，《剑侠情缘 Online》开始了上市前的最后宣传，在 3 天内涌入了 13 万申请游戏账号的用户玩家，9 天内超过 30 万注册用户，这同样创下了当时国产网游的奇迹。

2003 年 7 月，《剑侠情缘 Online》正式发布上市（见图 8-27），一时间无数玩家进入游戏，感受武侠网络世界带来的强烈震撼，国内游戏市场迎来了最为成功的自主原创网游品牌。《剑侠情缘 Online》在当年获得了中国新闻出版署颁发的"最受欢迎民族游戏""最

受欢迎网络游戏"等众多奖项，金山公司也获得了"最佳游戏运营商"的称号。也正是
在这一年，金山公司正式以西山居事业
部为基础，组建了金山数字娱乐有限公
司，目标直指上市。之后，西山居又凭
借《剑侠情缘Online2》进一步扩大了其
在国内网游市场的影响力，西山居也成
为了国内原创网游研发中的中坚力量。

2009年，西山居工作室制作的《剑
侠情缘Online 3》正式公测，这是迄
今为止金山公司投资最大、耗时最长的
原创研发游戏项目。《剑网3》定位于

图 8-27　《剑侠情缘 Online》游戏画面

全3D的武侠角色扮演网游，作为"剑侠情缘网络版"系列三部曲的最后一部，凭借自主研
发的强大游戏引擎技术，如大规模的地形植被渲染技术、优秀的场景光影特效、法线贴图和
SpeedTree等先进运算绘制技术等，使中国传统武侠世界第一次以全3D的面貌出现在人们面
前，将诗词、歌舞、丝绸、古琴、饮酒文化、茶艺、音乐等多种具有中国传统文化特色的元
素融入到游戏中，展现给玩家一个气势恢弘、壮丽华美的大唐世界。到目前为止，《剑网3》
已经经历了若干次的改版与资料片。由于其出色的品质，《剑网3》成为了国内商业运营最为
成功的国产网游之一，也是仅有的月卡和点卡计时收费的国产网游。在《剑网3》的带动下，
中国进入了武侠MMO时代，之后无数的国产MMO游戏都以武侠作为题材。也是从《剑
网3》以后，国内游戏市场实现了国产网游与欧美、日韩网游三分天下的局面。

如今网络游戏市场的热潮与1997年的国内单机游戏热潮有些相似，但更多的是差异：
首先，当年的单机游戏市场是以小规模的开发团队为主体，而今天的网络游戏市场则是以
大型运营商为主体；其次，网络游戏的市场规模比当年的单机游戏大了数十倍，利润率也
高出数倍；最后，如今的游戏公司在资金运作、企业管理和市场营销等方面都十分规范，
并已经积累了足够的经验；最后，国家对游戏产业表现出大力扶持的态度。这足以让我们
相信，未来的中国游戏产业会发展得越来越好，也许会有波折，但前途一定是光明的。

8.2.2　中国游戏市场现状

现阶段的中国游戏市场主要以网络游戏产品为主。2010年以后，随着智能手机和3G
网络的普及，手机等移动平台游戏产品发展迅速。单机游戏在整个游戏市场中所占的比例
较小，但随着近几年来以《仙剑奇侠传5》和《古剑奇谭》（见图8-28）为代表的优秀单
机游戏作品的诞生，国内单机市场出现了一定的回暖，而产品数量和所占市场份额始终保

持着比较稳定的增长。由于国外的电子游戏硬件和软件产品并没有在中国设立官方销售渠道，所以对于国内市场来说，电子游戏所占的市场份额基本可以忽略不计。

图 8-28　上海烛龙制作的全 3D RPG《古剑奇谭》

国内市场的网络游戏有三种存在形式：第一种是客户端网络游戏，也就是需要在计算机上安装游戏客户端软件才能运行的游戏。国内的客户端网络游戏主要指大型角色扮演类网络游戏（MMORPG）和休闲客户端网络游戏。第二种是网页游戏，是指用户可以直接通过互联网浏览器来运行的网络游戏。第三种是社交游戏，指的是一种运行在社会性网络服务（SNS）社区内，通过互动娱乐方式增强人与人之间社交交流的网络游戏。移动平台游戏是运行在智能手机上的游戏软件，智能手机的操作系统多以 iOS、Android、Windows Phone 为主。移动终端游戏也可按照 PC 游戏细分模式，分为单机游戏和网络游戏。

中国的游戏市场总体保持了高速发展的态势。客户端网游市场是核心市场，新兴市场是网页游戏市场和移动平台游戏市场。中国游戏产业，特别是网络游戏产业，在历经十几年的发展成长后，已成为中国娱乐文化产业的重要组成部分。

第 31 次中国互联网发展状况统计调查报告显示，截至 2012 年 12 月底，我国网民规模达 5.64 亿，同期增长 42.1%；手机网民规模达 4.20 亿，同比增长 74.5%。在这一背景下，网络游戏产业得到进一步发展，由此带来的游戏产业销售收入在 2012 年达到 602.8 亿元，同比增长 35.1%，相较于 2008 年年均复合增速达 34.2%，取得高速发展（见图 8-29）。相对于我国国内生产总值和第三产业产值，中国游戏产业占比也在逐年稳步上升。其中，相对于 GDP 而言，游戏产业占比由 2008 年的 0.06% 左右上升至 2012 年的 0.12%；而相对于第三产业产值而言，其上升幅度更大，由 2008 年的 0.14% 上升至 2012 年的 0.26%。

中国游戏市场实际销售收入主要由三部分构成，分别是网络游戏市场销售收入、移动游戏市场销售收入和单机游戏市场实际销售收入。2012 年中国游戏市场实际销售收入中，网络游戏为 568.6 亿元，移动游戏为 32.4 亿元，单机游戏为 0.75 亿元，网络游戏市场仍是中国游戏市场的主要组成部分。按照行业的发展趋势，未来几年，游戏行业市场容量的扩张依赖于新兴市场，如网页游戏市场和移动平台游戏市场的发展，但这两个市场的规模还远不及客户端游戏市场。

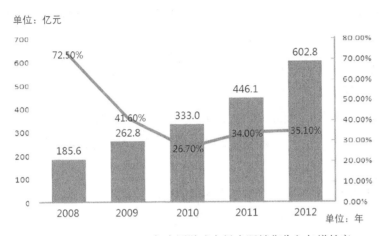

图 8-29　2008 ～ 2012 年中国游戏市场实际销售收入与增长率

中国内地游戏产业兴起于 1994 年，其间经历了由荒芜时代、萌芽期、单机游戏衰落、网游的兴起及如今移动游戏的兴起等发展阶段。新时代移动游戏的发展必然会带来中国游戏产业行业结构的变化，关注产业结构的变化，有助于我们对游戏产业的未来市场结构趋势做出一定的预判。

2008 ～ 2012 年的数据显示，客户端网络游戏产业市场占有率从 2008 年的 91.71% 降至 2012 年的 74.86%。而市场占有率占幅相对增速较快的是网页游戏和移动游戏，分别从 2008 年的 2.47% 和 0.82% 升至 13.45% 和 5.38%。虽然社交游戏市场份额也处于较大的位置，但相对于 2008 年来讲，其增长幅度不大。具体到这三个行业（客户端、网页和移动游戏），其用户结构也呈现出了类似的变化情况。由于网页的涉及面较广，所以网页游戏的用户规模起初就比较大，2008 年达到 5870 万，占比 48.55%，2012 年则稳步升至 54.20%。移动游戏用户规模占比则呈现出一直上升的趋势，2012 年已达 17.81%。而客户端网络用户规模占比则一直下降，从 2008 年的 42.21% 降至 2012 年的 27.98%（见图 8-30）。

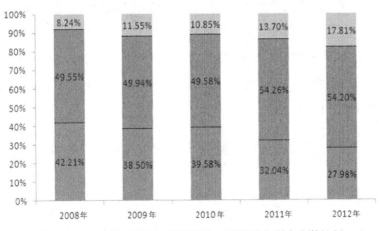

图 8-30　移动游戏用户、页游用户、端游用户所占人数比例

综合以上调查数据，并结合行业的发展趋势，可以总结出：一、中国游戏行业整体仍有望保持高速增长；二、客户端游戏市场规模仍继续扩大，但市场占有率逐年降低，但基于其每年很大的销售收入来看，仍属于游戏产业中的核心组成部分；三、网络游戏进入高速平稳发展阶段，网页游戏和移动游戏开始快速发展，其市场占有率将会逐渐提升，游戏产业中的新兴市场属于这两个行业。

游戏产业属于文化娱乐产业，在中国改革开放大力发展的进程中，游戏产业受到国家和政府的大力支持，同时也受到国家对文化产业所制定的各种政策的影响。政府对文化产业的投入、对出版发行的促进和保护力度都将深刻影响整个行业的发展。同时，对于游戏行业中不健康的市场行为的监督和管理作用也势必促使游戏行业朝着健康稳定的方向发展。国内游戏行业的行政主管部门是工业和信息化部（简称"工信部"）、文化部、国家新闻出版广播电影电视总局。

工信部主要负责拟定产业发展战略、方针政策、总体规划和法律法规，制定电子信息产品的技术规范，并依法对电信与信息服务市场进行监管，实行必要的经营许可制度及进行服务质量的监督。

文化部主要负责制定互联网文化发展与管理的方针、政策和规划，监督管理全国互联网文化活动。依据有关法律、法规和规章，对经营性互联网文化单位实行许可制度，对非经营性互联网文化单位实行备案制度，对互联网文化内容实施监管。具体到游戏行业，其主要负责拟定游戏产业的发展规划并组织实施，指导协调游戏产业发展，对网络游戏服务进行监管。

国家新闻出版广播电影电视总局主要负责监督管理全国互联网出版工作，制定全国互联网出版规划，并组织实施，制定互联网出版管理的方针、政策和规章，对互联网出版机构实行前置审批，并依据有关法律、法规和规章，对互联网出版内容实施监管，对违反国家出版法规的行为实施处罚。具体到游戏行业，其主要负责对游戏出版物的网上出版发行进行前置审批。而国家版权局则主要负责游戏软件著作权的登记管理工作。

中国软件行业协会游戏软件分会是我国游戏行业的合法主管协会，隶属于工信部，业务上接受工信部、文化部等业务有关的主管部门领导，其主要职责和任务是配合、协助政府的游戏产业主管理部门对我国从事游戏产品（包含各种类型的游戏机硬件产品和各种类型的游戏软件产品）开发、生产、运营、服务、传播、管理、培训活动的单位和个人进行协调和管理，是全国性的行业组织。

8.3　新时代移动游戏产业的崛起

手机游戏并不是近几年才诞生的新时代产物，从诺基亚手机上第一款《贪吃蛇》游戏开始，到今天手机游戏已经度过了十几年的发展历程。在智能手机出现以前，手机游戏只是作为移动平台的附属娱乐产品，在当时没有人会想到它会发展成如今的巨大产业。随着新时代智能化手机及4G等高速移动网络的普及，手机游戏已经不仅限于单机模式，更发展成为新时代网络化平台产物，并以前所未有的速度迅猛发展。如今，手机等移动平台游戏已经发展成为全球游戏产业的重要组成部分，它所拓展的商业市场空间已经超过传统的单机游戏，在未来甚至还有可能超越固定平台网络游戏。

移动游戏在近几年的快速爆发使得其经历了概念上的巨大改变，从以往的"先锋""尖端"产业逐渐融入大众的生活，而伴随着智能终端的不断普及及产品硬件的更新换代，也使得市场产值飞速扩大。

如图8-31所示，2013年全球移动游戏市场份额排在前三位的仍然是北美、亚洲和欧洲。亚洲市场在这一年的迅速崛起令人瞩目，市场份额飞速增长。在2013年第一季度，亚洲移动游戏市场份额仅占全球移动游戏市场份额的32.22%，排在第二位。在第二季度，这一数字就已经增长36.78%，超过北美35.97%的份额，成为全球移动游戏市场份额排行第一的地区。在第三季度，亚洲移动游戏市场份额领先北美的优势进一步扩大，其市场份额已经占据了全球游戏市场份额的41.36%，领先北美的32.49%将近9个百分点。

图8-31　全球移动游戏市场份额

据调查数据显示，截至2013年，全球移动游戏市场规模已经达到132亿美元，较2012年的92.8亿美元环比增长43%。在这一大背景之下，中国的移动游戏产业也受行业影响拥有了抢抓全球游戏产业第三次机遇期的独特优势。2012年和2011年，中国移动游戏市场的全年收入分别为54.27亿元人民币和38.59亿元人民币，而到2013年，中国移动游戏市场的收入规模已经达到88.29亿元。

移动游戏市场份额的不断扩大同样体现在用户的飞速增长之中。数据显示：截至2013年第三季度，中国移动游戏用户数量相较2012年同期增长4.5倍，中国移动游戏用户数量已接近2亿人。从智能终端设备已达5.9亿的数据来看，平均每2.95人次智能终端设备用户中，就有一人玩移动游戏。据统计，平均每款在研游戏理论上可以分到4万名用户，而投入测试产品平均可以分到超过6万名以上的用户。所以，面对如此巨大的市场，对于新涌入移动游戏行业的企业来讲，仍然存在崛起和发展空间。

目前，国内手机游戏行业逐渐建立起了包括产品研发、运营、分发、推广、支付等在内的完整的产业链。为了进一步避免电信运营商的制约与限制，手机游戏行业的参与者逐渐多元化，除原有的手机游戏厂商以外，中国移动、中国电信相继通过手机游戏基地化模式全面切入，传统影视行业厂商通过并购或联合运营等方式均已在手机游戏领域进行布局。这种参与主体的多样化现象，一方面为手机游戏行业带来了新的发展思路与前进动力；另一方面，有实力的厂商加入将产生并购事件，加速行业洗牌与整体发展。

在全球范围内，北美移动游戏市场是全球移动游戏市场的重要基石，北美拥有众多的原创游戏开发商与大批拥有消费能力的用户。例如，在知名移动游戏《糖果粉碎传奇》中，付费用户占比22%，而在另一款游戏《部落冲突》中，付费用户占比也达到了9%。与高速增长的亚洲市场相比，美国移动游戏市场的增长逐渐放缓，其2013年总体市场规模占全球市场规模的比例也由第一季度的37.96%下降至第三季度的32.49%。其中美国为最主要的市场，总用户数已经达到1.2亿人，2012年全年市场收入达17.8亿美元。

日本是继美国和中国之后下载量全球排名第三，收入仅次于美国、全球排名第二的国家。日本市场具有较强的排他性，无论是在iOS还是Android领域，收入和下载两个榜单上几乎都是日本本土发行商的游戏，而排行榜上也基本都是移动游戏巨头的天下，Line、GungHo、COLOPL三家基本形成了三足鼎立的态势，仅有少数海外发行商可以成功打入日本市场并分得一杯羹。

和日本情况相近，韩国移动游戏在iOS和Google Play两个平台的排行榜中，也以本土发行商的产品为主。在收入榜单中，有7款游戏均是为Kakao定制的，这必须要归功于Kakao在韩国市场上的领导地位和超高用户群。发行商方面，CJ E&M出品的游戏占有4成，成为最大赢家。在收入榜单方面也存在类似的情况，下载排行榜基本都是Kakao平台游戏的天下，其中《饼干跑酷Kakao》是2013年韩国移动游戏市场的翘楚。

欧洲一直是移动游戏的重要市场之一。欧洲市场的特点在于始终能够有一批付费稳定且忠诚的用户，但相比之下由于人口基数等多方面的原因，使得欧洲无法像亚洲一样保证用户的高速增长。相对于亚洲市场近两年在移动游戏领域的飞速增长，欧洲市场显得过于平稳，其在全球移动游戏市场的占有率已经从2013年第一季度的23.36%下降至第三季度的20.34%。但相对于排名第四的澳大利亚市场在全球4.43%的占有率来说，欧洲市场在全球市场占有率第三的排名依然稳固，其仍然是世界移动游戏市场不可忽略的组成部分。

除此之外，东南亚手游市场是继中国之后近几年新兴的移动游戏市场之一，在用户行为、文化背景等方面与中国市场有较大的相似性。由于社会文明的发达程度，一些国家（如越南、老挝、印度尼西亚等）尽管表现出了巨大的潜力，但是市场仍然处于前期蓄力期。在整个2013年，东南亚手游市场的规模大约在8亿美元，拥有2200万的手机游戏用户，其中越南一年的手游规模达到3500万，为中国之外东南亚地区国家之首。

2013 年，俄罗斯移动游戏市场是快速崛起的移动游戏市场之一。来自于 iFree 的数据显示，俄罗斯的智能手机由 2012 年的 3860 万部增加至 2013 年的接近 5000 万部，平板电脑由 2012 年的 250 万台增加至 2013 年的 600 万台。俄罗斯 1.4 亿的人口拥有的智能终端数达到了 2.2 亿部，平均每人拥有 1.5 部智能终端。俄罗斯市场处于快速的转型期，且空间巨大，在 2012 年时俄罗斯移动游戏市场规模就达到了 4 亿美元，预计在 2016 年这一数字将突破 7 亿美元。

尽管不同地区市场在 2013 年前三个季度的市场占有率变化不定，但是南美的市场份额却始终保持稳定。来自于 Distimo 的数据显示，在 2013 年的前三个季度，南美游戏市场占全球游戏市场份额的 1.31%、1.38% 与 1.33%，全球第五的位置较为稳固。这主要得益于巴西市场的快速崛起，截至 2013 年年末，整个巴西的移动游戏用户已经突破 4000 万，但由于发展水平的制约，南美地区用户在移动游戏中的付费更多偏重于碎片式，下载量高但付费转化低。

8.4 游戏制作行业就业前景

中国的游戏业起步并不算晚，从 20 世纪 80 年代中期台湾游戏公司崭露头角到 90 年代大陆大量游戏制作公司的出现，中国游戏业也发展了近 30 年的时间。在 2000 年以前，由于市场竞争和软件盗版问题，中国游戏业始终处于旧公司倒闭与新公司崛起的快速新旧更替之中。当时由于行业和技术限制，几个人的团队便可以组在一起去开发一款游戏，研发团队中的技术人员也就是中国最早的游戏制作从业者，当游戏公司运作出现问题或者倒闭后，他们便会进入新的游戏公司继续从事游戏研发，所以早期游戏行业中从业人员的流动基本属于"圈内流动"，很少有新人进入这个领域，或者说也很难进入这个领域。

在 2000 年以后，中国网络游戏开始崛起并迅速发展为游戏业内的主流力量，由于新颖的游戏形式及可以完全避免盗版的困扰，国内大多数游戏制作公司开始转型为网络游戏公司，同时也出现了许多大型的专业网络游戏代理公司，如盛大、九城等。由于硬件和技术的发展，网络游戏的研发再不是单凭几人就可以完成的项目，它需要大量专业的游戏制作人员，之前的"圈内流动"模式显然不能满足从业市场的需求，游戏行业第一次降低了入门门槛，于是许多相关领域的人士（例如，建筑设计行业、动漫设计行业及软件编程人员等）纷纷转行进入了这个朝气蓬勃的新兴行业当中。然而，对于许多大学毕业生或者完全没有相关从业经验的人来说，游戏制作行业仍然属于高精尖技术行业，一般很难达到其入门门槛，所以国内游戏行业从业人员开始了另一种形式上的"圈内流动"。

从 2004 年开始，由于世界动漫及游戏产业发展迅速，政府高度关注和支持国内相关产业，大量民营动漫游戏培训机构如雨后春笋般出现，一些高等院校也陆续开设计算机动画设计和游戏设计类专业，这使得那些怀揣游戏梦想的人无论从传统教育途径还是社会办学，都可以很容易地接触到相关的专业培训，之前的"圈内流动"现象彻底被打破，国内游戏行业的入门门槛放低到了空前的程度。

虽然这几年有大量的"新人"涌进了游戏行业，但整个行业对于就业人员的需求不仅没有减少，相反还是处于日益增加的状态。虽然受到世界金融危机的影响，全球的互联网和 IT 行业普遍处于不景气的状态，但中国的游戏产业在这一时期不仅没有受到影响，相反还便显出强劲的增长势头，中国的游戏行业正处于飞速发展的黄金时期，因此对于专业人才的需求一直居高不下。

对于游戏制作公司来说，游戏研发人员主要包括三部分：企划、程序和美术。在美国，游戏美术设计师可以拿到的年薪平均在 10 万美元，而在国内则由于地域和公司的不同薪资的差别比较大，但整体来说薪资水平从高到低分别为程序、美术、企划；对于行业内人员需求的分配比例来说，从高到低则依次为美术、程序、企划。所以，综合考虑，游戏美术设计师在游戏制作行业是非常好的就业选择，其职业前景也十分光明。

2010 年以前，中国网络游戏市场一直是客户端网游的天下，但近两年网页游戏、手机游戏发展非常快，页游逐渐成为网络游戏的主力。同时，由于智能手机和平板电脑的快速普及，移动游戏同样发展迅速，2011 年互联网游戏用户总数突破 1.6 亿人，同比增长 33%。其中，网页游戏用户持续增长，规模为 1.45 亿人，增长率达 24%；移动网下载单机游戏用户超过 5100 万人，增长率达 46%；移动网在线游戏用户数量达 1130 万人，增长率高达 352%。在未来，网页游戏和手机游戏行业的人才需求将会不断增加，拥有更加广阔的前景。

面对如此广阔的市场前景，游戏美术设计从业人员可以根据自己的特长和所掌握的专业技能来选择适合的就业方向，拥有单一专业技能的设计人员可以选择加入传统的客户端网游制作公司，拥有高尖端专业设计能力的人员可以选择去次时代游戏研发公司，而具备综合设计制作能力的游戏美术人员可以加入到页游或者手机游戏公司，众多的就业路线和方向大大拓宽了游戏美术设计从业者的就业范围，无论选择哪一条道路，通过自己的不断努力最终都将会在各自的岗位上绽放出绚丽的光芒。

岩田聪的一生

附录

知名游戏
公司介绍

在世界电子和电脑游戏发展的几十年中，不仅出现了像任天堂、世嘉、索尼、微软等游戏硬件设备生产商，还出现了许多专注于游戏软件研发的第三方生产厂商，正是因为它们的存在才使得如今游戏市场上有众多游戏作品可以供玩家选择，也正是由于这些生产商研发的优秀游戏作品，才能够让游戏机等硬件设备的生命得以延续。在下面内容中将为大家介绍具有世界影响力的游戏研发公司及它们为世界带来的无数经典游戏作品。

1. 美国 EA 公司

美国艺电（Electronic Arts，EA）是全球著名的互动娱乐软件公司，主要经营各种平台上电子游戏和电脑游戏的开发、发行及销售业务。美国艺电创建于 1982 年，总部位于美国加利福尼亚州红木城。截至 2009 年，美国艺电已经在美国其他城市、加拿大、英国、澳大利亚、中国台湾、中国香港等多个国家和地区设有分公司或子公司，世界各地的雇员总数达 7320 人。到 2010 年，EA 公司年营业额达到 37 亿美元。

EA 公司研发的游戏所支持的平台包括 PC、PS、Xbox、Wii、NGC、NDS 等。"EA Games"是美国艺电最主要的游戏品牌，该品牌旗下主要有动作类、角色扮演类、竞速类、格斗类等游戏。除了传统盒装零售的单机游戏外，EA Games 还负责研发和运营一些大型多人在线网络游戏（MMO）。

美国艺电的创始人为特里普·霍金斯（见附图 1），他天生对电子游戏有着浓厚的兴趣，认为人们可以通过游戏建立宝贵的社会联系，并使头脑变得更加活跃。霍金斯从哈佛大学毕业后，来到斯坦福攻读工商管理学硕士。1978 年毕业时，进入苹果公司工作，其间亲眼见证了苹果在 4 年内，由只有 50 名雇员的小公司发展成为近 4000 名员工、年收入 10 亿美元的 500 强企业。霍金斯在苹果积攒了足够的资本之后，于 1982 年离开苹果公司，着手规划自己的"游戏帝国"。1982 年 5 月，霍金斯建立了自己的公司，在前 6 个月内由霍金斯个人投入资金维持公司运转。

附图 1　美国艺电的创始人特里普·霍金斯

霍金斯创办的公司名称最初叫作"Amazin Software"，但霍金斯出于把软件看作艺术形式的愿望，希望改名为"Soft Art"，但被 Software Arts 公司以涉嫌侵权为由干预。1982 年 10 月，霍金斯召集公司最初的 12 个员工及市场人员开会，最终确定了"Electronic Arts"作为公司名称。

1983 年，美国艺电发布了第一批游戏，包括《Hard Hat Mack》《Pinball Construction Set》《Archon》《M.U.L.E.》《Worms》及《Murder on the Zinderneuf》等。这些游戏使用特制的折卡式的包装，将设计者的名字写在了封面上，而精美的图画设计给了这些游戏如唱片般的外观。首批 6 个游戏中，有 3 个最终进入了电子游戏世纪名誉榜，其中一个成为当时最畅销的游戏之一。

同年，美国艺电推出品了一款篮球游戏《One on One: Dr. J vs. Larry Bird》。由于有了体育明星朱利叶斯·欧文和拉里·伯德的参与，游戏销量不俗。该游戏的成功促使"EA Sports"品牌的诞生，并开了用体育明星造势为游戏宣传的先河。随后，一系列的授权体育游戏接踵而来，包括《One on One: Jordan vs. Bird》《Ferrari Formula One》《Richard Petty's Talladega》《Earl Weaver Baseball》等。《麦登的橄榄球》于 1988 年发售后，逐渐成长为美国艺电坚持时间最长、最成功的游戏系列之一。

1984 年，拉里·普罗布斯特（见附图 2）以销售副总裁的身份加入美国艺电。普罗布斯特为公司带来了一个全新的经营策略：绕过出版商的中间渠道，直接联系零售商销售游戏。自此，美国艺电成为了一家兼具游戏制作和游戏发行业务的公司，也为公司本来就不错的市场份额带来了更大的增长。随着与日俱增的销售潜力，美国艺电也开始为 Lucasfilm Games、SSI 及 Interplay 等其他公司发行游戏。

附图 2 拉里·普罗布斯特

在 20 世纪 80 年代，由于美国雅达利事件的爆发，美国艺电几乎把全部注意力都放在了 PC 游戏的发行上。此时，竞争对手任天堂却通过自己的努力逐步将电视游戏拉回了市场正轨。1989 年，任天堂的销售达到了 20 亿美元。在其他公司也对电视游戏虎视眈眈的情形下，美国艺电不得不着手对电视游戏市场进行准备。

1989 年，世嘉 16 位的 Mega Drive 开始在美国销售。美国艺电凭借初发行股票得到的资本，进入了电视游戏发行业。1990 年，EA 的家用机游戏如潮水般涌现，包括从 Amiga 上移植的《Populous》《Budokan: The Martial Spirit》《John Madden Football》等。在 Mega Drive 6 年的生命期中，美国艺电建立了《Strike》《NHL Hockey》《NBA Live》《FIFA Soccer》《Road Rash》等一系列成功的品牌。

在 20 世纪 90 年代以前，大多数游戏开发都是由程序员独立进行研发的，他们对游戏都有自己的理解，他们开发自己想做的产品。但到了 90 年代，业界需要组织起大量的员工来开发更复杂、更漂亮的游戏。也因此，美国艺电需要更多的资金和更系统的组织管理。1991 年，美国艺电收购了第一个工作室 Distinctive Software。在加入了美国艺电后，Distinctive Software 开始为美国艺电的几个体育游戏工作，同时开发出了长盛不衰的《极品飞车》系列。该工作室之后成为美国艺电加拿大分部，成长为如今美国艺电最大的工作室之一。

1992 年，Origin Systems 也参加了进来。该公司的角色扮演游戏《创世纪》获得了外界很高的评价。不过，Origin Systems 在 1999 年和美国艺电有了一些不愉快。在发行了《创世纪4》后，Origin Systems 的核心人物理查·盖瑞特离开了公司，随之而来的是

Origin Systems 的许多项目被取消，并于 2004 年解体。

美国艺电下一个重要的收购是 1995 年获得的英国工作室牛蛙公司（Bullfrog）。美国艺电在之前曾发行过这家工作室的部分游戏。加入美国艺电后，牛蛙公司开发了《地下城守护者》及其续作。工作室的核心人物彼得·莫利纽曾担任了一段时间的美国艺电副总裁，后于 1997 年离开，创立了独立的 Lionhead 工作室。牛蛙公司最终在 2004 年被英国分部彻底吞并。

1997 年，美国艺电收购了 Maxis 工作室。Maxis 在其 1989 年成功作品《模拟城市》的光环下推出了《SimEarth》《SimAnt》《模拟城市 2000》等一系列的模拟游戏。2000 年，Maxis 为美国艺电送上了《模拟人生》。拥有成堆扩展包、追加下载内容的《模拟人生》成为 2000 年代销量最大的电脑游戏系列。

1998 年，美国艺电购下了西木工作室（Westwood），工作室很快开发出《命令与征服：泰伯利亚之日》，并陆续带来了更多的《命令与征服》系列作品。2002 年，Westwood 发表了大型多人在线角色扮演游戏《Earth & Beyond》。该游戏由于过于复杂，很难得到玩家的青睐，仅在两年后即被关闭。Westwood 工作室也在 2003 年被解散，剩余员工则被划入洛杉矶分部，继续开发《命令与征服》系列游戏。

2005 年，美国艺电收购了移动电话游戏开发发行商 JAMDAT Mobile，并更名为 EA Mobile。工作室充分利用了美国艺电的旧有品牌，带来了很多著名游戏的手机版及一些原创游戏。在手机游戏市场日趋成熟后，EA Mobile 对美国艺电业绩的保证越发重要。

截至 2014 年，美国艺电在长达 32 年的历史中，只对公司标志做过一次重大的改变。在 1982～1999 年期间，EA 公司使用经典的"方块、圆圈、三角组合图案"标志，三种几何图形代表"图形设计的根基"，栅格化的图案则与暗示电子科技的主题（见附图 3）。不过，很多消费者误将这三个图案理解为英文字母"EOA"或"ECA"，他们认为"E"代表"Electronic"，"A"代表"Arts"，但他们说不清中间的"O"或"C"有什么含义。

1999 年，美国艺电将公司标志更改为类似旗下品牌"EA Sports"标志的图案，其中字母"E"完全照搬原设计，字母"A"则抹去原来左端的折线设计，而添加了一

附图 3　早期 EA 公司 LOGO

道贴近右斜线的横线补完"A"的图形。此后，尽管"EA"字母的图案一直未曾改变，游戏内开场动画中的图标动画却有多次变化。在 2001 年前，"EA"字样随着爆破音效和电子语音的声音而出现在屏幕上。

2002～2004 年期间，"EA Games"标志被置于一个圆盘上飞入屏幕中，语音则是先是较大声地喊出"EA Games"，之后是低语的"challenge everything"，接着便像关闭电视机一样马上消失在屏幕里。在 2005 年，其开场动画改为略带立体效果的银灰色"EA"图

案随着一次心跳声和带红色的线条出现在屏幕上，一会儿又渐渐地消失在眼前。

2006 年起，每款游戏的开发组可自行设计美国艺电的标志。除了"EA"字体及大体保持圆形的背景，开发小组可以自由发挥，根据游戏的特点制作适合游戏的图标（见附图 4）。"EA"字样在开场动画中的载入方式也更加多样，例如，《极品飞车：街头狂飙》通过对圆形车轮的聚焦逐渐引出圆形图案中间的"EA"字样，而《战地 2142》的图标则是在机枪扫出的一片尘土散去后自然呈现。在游戏开发早期、图标尚未设计完成时，开发小组可在游戏宣传动画内放入默认的白字黑圆盘图标做暂时性的代替。

附图 4　EA 各种游戏版本的 LOGO

如今 EA 公司旗下的工作室包括 BioWare、Criterion Games、EA Digital Illusions CE、EA 洛杉矶、EA 蒙特利尔、EA 加拿大、EA 盐湖城、EA Mobile、EA Phenomic、Maxis、Visceral Games、Popcap Games 等。

BioWare 以开发《质量效应》系列、《龙腾世纪》系列等角色扮演类游戏见长。Criterion Games 以开发 RenderWare 游戏引擎和休闲爽快型赛车游戏《火爆狂飙》《极品飞车 14：热力追踪》而闻名，同时也开发极品飞车续作。EA Digital Illusions CE（DICE）凭借多人在线射击游戏《战地》系列而为人们所熟知。EA 洛杉矶原为 DreamWorks 工作室，负责《荣誉勋章》《命令与征服》等多个游戏系列的开发，是 Westwood 工作室的后继者。EA 蒙特利尔制作有《战地双雄》，并接管美国艺电的其他游戏开发任务。EA 加拿大负责开发早期《极品飞车》系列游戏的 PlayStation 版、《模拟人生 3》系列。EA Mobile 负责开发手机视频游戏和娱乐相关应用程序，并将《极品飞车》《宝石迷阵》等游戏移植到手机上。EA Phenomic 产品有《BattleForge》等。EA 盐湖城（Headgate Studios）开发 Wii 游戏和 Xbox 360 游戏，开发产品有《泰格伍兹高尔夫球巡回赛》系列、《模拟人生 2 宠物当家》Wii 版等。Maxis 主要经营《模拟人生》《孢子》等模拟游戏。Visceral Games 原为 EA Redwood Shores，负责开发《死亡空间》《但丁的地狱》等黑暗风格游戏。Popcap Games 负责开发《宝石迷阵》系列、《祖玛》系列，以及众人皆知的《植物大战僵尸》。

2．美国暴雪娱乐

暴雪娱乐（Blizzard Entertainment）是全球著名的游戏制作和发行公司（见附图 5），总部位于美国加州欧文。暴雪公司推出过多款经典系列作品，如《魔兽争霸》系列、《星际争霸》系列、《暗黑破坏神》系列及享誉全球的 MMORPG《魔兽世界》。2007 年 12 月，暴雪公司与维旺迪公司宣布合并，此次交易金额为 188 亿美元，合并后的新公司名称由美国动视及维旺迪游戏旗下公司暴雪娱乐之名组合而成。合并于 2008 年 7 月完成，总资金运转约为 189 亿美元。2013 年 7 月，动视暴雪从母公司维旺迪手中买回大部分股权，重新成为一个独立运营公司。

暴雪公司是游戏产业的一个神话，虽然它创造的游戏作品并不多，但每一部都被游戏界奉为绝对的经典。它的成功具有许多的神秘色彩，但有目共睹的是，在群雄纷争的游戏业界，制作权威性作品一直是暴雪的愿望和动力。

1991 年，两名美国 UCLA 大学毕业生迈克·莫怀米和艾伦·阿德汗（见附图 6）共同创建了一家名为 Silicon&Synapse（硅与神经键）的公司。起初，他们只是替人开发一些简单的棋类游戏，当年开发的《摇滚》和《丢失的海盗》两款 RPM 游戏，有幸成为了美国率先被移植到日本任天堂游戏机上的游戏。

附图 5　暴雪公司 LOGO

附图 6　暴雪公司前总裁艾伦·阿德汗

由于公司名称生涩，无法让人记住，所以，两人在 1993 年将其正式更名为 Chaos 工作室。每家全新创办的公司总会遭遇种种艰辛和坎坷，资金无疑是最为关键的因素，甚至可以称之为维系运营与否的生命线。"一荣俱荣，一损俱损"的商场不二法常使最初的小企业走得举步维艰。初期的暴雪除了 15 个充满激情的热血青年之外，几乎一无所有。艾伦和迈克单靠一两张信用卡已经完全无法应对高昂的"魔兽争霸"前期开发经费，甚至连付员工们的薪水也出现了前所未有的危机。为了支撑公司的正常运转，他们不得不申请了多达十余张信用卡，并利用某些方法进行提现，最终度过了那段最艰难的时光。两个年轻人以惊人的毅力相互鼓励，暴雪奇迹般地死里逃生了，并在 1994 年年底得到了第一批战略融资。

1994 年，包括程序员、设计员、绘图员和音响师在内只有 15 名员工的暴雪，隆重推出了以"暴雪"之名面世的惊世力作 PC 游戏《魔兽争霸》，并且第一次在自己的产品包装盒上贴出了"Blizzard"的标签。在当时，游戏公司开发一个产品并不需要庞大的费用，但回报率却相当丰厚，所以，《魔兽争霸》为当时的暴雪赚得了足够的再生产资本。1995 年，暴雪趁热打铁，推出了《魔兽争霸 2》，获得了更大的成功。

暴雪真正的辉煌点正是源自于《魔兽争霸 2》（见附图 7），作为暴雪的第一款 3A 游戏，

《魔兽争霸2》开始引入了更多被沿用至今的概念，包括8玩家局域网对战、战争迷雾、左键选择单位及右键单击移动等，荣获当年《PC Game》杂志所评选的"最佳多人联机游戏"奖项，并在接下来的3年内卖出了超过250万套的惊人销量，这也奠定了暴雪今后以RTS游戏为主流产品的总基调。

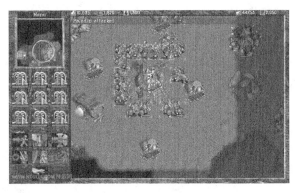

附图7 《魔兽争霸2》游戏画面

1996年，暴雪再接再厉，推出了《魔兽争霸2》的资料片《黑暗之潮》，并获得了无数荣誉。同年3月暴雪收购了Condor公司，之后随即改名为"Blizzard North"，即后来我们所熟知的"北方暴雪"。北方暴雪的三位主要领导人埃里希·奇科夫、马克斯·奇科夫、大卫·布雷维克和暴雪的副总裁比尔·罗珀共同支撑起了新游戏"暗黑破坏神"的开发任务。他们的创新都融入了这款游戏之中，比尔·罗珀如今也获得了"暗黑之父"的美誉。

北方暴雪的成立加快了《暗黑破坏神》的开发进度，通过在1996年的E3大展上的展示，更是让无数人引颈期盼这款伟大作品的面世。可是最终，在预计发售的1996年圣诞夜那天晚上，《暗黑破坏神》还是没能如期摆上销售柜台，暴雪的承诺首次没有兑现，也揭开了这位"跳票王"跳票演出的序幕。

可以说，暴雪的跳票传统是在精益求精的工作态度中诞生的。为了保证产品品质，对得起玩家的信任，暴雪屡屡跳票，表面看缺少诚信，实际上既在心理层面吊足了玩家的胃口，又在产品使用中更取得了玩家的信赖。由于要增加战网（Battle.net）的功能，《暗黑破坏神》被迫推迟发布，这是暴雪首次"跳票"。最后的结果说明，战网（Battle.net）对《暗黑破坏神》的成功起到了关键的作用。游戏开发的时间表需要灵活，并且要不断尝试新鲜的东西。

跳票的另一个原因是，游戏发布前的润色阶段会花许多时间。最后10%的润色阶段，实际上正是一个好游戏和一个差游戏之间的差别，一般游戏开发商必须遵守投资方的发布日期要求，一旦游戏开发推迟，投资方就会施加压力。暴雪并没有向投资方屈服并成功地抵挡住了来自投资方的这种压力，跟投资方谈判的凭据正是公司良好的开发记录。另外，"跳票"的客观效果，是一次又一次地吊起了游戏玩家的胃口，从而更加激起了他们对新游戏的期待。

1997年，《暗黑破坏神》终于压盘上市了，玩家们的热情是不可抵挡的，短短18天内，《暗黑破坏神》的销量突破了100万套，暴雪对完美的追求再次得到了丰厚的回报。在这款游戏中，暴雪创新性地推出了战网（battle.net）功能，在战网（Battle.net）最强盛时有70万用户同时在线和累计1300万玩家在线。《暗黑破坏神》和战网的出现为日后MMO网络游戏的出现奠定了基础。

同年，暴雪宣布了《暗黑破坏神2》的开发计划，同时在进行开发的还有《星际争霸》。《暗黑破坏神》在1997年的成功，让暴雪了解到了优秀与伟大之间的区别。他们推翻了在1996年E3大展中受到冷落的《星际争霸》的第一套开发成果，从头开始设计这款科幻题材的作品，按照莫怀米的描述，那段时间是他们最漫长和最痛苦的一段经历。1998年3月，当《星际争霸》（见附图8）终于摆上了商店货架的时候，所有的结果都证明了暴雪的决定是如何的正确。《星际争霸》上市之前，暴雪准备了100万套，但仅仅用了3个月就销售一空，成为当年全球销售量最大的游戏。

第二年，《星际争霸》轰动韩国，在当地卖出100万套以上，韩国也因此成了《星际争霸》的最大用户国。之后，阿德汗又亲自操刀制作了《星际争霸》的资料片《母巢之战》，也正是从此开始，电子竞技的概念和赛事得以诞生。

对于全球游戏玩家来说，没玩过《星际争霸》的极少，不知道暴雪创业者经历的人则相当多，一个重要的原因是，暴雪

附图8 《星际争霸》游戏画面

始终不愿借助媒体炒作自己。1998年，艾伦·阿德汗辞去了总裁一职，改任公司的董事会主席，由迈克·莫怀米接任总裁。从一线退居二线，作为一名顾问，艾伦·阿德汗希望自己能有足够的时间，重新回到游戏设计中来。颇为滑稽的是，艾伦·阿德汗辞职的消息没有在玩家当中产生任何反响，更没有降低玩家对暴雪的良好印象，一个很简单的原因是，除了暴雪员工之外，没有人真正知道艾伦·阿德汗是谁或者他是干什么的。从游戏开发过程中获得的快乐，足以让暴雪创业者避开外界的任何诱惑，这种献身于事业的激情使他们默默耕耘，甚至在很大程度上与外部世界的联系都保持在封闭状态。在暴雪，从老板到员工都非常低调，公司的大门也很少向外界敞开，他们的全部精力只专注于自己的事业。

经过2年多的开发，经历了无数没日没夜的加班和一次又一次的跳票，2000年6月，《暗黑破坏神2》终于出现在玩家的面前，发行当天高达18万份的销量足以显示玩家对于暴雪的疯狂，而不足1个月的时间就创下了100万份的销量更是创造了一个新的纪录。

到2000年，暴雪已发展成为一家拥有150名员工、游戏开发与技术并举的国际著名公司，已经不再是当年那个只有15人的工作室了，其实力足以保证两个游戏的同时开发。但迈克·莫怀米坦言，暴雪面临的最大挑战，是找到实现公司游戏开发理念和确保公司文化不受损害所必需的天才。他说："我们决不希望成为拥有1000名员工的公司，但我认为在不牺牲质量的前提下，暴雪最终可以发展到六七个开发小组。少做一些，但是一定要做

得更好。"

2001 年 6 月，北美暴雪再次为大家带来了新的惊喜，《暗黑破坏神 2》资料片《毁灭之王》发布，在原来的基础上再次增加了 2 个职业及一个全新的关卡，让全世界的暗黑迷们再次为之疯狂。2002 年 7 月，暴雪再一次让人们见识到了他们驾御游戏的能力，经历 3 年开发的《魔兽争霸 3》上市，玩家们第一次见到了英雄在游戏中的作用，各种各样围绕英雄而展开的战术被创造出来。2002 年年底的时候，《魔兽争霸 3》不负众望地登上了各大游戏排行榜的首位，也使暴雪成功登上了 RTS 类游戏的顶峰，他们在即时游戏领域的成就无人可以匹敌，能够超越暴雪的只有暴雪。

资料片的发行一直是暴雪的传统，就像《星际争霸》的《母巢之战》，就像《暗黑破坏神》的《毁灭之王》，每一次暴雪资料片的发行总是能够让人重现认识一款游戏并将自己对它的热情持之以恒。《魔兽争霸 3》也不例外，新的资料片蓄势以待，但由于债务危机，暴雪的母公司威望迪发出了可能出售暴雪的消息，在这场游戏界的大震动结束之后，北方暴雪的三位主要领导人埃里希·奇科夫、马克里·奇科夫、大卫·布雷维克和暴雪的副总裁比尔·罗珀一起离开了暴雪。然而，暴雪并没有轻易被击倒，在北美暴雪高层集体辞职之后的第二天，2003 年 7 月 1 日，《魔兽争霸 3：冰峰王座》准时来到了玩家的面前，暴雪仍然在继续着自己的创新与辉煌。

在 2004 年以前，暴雪一直是单机游戏玩家心目中伟大的代名词。当 2001 年暴雪宣布要开发网络游戏《魔兽世界》时，非常多的人表示了质疑：从来没有涉及过网络游戏开发的暴雪会不会在《魔兽世界》上砸了自己的金字招牌？失去了几位游戏制作天才领导人的暴雪是否还能继续之前的辉煌？ 2004 年，暴雪用事实回答了这些疑问，《魔兽世界》相继在美国、欧洲、韩国架设了服务器并开始运营，而且昂首挺进了各个国家的最受欢迎网络游戏排行榜，直到今天，《魔兽世界》仍然是世界游戏史上最成功的网络游戏之一。

20 多年以来，暴雪一直在发展，员工也已增长了 10 倍，这是一种近于"能量守恒"的适度扩张，而不是为贪大而无限膨胀，暴雪不愿陷入这样的恶性循环，在扩张的"度"上把握得很稳，在稳步扩张之间健康成长。在产品开发上，暴雪同样善于把握量与质的平衡关系，以少胜多的精品意识是暴雪的经营准则。当多如过江之鲫的游戏公司恨不能每月推出一部新游戏，一窝蜂地争抢市场份额的同时，暴雪则凭借对玩家的深入了解、对品质的不断追求和对游戏的持续创新，构成了它独树一帜的成功因素。暴雪的每一部作品都精益求精，真正做到了"艺不惊人誓不休"，每一款游戏的销量都突破了"白金水准"（单个游戏销量达到 100 万套），总销量早已突破 1300 万套，在这期间从未发行过一个二等游戏。"三年磨一剑"的精品战略，是暴雪公司成功的关键所在。

3. 法国育碧公司

育碧游戏软件（现名 Ubisoft Entertainment，原名 Ubisoft）成立于 1986 年，是一家

跨国的游戏制作、发行和代销商（见附图9）。育碧作为拥有较长历史的多媒体软件制作

公司，其业务范围不断发展和壮大，并持续稳固
的发展。育碧在和各老牌游戏公司合作的基础上，
也在不断推出独特的产品，加强自己在国际市场
上的影响力。其中优秀的作品包括《雷曼》、《刺
客信条》、《波斯王子》、《细胞分裂》等。它在全
世界拥有 23 家游戏开发工作室。2008 年，它是欧
洲第三大独立游戏开发商、北美第四独立出版商。

附图9　育碧公司 LOGO

育碧公司于 1986 年在法国创立，公司命名为
"Ubisoft Entertainment S.A"，从事教育软件和游戏
软件等的出版和发行。公司随着 PC 上一系列诸如 Amstrad、Atari、Amiga 等品牌的成功
及和 Elite、Electronic Arts、Sierra、LucasArts、Novalogic 等一些当时欧洲一线游戏发行公
司的合作而迅速成长。

在 1989 ～ 1990 年间，育碧开办了第一家海外分公司。育碧对市场看得很准，一举进
入了西方三大游戏市场（美国、英国和德国），并很快站稳了脚跟。1990 年，育碧决心开
创自己的游戏产品，于是他们开始大量聘用年轻技术人员。但他们很快发现，家庭作坊式
的生产模式即将被淘汰，于是在 1994 年，育碧在法国的蒙特勒伊（Montreuil）创建了自
己的游戏工作室。（见附图10），一位天才的设计人员逐渐得到赏识，在他的领导下开发
的游戏《雷曼》成为当今最著名的动作游戏之一。

附图10　《雷曼》创作者米歇尔·安塞尔

1996 年，育碧的股票上市，育碧公司的产品质量和服务使它得到了用户的好评。华
纳和迪斯尼也曾经和育碧合作开发游戏。1996 年 12 月，育碧在中国成立了上海分公司，
中文名为"上海育碧电脑软件有限公司"，现已拥有 240 多名员工。随着公司业务不断扩
大，育碧中国分公司除了负责将海外优秀产品汉化外，还将专门针对中国市场开发中国题
材的游戏产品。

2000 年，育碧并购了北美游戏制作的两家大公司：Red Storm Entertainment 和 TLC

GAME Studios。同时，为了进军 PC 游戏市场，它还并购了策略游戏和在线游戏的老牌开发商 Blue Byte Software。2001 ～ 2002 年间，育碧在加拿大、瑞士、韩国和芬兰都建立了分公司，到 2003 年，它已经在 22 个国家拥有分公司。在这期间，育碧的游戏《细胞分裂》被交互科学艺术委员会评选为 2002 年最佳游戏。

其中，必须要提的是育碧于 1997 年在政府资助下成立的加拿大蒙特利尔工作室，这也是当时世界主要游戏发行商中第一个在蒙特利尔建立工作室的。由于育碧的示范效应，此后 EA、Square Enix、THQ、华纳兄弟等世界顶级发行商纷纷进驻蒙特利尔，建立工作室。不仅为当地创造了大量就业岗位，也让蒙特利尔成为了加拿大的创新之都。

育碧蒙特利尔工作室成立之初只有 50 名员工，一开始仅仅负责一些小项目，诸如《唐老鸭》等适合低龄儿童的游戏，并不引人瞩目。但转机在 2000 年到来，这一年，育碧蒙特利尔工作室扩张到 200 人，成为一个大型工作室。同样是在这一年，育碧蒙特利尔开始开发后来大名鼎鼎的《细胞分裂》（见附图 11）。2002 年，《细胞分裂》顺利发售，收到如潮水般的好评。美国著名游戏媒体 IGN 评选这款游戏为“Xbox 2002 年年度最佳游戏”，并在《细胞分裂》的评语中写道：“这一款游戏把育碧蒙特利尔工作室推向了世人的焦点。”

1 年之后，育碧蒙特利尔带着新生的《波斯王子：时之沙》（见附图 12）出现在世人眼前。《波斯王子》系列诞生于 1989 年的经典 2D 横版过关游戏，90 年代末曾经推出 3D 版，但是效果不佳。2000 年育碧买下版权在交给蒙特利尔工作室开发。育碧蒙特利尔工作室接手这款老品牌游戏后，着力使得这品牌适应 3D 效果，打造全新的体验。《波斯王子：时之沙》成功地抓住了原作横版过关的精髓，并且将游戏扩展到 3D 环境中，大获成功。游戏发售后，IGN 给出了 9.6/10 的高分评价，MC 媒体平均分高达 92/100，获得了多家媒体评出的年度最佳游戏。蒙特利尔工作室也因为《波斯王子》系列大获成功，如今蒙特利尔工作室已经拥有 2000 多名员工，成为了世界顶级的游戏开发商。

附图 11　三眼夜视仪是《细胞分裂》的标志之一

附图 12　《波斯王子：时之沙》

育碧于 2001 年启动了专属网站，进军在线游戏市场。传统游戏如《Uru:Ages》《Beyond》《MYST》《The Matrix Online》，加上以前的《Shadowbane》和《EverQuest》，

都出现在了美国的主要游戏商城中。

2002～2004年，育碧的游戏产品已经相当成熟，拥有众多畅销品牌并获得了多项大奖。在韩国、芬兰、加拿大、瑞士建立了发行部，同时收购了法国的 Tiwak 工作室，公布了新的 LOGO，宣布游戏销售量突破1亿份。

2005年育碧开始进军好莱坞，和一些主要的好莱坞公司签署了一系列授权协议：和环球影视城消费品集团公司达成协议，根据三获奥斯卡奖的导演彼得·杰克逊的翻拍作品《金刚》开发同名游戏；和索尼影视消费品产品公司签订了开发第一部基于索尼影视动画公司动画特效的游戏；和 LucasArts 公司签订了制作《星战前传3：西斯的复仇》掌机游戏的授权协议等。

2006年，育碧成立20周年之际，育碧开始进军次世代游戏的研发，其作品横跨各个主流游戏机硬件平台。凭借《汤姆克兰西》等作品，奠定了微软 Xbox 360 平台的视频游戏研发厂商的领先地位。2006～2008年，育碧成为游戏行业的领军者。2007年，育碧成为全球（除亚洲外）排名第三的独立游戏经销商，在保加利亚、中国、新加坡、印度和乌克兰成立新的工作室，在墨西哥和波兰新建经销分公司，并成功收购了 Reflections Interactive（英国）、Massive Entertainment（瑞典）及日本的一些游戏工作室。2007年11月，育碧发布了全新的动作游戏大作《刺客信条》（该游戏系列作品日后成为美国和英国有史以来最畅销的游戏品牌），同时成功收购了《孤岛惊魂》和《纪元》等游戏的相关版权，之后更一举获得《汤姆克兰西》系列游戏相关的所有知识产权和相关产品，这使育碧旗下销售量过100万的游戏作品从10部增长至14部。

如今，育碧公司旗下已经拥有20多个游戏工作室，分公司遍及28个国家，销售范围覆盖50多个国家和地区，全世界范围内拥有固定员工5400多名，其中4000人以上为研发人员，同时其研发制作和代理发行的游戏作品已超过1000部，成为了当今世界顶级的游戏生产和发行商。

4. 日本 Square-Enix 公司

Square-Enix 公司，中文名为史克威尔·艾尼克斯，是由史克威尔（SQUARE SOFT）公司和艾尼克斯（ENIX）公司在2003年4月合并成立的。Square-Enix 公司是日本顶级的游戏软件制作开发公司及销售发行商，其旗下最著名的代表作品是被称为日本国民级游戏的《最终幻想》和《勇者斗恶龙》两大 RPG 系列。

20世纪70年代末80年代初的日本游戏业基本上还处于混沌时期，这段时间里日本的游戏厂商包括任天堂在内一直居于游戏业界的二线地位，在当时掌握大量计算机核心技术的美国一直站在业界的最前沿。1983年圣诞节期间，由于美国雅达利事件的爆发，使得美国电子游戏市场突然崩溃。同年7月，任天堂公司的 Family Computer 家用游戏机发售，短短2个月首批47万台主机销售一空，世界电子游戏市场的重心从此由美国转向日本，在任天堂 FC 的带动下电子游戏在日本开始飞速发展。为了迎合市场发展需要，一家叫作"电友社"的电器工事会社成立了游戏制作部门，这就是日后的 SQUARE 公司。

SQUARE 公司成立之初的两大灵魂人物除了拥有 40% 股份的最大股东宫本雅史之外，还有一个就是后来被誉为"《最终幻想》之父"的坂口博信（见附图 13）。与当时日本国内的 HUNDSON、NAMCO 等业界资深公司相比，SQUARE 只是一家很小的开发小组。其最早开发的两款电脑游戏分别是《死亡陷阱》和《死亡陷阱 2》，与今天日本所有的小型制作组作品一样，SQUARE 早期的作品总是悄悄地发售而后又悄悄地消失在玩家们的视线中。担任这两款游戏设计的就是坂口博信，虽然《死亡陷阱》两作并未引起什么反响，但坂口博信的创新精神已经在当时初

附图 13　"《最终幻想》之父"坂口博信

露端倪，《死亡陷阱》中安放和躲避陷阱的设定及《死亡陷阱 2》中意志的独特使用在现在看来也相当的另类。

在经历了 2 年失败的电脑游戏制作之后，史克威尔于 1985 年与任天堂签订了软件开发协议，正式开始为 FC 制作游戏。尽管如此，由于对 FC 开发环境还比较陌生，另外其母公司电友社也将其发展方向限定在电脑游戏的开发，史克威尔在加入 FC 初期还是主要为日本国内 NEC 的 PC88 系列计算机开发游戏，在 1985 ～ 1986 年间史克威尔推出的少数几款 FC 游戏多为一些移植作品。

1985 年，ENIX 公司也加入了 FC 游戏软件的开发阵营，在当时 ENIX 社内初露锋芒的"DQ（勇者斗恶龙）之父"崛井雄二的极力说服下，ENIX 社长福岛康博最终成为任天堂的第三开发商。次年 5 月，《勇者斗恶龙》正式发售，这款被日后称为日本"国民 RPG"的游戏诞生之初就创下了 150 万套的惊人销售佳绩。这款集结了崛井雄二、中村光一、鸟山明、杉山孝一等顶尖制作人员打造的 RPG 巨作一举打破了美式"创世纪"系列风格的 RPG 套路，同时为日后的日式 RPG 风格打下了坚实的基础，从此日式 RPG 开始在日本风靡。

面对《勇者斗恶龙》在日本独霸天下的局面，1987 年，SQUARE 公司发售了一款具

附图 14　《最终幻想》初代的 LOGO

有跨时代意义的作品——《最终幻想》（见附图 14）。尽管《最终幻想》在情节设定方面仍然有点俗套，然而在当时《最终幻想》绝对是一款极具个性的作品：2MB 的大容量内容、在当时来说惊人的游戏画面和音乐、波澜壮阔的冒险、大魄力的魔法和怪

兽、独创的角色转换、飞空艇及独特的动画战斗画面等。《最终幻想》的诞生给当时正沉浸在《勇者斗恶龙》的平民化冒险世界中的日本玩家带来了极大的震撼，同时人们开始逐

渐关注这件名为 SQUARE 的公司。《最终幻想》首作卖出了 52 万套，成为当时史克威尔创社以来最为畅销的游戏产品。

坂口博信在《最终幻想》的制作过程中还奉行了一个在当时属于绝对创新的理念，那就是将游戏电影化。在手工作坊式的 80 年代游戏产业中，硬件机能的限制和有限的开发资源使得游戏要想真正显现电影化根本就不可能。当时《最终幻想》的制作团队仅有 12 人，包括 3 名程序员、4 名企划、5 名美工，就是这样一个简单的制作团队做出了在当时来说极具突破性的游戏画面及视听表现。要给观众留下深刻印象，所需要的不是无数的火爆场面，而是一些经过精密时间计算的拍摄手法，和一些由背景游戏音乐所牵引和鼓动的影像，这就是《最终幻想》的创作理念。这种灵感来源于施瓦辛格所主演的经典电影《终结者》，导演詹姆斯·卡梅隆的拍摄手法带给了坂口博信很大的启发，坂口博信的游戏电影化构想从《最终幻想》初代一直沿用至今，同时这种理念也成为日后日式 RPG 所必备的关键要素。

之后，SQUARE 和 ENIX 公司一直将游戏制作的重心放在了《最终幻想》和《勇者斗恶龙》续作的研发上，这两个游戏系列对整个日本游戏市场产生了深远的影响，由其代表的日式 RPG 风格也被全世界游戏玩家所接受和喜爱。

坂口博信为了贯彻他的游戏电影化理念，他带领 SQUARE 公司开始了一项全新的计划——制作一部全 CG 的游戏动画电影。这部被命名为《最终幻想·灵魂深处》（见附图 15）

的 CG 电影成为了 SQUARE 经营史上最大的一次风险投资，这个总耗资超过 1.5 亿美元的庞大计划历时总共 4 年，先后投入的人力在 150 人以上，为了保证其获得成功 SQUARE 几乎竭尽全力，许多游戏开发计划因此中止或变更。就在各方的热烈期待下，史克威尔与哥伦比亚影业公司合作的《最终幻想·灵魂深

附图 15 《最终幻想·灵魂深处》CG 电影画面

处》于 2001 年 7 月正式上映，但结果却让人大失所望。《最终幻想·灵魂深处》情节老套拖沓且漫无内涵，该片上映 3 周后的总票房仅 3020 万美元，SQUARE 当年度严重亏损了165.5 亿日元。为了追究经营责任，SQUARE 的三位高层全部降职，坂口博信也由副社长转任统括软件开发事务的技术总监。而之后坂口博信在 2001 年退出 SQUARE 公司，成立新公司 Mistwalker，开始了自己全新的游戏事业。

虽然之后 SQUARE 公司凭借《最终幻想 10》取得了巨大的成功，但全年 440 万份的总销量也无法挽回最终幻想电影的惨败留给史克威尔的创痛。SQUARE 公司不得不出售股票来挽回资金，2001 年 10 月，索尼以每股 1330 日元的价格购入 1120 万股 SQUARE

股票，总投资达 149 亿日元。索尼因此获得了它 19% 的股份成为 SQUARE 的第二大控股公司。虽然获得了宝贵的资金以渡过难关，但 SQUARE 也因此失去了以往作为第三方厂商的自由身份，在重大问题决策上不得不受制于索尼公司的决策权。这场风波也为日后 SQUARE 和 ENIX 公司的合并埋下了伏笔。

2002 年 11 月 26 日，SQUARE 和 ENIX 召开联合发布会，宣布合并的消息，整个合并将于 2003 年 4 月 1 日完成。新公司以 Square-Enix 为名，但仅保留 Enix 构造，Square 则将并入。Square 和 Enix 的合并是两家第三方游戏厂商之间的强强联合，同时拥有两大品牌的新公司有着强大的影响力，在和三大主机厂商之间的博弈中拥有更多的筹码，从而获得更好的待遇条件。相似的案例，在不久之后被美国动视和暴雪再次演绎。但和 Square-Enix 不同的是，合并并没有造成动视或暴雪其中一方失去自主权，而是以两个互不统属的独立公司的姿态继续运营。虽然 SQUARE 和 ENIX 双方强调这是一次完全平等的合并，并非 ENIX 收购 SQUARE，但对于 SQUARE 而言，完全被打散再重整并入后，已经完全没有独立自主的权利可言了。

不管怎样，在合并前 SQUARE 和 ENIX 已经分别是日本最顶尖的游戏公司，合并后更是成为了日本前所未有的"超级厂商"，从此公司的整体业绩一路直上。其日本本土市场的软件总销量 2003 年为 544.4 万份，2004 年为 637.7 万份，2005 年为 296.9 万份，2006 年为 721 万份，2007 年为 438 万份。直到今天，Square-Enix 公司仍然是日本最顶尖的游戏研发公司之一，其作品仍然是日式游戏的代表典范。

除了传统的单机游戏，Square-Enix 公司还涉足了网络游戏的研发。在合并之前，ENIX 公司于 2001 年在日本、中国发行了首个在线游戏《魔力宝贝》。随着史克威尔·艾尼克斯 2004 年 3 月在全球发行《最终幻想 11》的巨大成功，微软两年后将游戏移植于 Xbox 360，这也是第一个在 Xbox 主机上发行的最终幻想游戏。史克威尔·艾尼克斯于 2007 年发行了《魔力宝贝》的续作《魔力宝贝 2》（见附图 16），代号为"Rapture"的 MMORPG 由《最终幻想 11》团队开发，并使用公司的水晶工具引擎。

2011 年 9 月，MMORPG《勇者斗恶龙 10·觉醒的五种族 Online》正为任天堂 Wii 和 Wii U 游戏机开发的消息公布，游戏随后于 2012 年 8 月和 2013 年 3 月在两个平台分别发布。游戏第二版《勇者斗恶龙 10·沉睡的勇者与引导的盟友 Online》于 2013 年 12 月同时在 Wii、Wii U 和 PC 平台发行。史克威尔·艾尼克斯还制作过网页游戏和 Facebook 游戏，如《传奇

附图 16　《魔力宝贝 2》的游戏画面

世界》《陆行鸟的水晶之塔》《骑士的水晶》《怪兽 × 龙》《战国 Ixa》《勇气默示录 Praying Brage》《星际银河》和《Crystal Conquest》等。2012 年 5 月，史克威尔·艾尼克斯宣布与 Bigpoint Games 合作，创作一款免费云游戏平台，该平台理念为直接通过玩家的浏览器，将他们放入无限的游戏世界当中，该项目于 2012 年 8 月以 "Core Online" 为名正式启动。

除此以外，史克威尔·艾尼克斯公司在日本还设有漫画出版部门 GANGAN，其继承自艾尼克斯公司，并仅在日本市场发行作品。2010 年，史克威尔·艾尼克斯通过会员服务，为北美用户开启了数字漫画商店，其在 GANGAN 选集中收录了数个知名连载，如《黑神》《无头骑士异闻录》《南国少年奇小邪》《热带雨林的爆笑生活》《不可思议的教室》《推理之绊》《我的主人爱作怪》《梦喰见闻》《Doubt》《Bamboo Blade》《Heroman》《潘多拉之心》《黑执事》《地上最强新娘》《Soul Eater》《僵尸借贷》《黄昏少女 × 失忆》《钢之炼金术师》和《寒蝉鸣泣之时》等。GANGAN 出品的动漫杂志因其混合了儿童志、少年志、少女志等成了独特的杂志风格，从而确立了 "史克威尔·艾尼克斯系漫画" 的分类。其他作品还有各种史克威尔·艾尼克斯的游戏改编漫画，如《勇者斗恶龙》《王国之心》和《星之海洋》等，一些作品还被改编为动画连续剧。《钢之炼金术师》是史克威尔至今最成功的漫画品牌，仅在日本就售出 3000 万册，动画连载也非常流行，甚至发展出电影后传。

5. 日本 Capcom 公司

Capcom 公司（见附图 17），中文名称为卡普空，是一家日本电视游戏软件制作和发行公司，成立于 1983 年，其公司名称 "Capcom" 是由英文 Capsule（胶囊）和 Computers（计算机）所合成。Capcom 公司凭借其《街头霸王》《鬼泣》《洛克人》《生化危机》《鬼武者》等系列作品在游戏界占据着非常重要的地位，也是世界顶级的动作游戏制作公司。公司的游

附图 17　Capcom 公司 LOGO

戏产品同时涵盖街机、FC、SFC、PSP、Playstation 2、GBA、NGC、Wii、Xbox 等多个平台。

1978 年，一款名为《太空侵略者》的街机游戏风靡日本，成为当时日本流行的社会现象。这个消息同样被一位名叫迁本宪三的日本商人所关注，在他亲身调研后，决定投身街机游戏市场。1979 年 5 月，I.R.M 株式会社在大阪府松原市注册成立，其主要业务是出租街机基板、机台和贩卖相关的电机零配件，事业果然如原先预测的那样蒸蒸日上，迁本宪三索性便暂时停止了他之前的土建业务而全力经营此行。1982 年，I.R.M 扩充资本后更名为 IREM，但当时日本《太空侵略者》的热潮已经逐渐消退，而 IREM 内部也发生了严重的分歧，所以迁本宪三在 1983 年夏辞去 IREM 社长的职位并宣布独立，成立了 Capcom 公司。

Capcom 正式成立于 1983 年 6 月。刚刚成立的 Capcom，不但规模小，人员上才也迫切需要一批骨干加入，也就在这时，冈本吉起、藤原得郎和船水纪孝等一批日后的骨干，来到了这个名不见经传的小公司。

1984 年 5 月发售的《VULGUS》是 Capcom 建社以后的第一款作品，由于参与开发的包括冈本吉起、藤原得郎等超过 2/3 的人员都来自日本 KONAMI 公司，这款游戏也到处充斥着 KONAMI 的影子，在那个游戏业抄袭之风盛行的年代，迁本宪三深信 Capcom 只有确立他人无法轻易模仿的风格和不断创新才能在竞争激烈的市场中立足，他也将这一观点带入了公司上下，于是由冈本吉起和藤原得郎分别带队开发的两款大家耳熟能详、风格迥异的游戏相继面世——《1942》与《魔界村》（见附图 18）。

随着任天堂的 FC 席卷整个游戏市场，而迁本宪三又亲眼目睹了各社参入 FC 后蒸蒸日上的景象，心中非常艳羡，于是也决心和任天堂建立合作关系并大展拳脚。经过努力，1985 年夏，任天堂向 Capcom 发放了软件开发许可证，Capcom 终于正式进军家用机游戏软件市场。Capcom 先后将《1942》《魔界村》《战场之狼》等几款街机大作相继移植到 FC 并大获成功，随后又开发了至今广为流传的佳作《洛克人》，Capcom 的事业也取得了蓬勃发展。至此，Capcom 羽翼渐丰，成为了小有名气的游戏软件开发商。

1987 年 6 月，一款名为《街头霸王》的街机游戏在日本本土上市，虽然 Capcom 信心满满地觉得这是一次街机格斗游戏的革命，但《街头霸王》最终却因恶劣的操作性注定了它失败的结局。1988 年是 Capcom 命运的转折点，历时近 2 年并耗资约 10 亿日元的新型基板 CPS1 终于开发完成，随后在此平台开发的《大魔界村》《名将》《吞食天地》《快打旋风》等许多经典作品都为该社创造了丰厚的利润。而这一年，游戏业也发生了翻天覆地的变化，FC 的大卖配合家用游戏软件的特卖，使得家用机市场首次取得了对街机市场销售额压倒性的胜利，而 RPG 开始渐渐成为市场主流。次年，在本土经营惨淡的《街头霸王》却在美国大获成功，于是 Capcom 将《街头霸王》续作的开发提上了日程。经过 2 年多的时间，《街头霸王 2》终于面世（见附图 19）。

附图 18　《魔界村》以其高难度而著称

附图 19　经典格斗游戏《街头霸王 2》

1991 年，街机市场已经远不如前，以前人潮汹涌的街机厅也变得门可罗雀，Capcom 也希望这款续作能给街机市场带来新的生机。随着《街头霸王 2》的上市，越来越多的玩家又开始涌入街机厅，在 20 世纪 70 年代后期到 80 年代初掀起的街头霸王热潮拯救了当时的日本街机市场。Capcom 也抓紧商机，于 1993 年相继推出了 SFC 版的《街头霸王 2TURBO》和 MD 版本的《街头霸王 2PLUS》并且都大获成功，而 Capcom 也借此达到了事业的顶峰。

进入 1994 年以后，游戏软件的失利加上街机市场的萧条使公司业绩急转直下，Capcom 迎来了建社后的第一个严冬。许多员工纷纷选择了离职，而建社以来的肱股重臣藤原得郎的出走更是让公司雪上加霜。经过漫长难熬的 1 年后，公司仍看不到复苏的迹象，1995 年出品的 SFC 版《洛克人 X3》和《快打旋风 3》的销量都远远不如预期，更让公司上下备受打击。其后在 CPSII 基版上出品的《街头霸王 ZERO》，在日本本土取得了还算不错的成绩，却在美国市场备受抨击。不过公司还是借此机会迅速进行了向 PS 和 SS 平台移植作品并取得良好成绩，让公司有了一丝喘息机会。迁本宪三也看到了 CD-ROM 媒体的 32 位主机的号召力，于是决定全力转向该类主机发展。

1995 年，公司业绩稍有起色之后，起用了之前负责迪士尼公司动画游戏化的负责人来着手开发一款全新类型的 32 位主机的游戏来维持生计，这个人就是三上真司，而这款游戏就是《生化危机》（见附图 20）。在那个艰难的时期，无论技术还是资金方面都处处受制，但三上等人艰难地完成了这个计划，并于 1996 年 3 月 22 日正式发售《生化危机》。首发仅仅 10 万份的销售额让除了三上等人之外的任何人都不相信这会是一款成功之作，然而其超高的游戏品质、全新的游戏模式，引发了玩家间口耳相传的效应，《生化危机》也出现了罕见的长达 1 年多的长卖现象，并在 1996 年年末突破了 100 万销量，Capcom 也因为《生化危机》的意外热卖而大幅盈利，这

附图 20 《生化危机》开创了 3D 恐怖冒险类游戏的先河

也为 Capcom 在 3D AVG 领域独树一帜打下了坚实的基础。1998 年，万众期待的《生化危机 2》在 PS 上发售，首发 208 万份的骄人成绩预示了它的成功，当时这个成绩仅次于 SQUARE 公司的王牌 RPG 大作《最终幻想 7》，而次年发售的《恐龙危机》和三度出击的《生化危机 3：复仇女神》也先后突破了 100 万大关，更是将公司事业带入了一个新的顶峰。

2000 年 2 月，Capcom 信心百倍地在 DC 上推出了耗资 15 亿日元的巨作《生化危机外传·代号：维罗尼卡》，然后残酷的现实又一次摆在了 Capcom 面前，40 万的平庸销量可以用血本无归来形容，Capcom 为自己的自大付出了惨痛代价，尽管这款游戏无论在画面、游戏性、剧情还是在创新方面都可圈可点，但是 DC 主机销量的不力直接扼杀了这款巨作的销量。2001 年 3 月，PS2 上的《生化危机外传·代号：维罗尼卡》完全版获得了巨大成功，这也证明了这款游戏绝对拥有成为 100 万销量的能力。

2001年，NGC发售前夕，Capcom宣布了《生化危机》正统系列将被NGC完全独占的惊人消息，首部作品将是重新制作的初代《生化危机》，而这一举动却招致游戏界一片哗然。三上真司和他的同事们的确希望能把《生化危机》系列进化到一个新的高峰，但是命运再次上演，《生化危机》复刻版再次遭遇了和《生化危机外传·代号：维罗尼卡》一样的滑铁卢。而PS2上推出的《鬼武者2》却再度顺利突破100万，GBA上另一款尝试之作《逆转裁判》也意外获得成功，全新的游戏模式吸引了众多用户的追捧，加上深刻的人物刻画使该作不论口碑和销售成绩都表现不俗。

2002年11月，Copcom再度发表了5款包括《生化危机4》在内对应NGC的原创作品，希望借此为该主机压阵助威，然而年末发售的《生化危机0》依旧波澜不惊，Capcom也因此元气大伤。虽然《生化危机0》获得了一致好评，而其销售不力的最大的原因可能还来自于更多玩家相信Capcom迟早会把这些作品移植到其他主流机种上。而一年之后在GBA上发售的《逆转裁判2》也没有取得什么突破，除了系统上加入的一些新要素外没有任何亮点，剧情方面也显得太空洞，因此也并没有获得如其前作一样的好评。不过迁本宪三本人却在当年迎来了个人事业的最高峰，在成功取代了KONAMI社长上月景正成为了日本计算机行业协会会长之后，同时掌握CESA和ACCS两大机构的大权的迁本宪三俨然成为了日本电子游戏行业声名最显赫的人物。

2003年，经过一番折腾的Capcom出现了400亿日元的巨额财政赤字，原因却是社长迁本宪三挪用资金进行了其他投资并严重亏损，此举也导致了社内又一重臣冈本吉起的不满并离职，Capcom再次面临了寒冬。加之上半年发售的软件几乎全军覆没，NGC的《P.N.03》《红侠乔伊》、Xbox《恐龙危机3》、PS2《玻璃蔷薇》、GBA《鬼武者战略版》等尽数落马，而且《红侠乔伊》再次陷入了叫好不叫座的怪圈。

2004年，对Capcom来说是噩梦般的一年，总共5款《洛克人》的销售总额不足100万。祸不单行，当年的王牌之一《恐龙危机》首发更是惨淡的6万份，全年销售也不过30万套，毫无王牌可言，而时隔2年再度出击的《逆转裁判3》，也因为剧情的时间跨度太大，使得漏洞百出、前后矛盾，在业内也是备受非议。下半年，Capcom依靠《生化危机OL》和《鬼武者3》获得了一定的成功，而GBA版的《洛克人EXE 4》也取得了40万份的不错成绩。另外，由公司独资创建了名为Clover Studio的子公司，聚集了如稻叶敦志、神谷英树、三上真司等著名游戏制作人，旨在开发独特且具创意的原创电子游戏，这让Capcom公司开始逐渐好转。数十年来迁本宪三带领公司创造了一个个骄人成绩，而每次当他们遭遇重大挫折时，总能通过独辟蹊径的创意打破常规，寻求新的出路，或许这就是作为日本老牌游戏开发商Capcom的取胜法宝吧。

6. 日本光荣公司

日本光荣公司（英文名称：KOEI）是一家拥有30多年历史的日本老牌游戏生产商。

光荣公司与其他日系游戏生产商有两点最大的不同：一是光荣早期制作的游戏多以 PC 为平台；二是光荣公司的游戏作品多以历史和战略为题材。

1978 年，28 岁的襟川阳一在日本足利市成立了光荣公司。公司初始的时候，只有 2 名从业人员，专营染料买卖，生意一直原地踏步，似乎难有大的发展。1979 年，襟川阳一在生日的时候收到了夫人襟川惠子送的一台计算机 MZ-80C（见附图 21）。从此，阳一迷上了计算机，靠着他的学历和头脑，决定开始向计算机软硬件的开发和销售领域迈进。

附图 21　MZ-80C PC

1981 年，光荣电脑软件的处女作诞生了。日本历史上第一款 SLG《川中岛合战》正式发行，并且取得了相当不俗的销售成绩。也在同一年，公司开始扩大，推出了计算机专卖店和计算机教室。1981 年，还推出了《投资游戏》；1982 年，日本国内第一款 RPG《地底探险》正式发售；1983 年，又推出运动 SLG《棒球锦标赛》；1984 年，公司迁至神奈川县横滨市的日吉，生产了第一款企业管理游戏《投资必胜学》。除此以外，光荣这一时期的作品还有《国王的秘密》《CONSTRUCTION》《狭长地带》等。

1983 年，刚刚成为专业软件开发商的光荣，又迎来了人生第一个重大的里程碑，那就是《信长的野望》系列的第一代。这款历史战略游戏让万千玩家为之疯狂，这也是日本游戏史上早期最为成熟的策略类游戏。如今《信长的野望》已经推出了 14 代作品（见附图 22），这部作品系列也奠定了光荣公司日后在游戏界中的地位。这在当时，或许连襟川夫妇自己也没有想到。

附图 22　最新版《信长的野望》的游戏画面

1985 年，光荣公司的另一款 SLG 大作《三国志》登上了历史的舞台。继《信长的野望》之后 2 年，光荣公司凭借这两部历史类题材游戏登上战略 SLG 的霸主的地位。同年，

第三部 SLG 游戏《苍狼与白牝鹿》也正式推出。

1986 年，SLG 迷们期盼已久的《信长的野望》第二代《全国版》，造成了日本电玩史上前所未有的轰动。1987 年，《苍狼与白牝鹿》第二代《成吉思汗》再掀热潮。这是光荣逐渐成熟与发展的时期，公司逐渐壮大，人员也更加充足。

1988 年，对于光荣来说，是第二个里程碑。首先，"REKOEITION"（光荣新纪元）推出第一部作品《维新的岚》。接着，《信长的野望·全国版》进军任天堂 8 位机。年底，完成了《信长的野望》第三代《战国群雄传》的制作，这比前两代有了很大飞跃。另外，我国玩家都很熟悉的《水浒传》也是在这一年推出的。这一年，光荣继续扩充公司规模，继 1986 年开发 CAI 软件《商业管理》后，再次杀入出版界，开始大量发行游戏攻略单行本。美国光荣公司，也在这一年成立。

1989 年，光荣在中国开办分公司，同时进军音乐界。《提督的决断》《三国志 2》的 PC 版发行，《苍狼与白牝鹿》和 1987 年开发的《麻雀大会》在任天堂 8 位机上再现雄姿。这段时间内，光荣公司每年基本都有两三部甚至更多大作诞生。虽然光荣的游戏遍及各种类型，但光荣的历史题材战略 SLG 才是其真正的核心作品，从《信长的野望》《三国志》，到《水浒传》，游戏最大的特色就是场面宏大、人物众多、操控灵活、变化丰富，而且无论在游戏性、美术质量、音乐特色等任何方面，都是当时的佼佼者。现在再回过头来看这些游戏，除了游戏画面过于陈旧外，游戏性依然十足，这大概就是光荣魅力经久不衰的原因吧。

1990 年，光荣公司推出了《信长的野望 4·武将风云录》。随着计算机硬件机能的提升，《武将风云录》在图片和音乐方面有了长足的进步。操作系统方面，比起前代来，增加了茶会的指令和各种茶器的设定，从此以后，光荣历史题材的 SLG，就以其丰富的文化性和真实的文化氛围，在业界独树一帜。

1990 年，光荣开始向 GB 进军，改版了《信长的野望》第一代。《拿破仑》也首先在 PC-8801 上露面。1991 年，是光荣进入 16 位家用机市场的第一年，在 SFC 上的主要作品有《三国志 2》和《信长的野望·武将风云录》，同时也推出了 MD 版本。另外，PC-8801 版的《欧洲战记》和《欧陆战线》也相继上市。1992 年，光荣继续在 SFC 上制作的 SUPER 版《伊忍道》和《大航海时代》陆续登场，从此光荣开创了漫长的加强版、改版，和捆绑销售三管齐下的经营道路。

1992 年以后，光荣的产品更是从每年 2～3 款，猛然提升到每年 5～6 款，而且还加上了各种改版和增强版。从 1993～1995 年，短短的 3 年间光荣就推出了《独立战争》《魔法王冠》《天使女王》《三国志 3》《三国志 4》《信长的野望 5·霸王传》《提督之决断 2》等众多作品。

其中的《三国志 3》和《三国志 4》（见附图 23）是当时光荣的代表作品，三代可以说是《三国志》系列的经典产品，相比前两代，添加了更多的文化色彩和情节事件，人物也更多，地域也更广大。以后光荣的《三国志》系列作品，基本依照三代的风格前进，只在战斗层次有较大的变动。《三国志4》中首次加入了"相性"这一参数，来标示人物的性格，和相互间的好感度，相性接近的武将较易团结在一起。另外，战斗层次脱离了从一代就开始的大地图回合战役模式，而代之以45度斜视角攻城战。

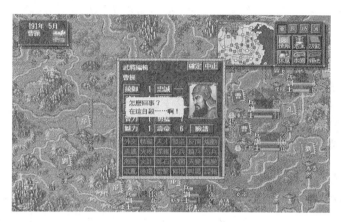

附图23 《三国志4》的游戏画面

《信长的野望5·霸王传》在《野望》系列中，是一款另类作品，也是一个转折点。前面数代的游戏作品都是以国（州）为基本地图单位的，不算将备前、备中、备后合称三备之类，全日本当时也不过六十余国，而《霸王传》首创以城为基本地图单位，整个地图上竟然多达200余座城池。难度虽然较大，但崭新的论功行赏系统，包括赐以苗字、封以石高等史无前例的设计，却着实让当时的玩家激动不已。

1995年，惊世之作《信长的野望6·天翔记》诞生了，《天翔记》延续了《霸王传》的200多座城池，但战斗层次每仗最多可以同时攻略7座城池，通关时间变短，对战略的运用却更为讲究。军团制在《项刘记》失败以后，终于再度抬头，并且获得了不俗的效果。人物教育、养成系统也非常有新意。同年制作完成的《太阁立志传2》，虽然战斗进程过于缓慢，但不可否认，相比一代有了长足的进步。玩家可以出仕多达近10家诸侯，可以扮演明智光秀、柴田胜家乃至自创的武将，可以被封为一国之主，也可以和同辈武将竞争完成任务，游戏提供了更丰富的历史事件，更广阔的地图领域等。

在日本街机市场和电脑游戏市场逐渐没落之后，进入新世纪的光荣公司迅速转型，将原本专注于电脑游戏市场的开发方针转向了家用机市场，并且逐渐淡出了电脑游戏市场。其转型后的代表作品《真·三国无双》系列（见附图24），自诞生以来至今十九年，已经稳稳确立了其作为光荣公司新时期的顶梁柱式的作品。这款游戏起源于是PS平台上一款名为《三国无双》的格斗游戏，而在PS2初期光荣旗下的Ω-force（Omega工作室）将其改编为一款即时动作游戏。

附图24　以爽快战斗感著称的《真·三国无双》系列

其中，《真·三国无双2》成为了光荣公司一个新的里程碑，这也是光荣公司首部突破100万销量大关的游戏，而其续作《真·三国无双3》不仅刷新了公司作品突破100万大关的时间，其210万的全球销量也成为系列作品之首，这在PS2初期装机量并不高的情况下俨然成为一个神话。

10多年过去，《真·三国无双》系列不仅已有7部作品，其衍生作品如《猛将传》《帝国篇》《Special版》及PSP的《联合突袭》等也是数不胜数。另外，除了光荣自己开发的《战国无双》《无双大蛇》《特洛伊无双》等系列外，光荣还和日本Bandai Namco公司合作开发了《高达无双》和《海贼无双》系列，凭借高人气都获得了成功。值得一提的是，无双的成功也引来了业界的模仿，其中甚至不乏Capcom这样的大厂家，这也足以说明了光荣对日本游戏界所造成的影响。

2000年以后，在PC平台方面，光荣公司以每年一部的速度将过去知名的游戏进行了网络化，如2003年的《信长之野望Online》、2005年的《大航海时代Online》、2006年的《真三国无双BB》及2007年的《三国志Online》等，光荣公司也是日本游戏厂商里极少数对于网络游戏比较热衷的企业。光荣的网络游戏在数量和质量上都具备有一定水准，持相反意见的人认为光荣的网络化游戏不如单机，失去了单机的乐趣，同时取代的是要花费大量时间进行枯燥的练级、练技能。但是不论怎样，网络游戏标志着未来游戏的发展趋向和光荣公司努力的方向。

值得一提的是，光荣大部分的游戏都会发行称为"威力加强版"的游戏资料片。和别的游戏公司通常意义上的战略游戏的资料片不同的是，光荣的加强版几乎是任何类型游戏都会出，在原版基础上改进不足，使游戏更完美，有的还附带编辑功能，让买了原版的玩家，为了获得更好的游戏体验，不得不花钱再买加强版游戏，等于把一套游戏分开两次卖。这种营销模式光荣公司已经运行多年，忠实的玩家几乎都会买下自己钟爱的游戏的加强版。这种行为本来只在电脑游戏平台上出现，光荣从电脑游戏平台到主机游戏平台上的移植作品完成度可以说介于加强版和原版之间。但是现在随着真三国无双的热卖，也推出了同样的加强版，威力加强版也可算是光荣独有的特色。

2008 年 9 月，由于板垣伴信辞职引发的连锁反应，TECMO 深陷重围。他们拒绝了竞争对手 Square-Enix 的收购邀约，最终决定和关系更加紧密的光荣公司合并。同年 11 月，双方宣布签署合并协议。经过 2009 年 1 月两家公司临时股东大会投票通过，合并后的新公司于新财年伊始的 4 月 1 日正式成立。

2009 年 4 月 1 日，日本两大游戏开发商光荣公司和 TECMO 公司合并后组建的新企业"光荣 TECMO 控股"正式成立。公司公布了新的企业 LOGO，由光荣的英文首字母 K 和 TECMO 的首字母 T 合并而成（见附图 25）。合并后的"光荣 TECMO 控股"由原 TECMO 董事长兼社长柿原康晴任董事长，原光荣社长松原健二任社长，合并完成后"KOEI"和"TECMO"都将作为公司子品牌（原先作为子公司）予以保留。合并的原因主要是游戏业的市场竞争日益激烈，为加强自身实力和扩大海外市场，双方达成合并，共同提高多平台、全球化的对应能力，并希望通过优势互补，力争成为世界领先的游戏公司。

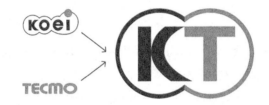

附图 25　合并后光荣 TECMO 控股公司的新 LOGO